高等学校教材

创新方法基础

（第2版）

马立修　隋琦　付宏勋　著

冯林　审阅

中国教育出版传媒集团

高等教育出版社·北京

内容简介

目前已有的 TRIZ 创新方法教材多采用专业性的案例,使读者不易理解,降低了读者对创新方法的学习兴趣。

本书是在第 1 版基础上修订而成的。编者以行李箱、矿泉水瓶、水杯(牙刷)等贴近生活的物品为创新载体,旨在编写一本通俗易懂、摆脱学科知识和工程背景束缚,适合于创新方法普及教育的创新思维与创新方法教材。全书分为 3 篇,共 10 章。第一篇概述与入门,包括第 1 章绪论、第 2 章发明原理及应用;第二篇进阶与提高,包括第 3 章功能分析、第 4 章因果链分析、第 5 章剪裁、第 6 章技术矛盾及解决方法、第 7 章物理矛盾及解决方法;第三篇扩展与实践,包括第 8 章技术系统进化、第 9 章物场模型及标准解、第 10 章创新设计流程。本次修订调整了部分案例,增加了二维码资源。

本书可供普通高校、高职高专院校各专业开设创新方法相关课程使用,也可作为企业培训教材,还可作为面向社会大众的创新方法读物。

图书在版编目(CIP)数据

创新方法基础 / 马立修,隋琦,付宏勋著 . --2 版 .

北京:高等教育出版社,2024.11.   --ISBN 978-7-04 -062921-7

I.G305

中国国家版本馆 CIP 数据核字第 2024XN5660 号

Chuangxin Fangfa Jichu

策划编辑	庚 欣	责任编辑	庚 欣	封面设计	张志奇	版式设计	徐艳妮
责任绘图	黄云燕	责任校对	吕红颖	责任印制	赵 佳		

出版发行	高等教育出版社	网 址	http://www.hep.edu.cn
社 址	北京市西城区德外大街 4 号		http://www.hep.com.cn
邮政编码	100120	网上订购	http://www.hepmall.com.cn
印 刷	人卫印务(北京)有限公司		http://www.hepmall.com
开 本	787mm×960mm 1/16		http://www.hepmall.cn
印 张	18.25		
字 数	310 千字	版 次	2021 年 8 月第 1 版
插 页	1		2024 年 11 月第 2 版
购书热线	010-58581118	印 次	2024 年 11 月第 1 次印刷
咨询电话	400-810-0598	定 价	37.50 元

第 2 版前言

笔者从 2009 年开始研究创新方法,2010 年开始在学校开设创新方法课程。在十几年的创新方法教学及培训过程中,一直被两个问题深深地困惑着。

第一,现有的创新方法教材中应用案例过于复杂、专业化。在创新方法教学过程中,这些复杂的、专业化的案例让学习者感到无所适从,学习者往往把精力放在对案例本身的理解上,从而影响了对创新方法的学习和掌握,严重降低了学习者的学习热情。

第二,创新方法的受众有很大局限性。目前创新方法课程只在部分高校中开设,而创新方法的应用无处不在,创新能力的培养应从小抓起。成人的创新能力往往是基于专业知识背景的创新,而面向高校学生的创新方法教材也制约了创新方法的推广和普及。

基于以上两点,笔者带领团队及红炉创新学会(山东理工大学学生社团)的学生进行了创新方法普适性教育的探索。自 2017 年开始,依托红炉创新学会连续开展了四届物品创新大赛。这个大赛的特点是让学生自学创新方法,之后应用所学的创新方法知识对熟悉的物品进行创新设计。在物品创新大赛的组织及实施过程中,通过对几千份创新案例的分析,笔者充分认识到,创新方法可以应用到日常物品的创新中,而基于日常物品的创新案例更容易让学生理解。

本书作者中有 1 位三级 MATRIZ 证书获得者,3 位二级 MATRIZ 证书获得者,4 位一级 MATRIZ 证书获得者。本书主要具有以下特点:

第一,通俗易懂,摆脱了学科知识和工程背景的束缚,适合用于创新方法普及教育。基于日常场景和生活物品的创新案例使 TRIZ(发明问题解决理论)创新方法知识更易于理解和掌握,尤其对于不具备丰富专业知识、欠缺工程经验的学习者而言,可以帮助他们摆脱专业束缚,专注于创新方法的学习。

第二,以物品创新案例贯穿始终,案例丰富,呈现方式新颖。本书以矿泉水瓶、行李箱、水杯(漱口杯)三件日常物品的创新设计为主线,系统讲述了创新方法的应用。所有案例图片采用深受读者喜爱的手绘图方式呈现,新颖、美观。

本次修订对案例进行了调整,部分案例增加了动画演示,读者可通过扫描书中的二维码在手机等设备上观看。

本书由山东理工大学马立修、隋琦、付宏勋著。山东理工大学王依山、唐佳静、张德胜、张少华、鹿芳媛、黄超、徐苗、李成宇、高名旺、巩秀钢,青岛科技大学卜秋祥、张久明,国家知识产权局专利局专利审查协作北京中心李文娟,山东中医药大学李秉洁,滨州医学院于志君等为本书的出版做出了很大的贡献,其中黄超承担了图片的绘制工作,徐苗、张少华指导了视频的创作,在此向他们表示感谢。

教育部创新方法教学指导分委员会副主任委员、大连理工大学冯林教授审阅了本书,提出了很多宝贵的意见和建议,在此向他表示衷心的感谢。本书在编写过程中参考了一些相关著作,在此向这些作者表示感谢。

由于时间紧,加之经验不足,书中错误、不足之处在所难免,敬请读者批评指正。

本书配套电子教案、创新方法基础智能体(AI)小程序可联系编者获取:ma2070@163.com。

编　者

2024 年 5 月

目　录

第一篇　概述与入门

第二篇　进阶与提高

第三篇　扩展与实践

附　　录

第一篇 概述与入门

第1章 绪　论

创新（innovation）是由美国经济学家熊彼特（Joseph A. Schumpeter）提出的，1912年，德文出版物《经济发展理论》中首次使用该词。按照熊彼特的观点，创新是指新技术、新发明在生产中首次应用，或是将生产要素和生产条件的新组合引入生产体系中。创新是为了满足一定的需要，在遵循事物发展的规律的基础上，对事物的整体或者其中的某些部分进行变革，从而获得一定有益效果的行为。创新思维可以提供新创造、新发明、新技术，是人类科技进步的动力。

创新方法（innovation method）是应用一种或多种科学思维、科学方法、科学工具实现创新的技术。它通过研究具体的创新过程，来揭示创新的一般规律。本章将从技术系统、传统创新方法和TRIZ创新工具三个方面介绍创新方法基础知识。

1.1　技　术　系　统

系统是普遍存在的，可以分为自然系统、人工系统、复合系统等。就本书涉及的创新思维对象而言，系统是由两个以上部件组成的有机体，是能执行某种功能的有效机构。而技术系统指的是要创新的目标，即创新的对象、创新的载体，也是能够提供人们所需功能的相联系要素的组合，这些要素的集合能够实现某种功能或多种功能。例如，自行车是技术系统，汽车是技术系统，一栋大楼也是技术系统，日常使用的物品（写字的笔，甚至一根牙签）也是一种技术系统。与技术系统相对应的是自然系统，是指以天然物为要素，由自然力而非人力所形成的系统，也称为天然系统。如天体系统、气象系统、生物系统等。之后提到的系统，如非特别强调，都是技术系统。

组成技术系统的各要素可以看作技术系统的子系统或组件，当把技术系统置身于更大的系统中，这个更大的系统则可看作超系统。超系统是包含技术系统在内的超级系统，可以是技术系统，也可以是技术系统与相关的社会环境、自然环境等构成的复合系统。在系统分析中，超系统处于系统分析层级关系中的最高层级,如图 1.1.1 所示。超系统一定要包含当前研究的技术系统(当前技术系统)、目标系统以及其他相关的技术系统 1、技术系统 2、…、技术系统 n,这些技术系统构成该超系统下的第二层级。超系统与被创新的技术系统具有密切相关性,技术系统被创新后能促进超系统的创新发展。值得注意的是,对于同一技术系统而言其所在的超系统不是唯一的,所处的场景不同,相对应的超系统也会随之发生变化。如房间是行李箱这个技术系统的超系统,车厢、机场等也可以是行李箱系统的其他超系统。因此,在进行系统分析前,需要根据被创新的技术系统合理选定超系统。

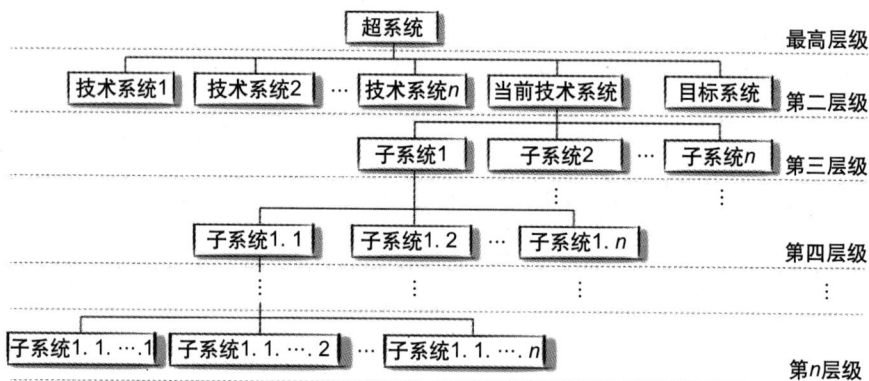

图 1.1.1 系统分析层级关系图

子系统是技术系统的组成部分,若干个子系统的有序组合构成了技术系统。在系统分析中,子系统处于系统的第三层级,每个子系统都对应实现技术系统的某项功能,因此子系统是技术系统完成各种功能的基本保障。如行李箱的箱体、拉杆、滚轮组等,都是行李箱这个技术系统的子系统,行李箱能够完成容纳和搬运行李物品等功能,是行李箱各个子系统有序组合、有效运行的结果。在系统层级关系分析中,各子系统根据分析需求可向下一层级继续分解,甚至可分解为原子、分子等微观粒子。由超系统、技术系统、子系统等组成的系统分析层级关系如图 1.1.1 所示,图中技术系统 1、技术系统 2、…、技术系统 n 是超系统内与被创新的技术系统相关的其他技术系统。

系统分析中通常还会用到组件这一概念,组件是构成技术系统、子系统或者超系统的一部分要素,是物质或者场,或者是物质和场的组合,组件能执行某种功能。从定义来看,组件和子系统的概念在某些条件下是相同的,根据创新目标的主体,在系统分析过程中不需对子系统再进行细分时,可把技术系统的子系统看作组件。这样做的目的是重点对子系统整体进行分析，不过多考虑子系统内部的组成。

为了方便对不同技术系统进行分析，分清各系统间的层级关系，对复杂技术系统可以建立如图 1.1.2 所示的分析图。图中由高到低的层级关系分别是技术系统所在的超系统(系统最高层级)、技术系统(第二层级)、子系统(第三层级)、子系统的子系统(第 n 层级)，最末层级为上一层级子系统包含的组件。在图 1.1.2 中，技术系统层级添加了自然系统。在技术系统创新中，除了其他技术系统外，技术系统往往与非技术系统发生关联，在创新过程中要考虑自然系统对技术系统的影响。例如，钢铁产品暴露在潮湿环境中比在干燥环境中更容易产生锈蚀；橡胶轮胎长时间暴露在强烈的阳光下，紫外线会破坏橡胶的分子结构，使其变得脆弱、易于开裂，即使车辆不使用，轮胎到一定年限也需要更换。

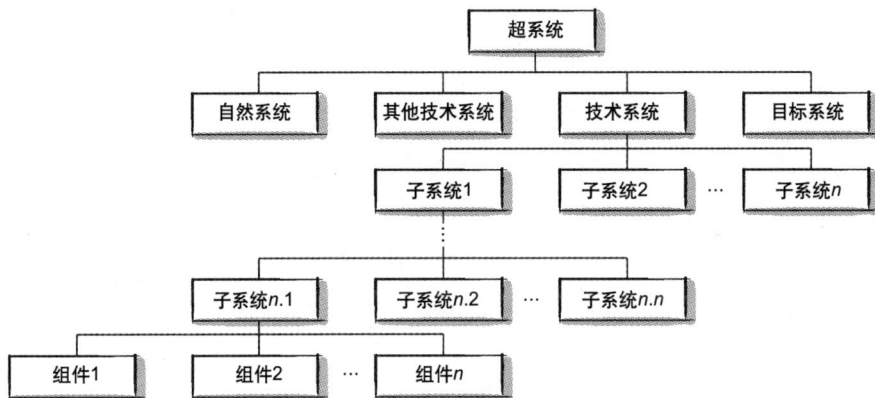

图 1.1.2　复杂技术系统分析图

简单技术系统的结构如图 1.1.3 所示。图中由高到低的层级关系分别是技术系统所在的超系统(系统最高层级)、技术系统(第二层级)、技术系统包含的组件。

需要说明，对于复杂技术系统通常分解到第四层级，即子系统 1.1、子系统 1.2、…、子系统 1.n，此时用组件代替第四层级的子系统。

技术系统分析还可以采用表格方式，复杂技术系统分析表如表 1.1.1 所示，简单技术系统分析表如表 1.1.2 所示。

例 1.1.1　行李箱在机场场景下的系统分析。

技术系统的创新要界定创新的场景，不同场景下创新的需求也不同。如行李箱在房间场景下可能涉及收纳，需要围绕行李箱在房间内的收纳进行创

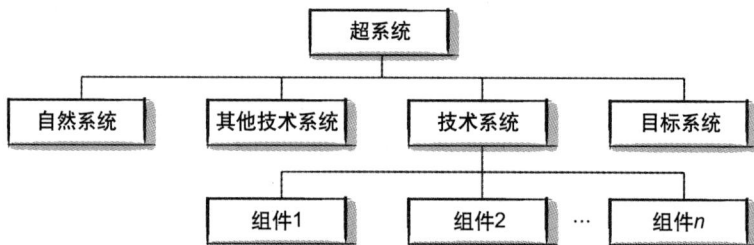

图 1.1.3 简单技术系统分析图

表 1.1.1 复杂技术系统分析表

系统分类	系统名称	子系统(或组件)名称
超系统		列出与技术系统相关的自然系统、其他技术系统、目标系统
技术系统		列出所有子系统
子系统 1		列出子系统 1 的所有组件
子系统 2		列出子系统 2 的所有组件
⋮		⋮
子系统 n		列出子系统 n 的所有组件

表 1.1.2 简单技术系统分析表

系统类别	系统名称	子系统(或组件)名称
超系统		列出与技术系统相关的自然系统、其他技术系统、目标系统
技术系统		列出技术系统的所有组件

新;在机场场景下要围绕行李箱在机场内使用的需求或者不便之处进行创新,此时要分析机场场景下的行李箱系统。

图 1.1.4 所示为行李箱在机场场景下使用,此时机场是超系统,人、地面、传送带、衣服是机场场景下的其他系统。在其他系统中,人是自然系统,地面、传送带是技术系统,衣服是行李箱的目标系统。机场场景下还存在很多其他系统,之所以罗列人、地面、传送带,是因为要围绕传送带传送行李箱时存在的问题进行创新。在选择超系统下的其他系统时,要选择与创新场景、创新需求、待创新技术系统相关的其他系统,从而使创新问题更加聚焦。图 1.1.5 所示为构成箱体的所有组件,图 1.1.6 所示为构成拉杆的所有组件,图 1.1.7 所示为构成滚轮组的所有组件。

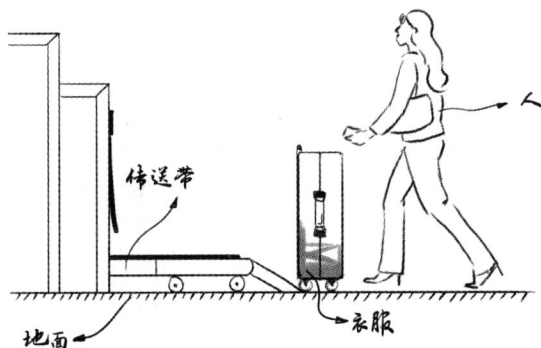

图 1.1.4　行李箱在机场场景

图 1.1.4
动画

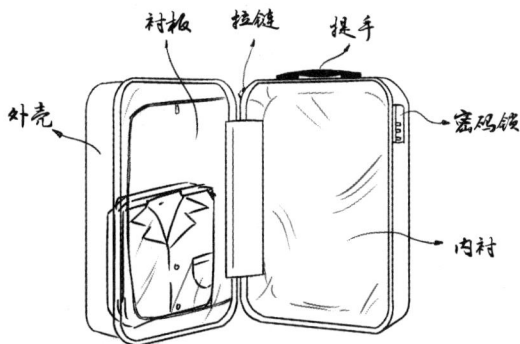

图 1.1.5　箱体各组件

图 1.1.5
动画

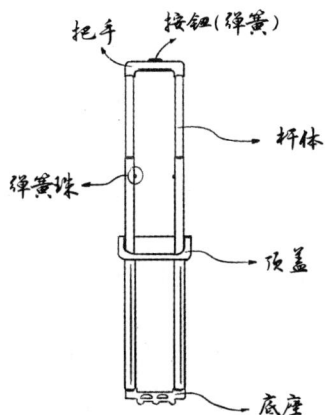

图 1.1.6　拉杆各组件

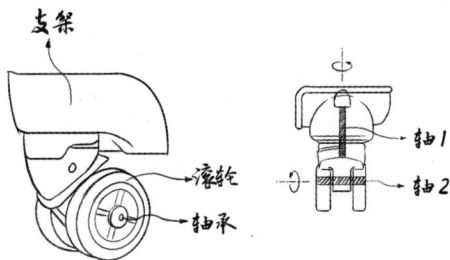

图 1.1.7　滚轮组各组件

图 1.1.6
动画

图 1.1.7
动画

行李箱涉及的子系统、组件较多,属于复杂技术系统,可采用表 1.1.3 进行系统分析,表中列出了所有子系统的组件。

表 1.1.3 行李箱系统分析表

系统分类	系统名称	子系统(或组件)名称
超系统	机场	人、地面、行李箱传送带、衣服
技术系统	行李箱	箱体、拉杆、滚轮组
子系统 1	箱体	外壳、内衬、衬板、拉链、密码锁、提手
子系统 2	拉杆	把手、按钮(弹簧)、杆体、弹簧珠、顶盖、底座
子系统 3	滚轮组	滚轮、轴承、轴 1、轴 2、支架

采用分析图方式分析行李箱系统如图 1.1.8 所示。图中只列出了箱体的组件,因为对行李箱的创新重点是箱体,而不是拉杆和滚轮组。详细地了解箱体的构成,是对箱体进行创新的基础。

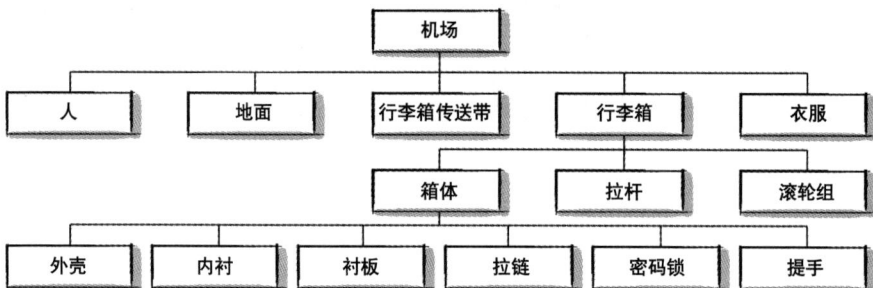

图 1.1.8 行李箱在机场场景下的技术系统分析图

例 1.1.2 矿泉水瓶在会议室场景下的系统分析。

矿泉水瓶是非常普通的物品,对其进行创新需要围绕其所处特殊场景下的需求及问题进行思考。图 1.1.9 所示为矿泉水瓶在会议室场景。

矿泉水瓶结构简单,构件较少,属于简单技术系统。表 1.1.4 所示为矿泉水瓶在会议室场景,表中超系统中的人、空气属于自然系统。因为矿泉水瓶涉及密封问题,即防止空气进入矿泉水瓶内部的问题,因此将空气作为组件之一。矿泉水瓶的目标系统是水,没有经过加工的水属于自然系统,经过设备加工过的水则属于技术系统,例如饮料。目标系统不同,也会影响技术系统的创新。

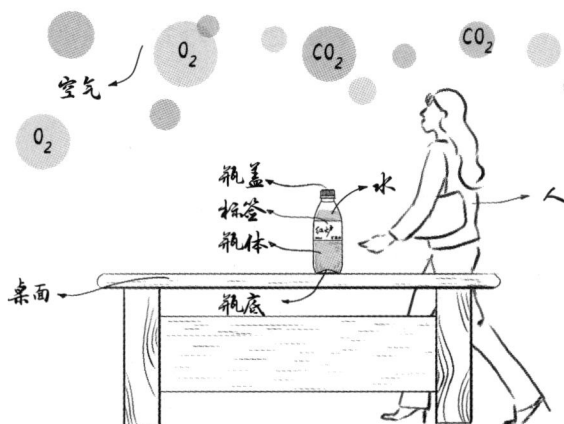

图 1.1.9 矿泉水瓶在会议室场景

图 1.1.9
动画

表 1.1.4 矿泉水瓶系统分析表

系统分类	系统名称	子系统(或组件)名称
超系统	会议室	人、空气、桌面、水
技术系统	矿泉水瓶	瓶体、标签、瓶盖、瓶底

采用分析图方式分析矿泉水瓶系统如图 1.1.10 所示。图中列出了矿泉水瓶的所有组件。

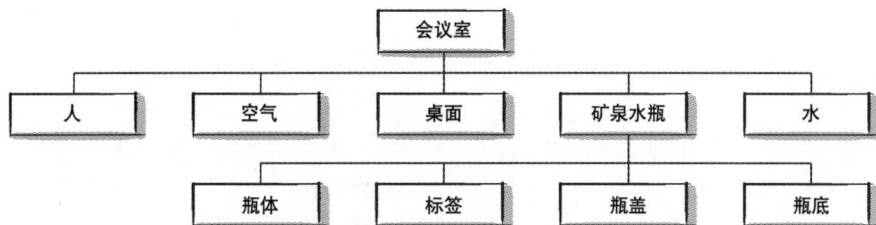

图 1.1.10 矿泉水瓶在会议室场景下的分析图

清楚地认识技术系统所在的超系统以及其内部的子系统、组件等,是实现技术系统创新的基础。明确目标系统的属性,有利于创新聚焦;明确超系统与技术系统相关的其他系统,有利于排除干扰、相互借鉴、扩展创新方案;明确子系统、组件,有利于创新问题的解决以及创新方案的扩展。

1.2 传统创新方法

1.2.1 奥斯本检核表法

奥斯本检核表法（Osborn checklist method）（简称"检核表法"）是以该技法的发明者奥斯本命名的，又称为设想提问法或分项检查法。它针对某种特定要求制定检核表，然后逐个地加以分析、检验，从而确定最好的解决问题的方法和设计方案。检核表实现引导创新主体在创新过程中对照 9 个方面的问题进行思考，其内容为：能否改变、能否借用、能否他用、能否扩大、能否缩小、能否替代、能否调整、能否颠倒、能否组合，如表 1.2.1 所示。该技法广泛适用于各种类型和场合的创新，因此被称为"创新方法之母"。

表 1.2.1 奥斯本核检表法具体内容

类型	详细创新内容
1. 能否改变	1.1 能否改变功能？ 1.2 能否改变颜色？ 1.3 能否改变形状？ 1.4 能否改变运动？ 1.5 能否改变气味？ 1.6 能否改变声响？ 1.7 能否改变外形？ 1.8 能否改变结构？ 1.9 能否改变制造方法？ 1.10 是否还有其他改变的因素？
2. 能否借用	2.1 有无类似的东西？ 2.2 能否借用其他概念？ 2.3 过去有无类似的问题？ 2.4 能否模仿？ 2.5 能否借用结构？ 2.6 能否借用外形？ 2.7 组件能否借用？ 2.8 能否借用其他成果？
3. 能否他用	3.1 是否有其他用途？ 3.2 是否有新的使用方法？ 3.3 能否改变现有的使用方法？ 3.4 原理能否应用到其他领域？
4. 能否扩大	4.1 能否增加些什么？ 4.2 能否附加些什么？ 4.3 能否增加使用时间？ 4.4 能否增加频率？ 4.5 能否增加尺寸？ 4.6 能否增加强度？ 4.7 能否提高性能？ 4.8 能否增加新成分？ 4.9 能否加倍？ 4.10 能够扩展用途？
5. 能否缩小	5.1 能否减少些什么？ 5.2 能否密集？ 5.3 能否压缩？ 5.4 能否浓缩？ 5.5 能否聚合？ 5.6 能否微型化？ 5.7 能否缩短？ 5.8 能否变窄？ 5.9 能否去掉？ 5.10 能否分割？ 5.11 能否减轻？ 5.12 能否变成流线型？

续表

类型	详细创新内容
6. 能否替代	6.1 用什么代替？ 6.2 还有什么别的排列？ 6.3 还有什么别的成分？ 6.4 还有什么别的材料？ 6.5 还有什么别的过程？ 6.6 还有什么别的能源？ 6.7 还有什么别的颜色？ 6.8 还有什么别的生产工艺？ 6.9 还有什么别的配方？
7. 能否调整	7.1 有无可互换的成分？ 7.2 能否变换模式？ 7.3 能否变换布置、顺序？ 7.4 能否变换操作工序？ 7.5 能否变换因果关系？ 7.6 能否变换速度或频率？ 7.7 能否变换工作规范？ 7.8 能否调整比例？ 7.9 能否调整结构？
8. 能否颠倒	8.1 能否上下颠倒？ 8.2 能否正反颠倒？ 8.3 能否颠倒位置？ 8.4 能否颠倒作用？ 8.5 能否颠倒顺序？ 8.6 能否内外颠倒？
9. 能否组合	9.1 能否重新组合？ 9.2 能否尝试混合？ 9.3 能否尝试合成？ 9.4 能否尝试配合？ 9.5 能否尝试协调？ 9.6 能否尝试配套？ 9.7 能否重新组合目的？ 9.8 能否重新组合特性？ 9.9 能否重新组合观念？ 9.10 能否进行原理组合？ 9.11 能否对部件、材料、形状进行组合？

复杂系统的奥斯本检核表（创新分析表）如表 1.2.2 所示。

表 1.2.2　复杂系统奥斯本检核表

系统名称	组件（子系统）名称	能否改变	能否借用	能否他用	能否扩大	能否缩小	能否替代	能否调整	能否颠倒	能否组合
超系统	其他系统 1									
	其他系统 2									
	⋮									
	其他系统 n									
技术系统	子系统 1									
	子系统 2									
	⋮									
	子系统 n									
子系统	组件 1									
	组件 2									
	⋮									
	组件 n									

简单系统的奥斯本检核表如表 1.2.3 所示。

表 1.2.3 简单系统奥斯本检核表

系统名称	组件（子系统）名称	能否改变	能否借用	能否他用	能否扩大	能否缩小	能否替代	能否调整	能否颠倒	能否组合
超系统	其他系统 1									
	其他系统 2									
	⋮									
	其他系统 n									
技术系统	组件 1									
	组件 2									
	⋮									
	组件 n									

例 1.2.1 矿泉水瓶在超市场景下的创新。

图 1.2.1 所示为矿泉水瓶在超市场景，其他技术系统有货架、地面、冰柜、水。其中水是目标系统；矿泉水瓶是技术系统，其组件有瓶盖、瓶体、标签、瓶底。根据以上分析制定奥斯本核检表，如表 1.2.4 所示，将矿泉水瓶相关的技术系统及组件进行罗列，分别针对 9 个方面进行创新思考。

根据表 1.2.4 可以得到很多矿泉水瓶的创新方案：

方案 1：将外形是圆形的瓶盖设计成六边形，有利于拧开瓶盖。

方案 2：去掉矿泉水瓶外的塑料纸标签，借用矿泉水瓶的瓶体，直接将标签内容印制到瓶体上。

方案 3：将瓶体设计成积木样式，水喝完后可当作积木玩具。

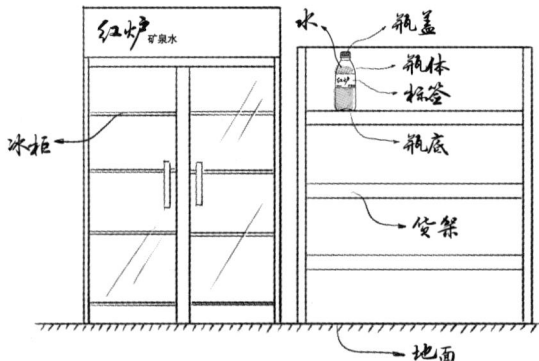

图 1.2.1
动画

图 1.2.1 矿泉水瓶在超市场景

表 1.2.4　矿泉水瓶奥斯本检核表

系统名称	组件（子系统）名称	能否改变	能否借用	能否他用	能否扩大	能否缩小	能否替代	能否调整	能否颠倒	能否组合
超市	货架					5				
	地面									
	冰柜									
	水									9
矿泉水瓶	瓶盖	1					6	7	8	
	瓶体			3						
	标签		2							
	瓶底				4				8	

　　方案 4：瓶底扩大一些，设计瓶底面积更大的矿泉水瓶，可在摇晃的环境下平稳放置。

　　方案 5：缩小超市中的货架，围绕矿泉水瓶的形状，设计专用货架。

　　方案 6：瓶盖不易拧开，采用容易撕开的塑料薄膜代替瓶盖。

　　方案 7：调整瓶盖尺寸，设计更大的瓶盖，拧开后可以作为杯子使用，如图 1.2.2 所示。

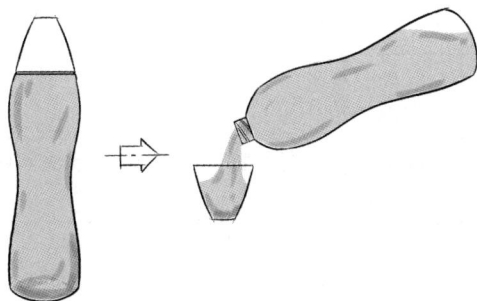

图 1.2.2　可以作为杯子的矿泉水瓶盖

图 1.2.2
动画

　　方案 8：设计瓶底在上、瓶盖在下的矿泉水瓶，实现矿泉水瓶颠倒放置。

　　方案 9：设计瓶体是方形的矿泉水瓶，使矿泉水瓶更容易与冰柜的空间协调。

　　应用奥斯本检核表法进行矿泉水瓶技术系统创新，不必局限于表 1.2.4 罗列的创新内容，可以根据领域、专业特点扩展具体的创新内容。

1.2.2 和田十二法

和田十二法又称为十二个聪明的办法,是上海学者许立言、张福奎在奥斯本检核表的基础上,借用其基本原理并加以归纳而提出的一种思维方法。这种方法是结合青少年的思维特点提炼出来的思维技法,由于首先在上海市闸北区和田路小学进行实践运用,故称和田十二法。其具体内容如下:加一加、减一减、扩一扩、缩一缩、变一变、改一改、联一联、学一学、代一代、搬一搬、反一反、定一定,如表 1.2.5 所示。这些技法通俗易懂,容易理解,为创新提供了多种思维方向,便于推广。

表 1.2.5 和田十二法具体内容

和田十二法	具体创新方向
1. 加一加	加高、加厚、增多或增加一些模块,以改善或提升原有系统的性能
2. 减一减	减小、减轻或者去除某部分,以实现功能、成本、形态等方面的优化
3. 扩一扩	放大、扩大、扩展或提高功效,改善技术系统的功能、用途、使用领域
4. 缩一缩	改小、缩小、压缩或者做到微型化等,给使用、携带带来便利
5. 变一变	改变形状、尺寸、颜色、顺序、长度、时间、声音、气味等,以优化使用功能
6. 改一改	改掉存在的不足、缺点、不便等,使技术系统更加合理、更具有创新性
7. 联一联	观察系统之间的相互联系,找到解决问题的途径或者提出新方案
8. 学一学	通过模仿、学习其他系统的形状、结构、原理、方法等进行创新
9. 代一代	采用其他方法、系统、材料等替代,或改变系统的材质、组件、颜色、形状、结构、声音等
10. 搬一搬	将系统的技术移作他用,使其产生新的效果、新的效应、新的技术等,从而获得新物品、新方法、新途径
11. 反一反	顺序颠倒,调整上下、左右、正反等,产生新的系统
12. 定一定	制定新的标准或一定的规则,以提升系统应用范围或效率

通过系统分析,列出与技术系统相关的超系统、子系统、组件等。复杂系统的和田十二法分析表如表 1.2.6 所示。

表 1.2.6　复杂系统和田十二法分析表

系统名称	组件（子系统）名称	加—加	减—减	扩—扩	缩—缩	变—变	改—改	联—联	学—学	代—代	搬—搬	反—反	定—定
超系统	其他系统 1												
	其他系统…												
	其他系统 n												
技术系统	子系统 1												
	子系统…												
	子系统 n												
子系统	组件 1												
	组件…												
	组件 n												

简单系统的和田十二法分析表如表 1.2.7 所示。

表 1.2.7　简单系统和田十二法分析表

系统名称	组件（子系统）名称	加—加	减—减	扩—扩	缩—缩	变—变	改—改	联—联	学—学	代—代	搬—搬	反—反	定—定
超系统	其他系统 1												
	其他系统…												
	其他系统 n												
技术系统	组件 1												
	组件…												
	组件 n												

例 1.2.2　漱口杯在洗漱台场景下的创新。

图 1.2.3 所示为漱口杯在洗漱台场景,超系统是洗漱台,其他系统是洗手池、水龙头、台面、空气、水,其中水是目标系统;漱口杯是创新的主体,漱口杯有杯盖、杯身、杯把、杯底、标签 5 个组件。应用和田十二法思考创新,

如表 1.2.8 所示,将漱口杯在洗漱台场景下的其他相关系统及组件进行罗列,分别针对和田十二法的每一条创新内容思考创新。

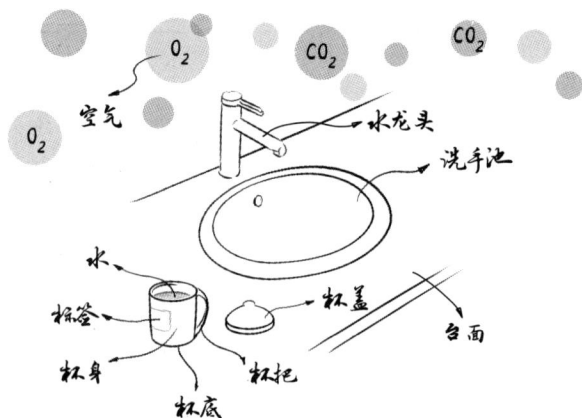

图 1.2.3
动画

图 1.2.3 漱口杯在洗漱台场景

表 1.2.8 漱口杯的和田十二法创新分析表

系统名称	组件（子系统）名称	加一加	减一减	扩一扩	缩一缩	变一变	改一改	联一联	学一学	代一代	搬一搬	反一反	定一定
洗漱台	洗手池												
	水龙头											11	
	台面						7						12
	空气												
	水												
漱口杯	杯盖	1											
	杯身				4				8		10		
	杯把			3		5				9			
	杯底					6							
	标签		2										

根据表 1.2.8 可以得到很多漱口杯的创新方案:

方案 1:杯盖增加一个支架,使杯盖放置在台面上时减少与台面的接触,保障杯盖卫生。

方案 2：去除标签，在制作漱口杯时将标签内容印刷到杯身上，实现漱口杯优化设计。

方案 3：设计杯把更加宽大的漱口杯，方便把持。

方案 4：将杯身缩小一点，可用手直接把握漱口杯，杯把设计成通体结构，方便盲人使用，如图 1.2.4 所示。

方案 5：漱口杯杯把中间开孔，可放置牙刷，如图 1.2.5 所示。

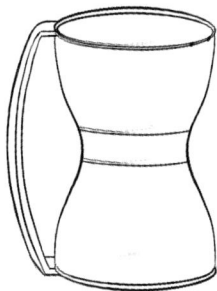

图 1.2.4　杯身缩一缩创新方案示意图

图 1.2.4
动画

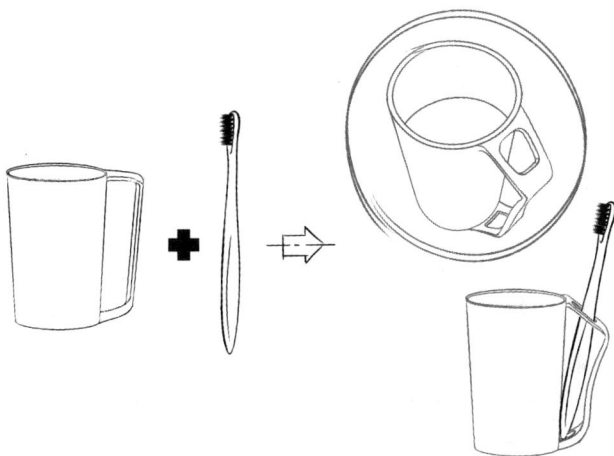

图 1.2.5　杯把变一变创新方案

图 1.2.5
动画

方案 6：设计能加热、能自动保温的杯底，使漱口杯内的水保持一定温度。

方案 7：台面与杯盖相互联系，对台面进行设计，使台面具有杯盖功能，从而替代杯盖，降低漱口杯成本。

方案 8：模仿喷涂染料剂，设计一种可喷涂并能快速固化的塑料薄膜，将液体塑料喷涂到酒店的漱口杯上，使用干净卫生，如图 1.2.6 所示。

方案 9：采用便宜的材料代替贵的材料，如杯把采用便宜的材料，既可节约成本，又能增加杯把的造型及适用性。

方案 10：把漱口杯杯身设计成容器，方便携带洗漱用品，如图 1.2.7 所示。

方案 11：水龙头可以设计成水流朝上的出水方式，在没有漱口杯的情况下，也能实现用水漱口功能，从而消除漱口杯。

图 1.2.6 杯口学一学创新方案

方案 12：在台面上设计与漱口杯杯身造型一致的结构，作为漱口杯专门的放置位置，保持台面整洁。

和田十二法的 12 个具体内容也是 12 个创新思考方向，在应用其进行技术系统创新时，有时会出现相互重叠、相互交错的现象，对此不必过于纠结，只要能受到启发实现创新目标就达到了目的。

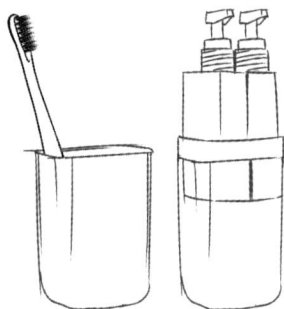

图 1.2.7 杯身搬一搬创新方案

1.2.3 5W1H 法

5W1H 也称之为六何分析法，是一种深度剖析问题的思考方法，也可以说是一种创新创造技法。5W 是 Why（为什么？）、What（是什么？）、Who（谁？）、When（何时？）、Where（何处？），1H 是 How（怎么样？）。5W1H 可以简单地总结为一句话：是谁通过了什么途径向谁传播了什么？最终获得的效果如何？在创新过程中从 5W1H 入手，对选定的目标、项目、工序等提出问题，并进行深度地思考、剖析，同时也可以在分析过程中发现新问题、新知识，梳理创新的需求，这样就可以更快、思路更清晰地去解决问题。5W1H 的具体内容如表 1.2.9 所示。

表 1.2.9 5W1H 具体内容

名称	内容
1. Why（为什么？）	为什么生产这个产品？为什么非要这样？不这么做有什么后果？为什么要创新？为什么要做成这个形状、大小、颜色、结构？为什么使用这种方法生产？
2. What（是什么？）	是什么目的？是什么材质？是什么用途？功能是什么？规范是什么？要求是什么？

名称	内容
3. Who（谁？）	谁设计的？谁生产的？谁来协助？谁是决策者？谁赞成？谁反对？消费群体是谁？
4. When（何时？）	何时生产？何时使用？何时有资源？何时推广？何时改进？何时最适宜？何时最便宜？何时最贵？
5. Where（何处？）	在何处生产？在何处安装？何处有资源？何处能够更好地推广？何处可以改进？何处最适宜？
6. How（怎么样？）	怎么安排流程？怎么做最省力？怎样效率最高？怎么改进？怎么最美观？怎么样做销量最好？怎么避免失败？怎么跟进？

例 1.2.3　根据分析表对漱口杯提出问题并进行分析。

漱口杯底为什么常有污渍产生？5W1H 法分析表如表 1.2.10 所示。

表 1.2.10　漱口杯杯底 5W1H 法分析表

名称	问题提出	问题分析
1. Why（为什么？）	杯底为什么会出现污渍	口腔中存在大量的细菌,刷完牙后将湿牙刷直接放在漱口杯内,牙刷上的细菌随水流到漱口杯底,杯底潮湿的环境就像一个细菌培养基,导致细菌生长,慢慢就产生较多的污渍
2. What（是什么？）	污渍主要是什么	杯底污渍主要是水垢、菌渍
3. Who（谁？）	谁用会产生污渍	如果不能将漱口杯内部和牙刷分离,很难避免污渍的产生
4. When（何时？）	何时容易产生污渍	刷牙后漱口杯没有晾干,牙刷和漱口杯放在一起时容易产生污渍
5. Where（何处？）	对漱口杯哪个部位进行改进	为了解决杯底容易产生污渍的问题,使用后可以将漱口杯倒置或者倾斜放置,牙刷刷头尽量保持干燥并避免与漱口杯底部接触
6. How（怎么样？）	怎么样设计才能避免漱口杯产生污渍	将漱口杯设计成可以倒置或倾斜放置,保证漱口杯的内部的干燥,这些都可以有效避免污渍的产生

在漱口杯杯底 5W1H 法的 6 个问题分析中,可以产生如下创新方案:

方案 1:通过对漱口杯杯底产生污渍的原因进行分析,发现主要是由于口腔中有大量的细菌存在,刷牙后这些细菌会被牙刷带到漱口杯内,杯底一般比较潮湿,使细菌得以滋生,时间久了就会产生污渍。为了解决这一问题,考虑可以将漱口杯使用后倒置。如图 1.2.8 所示,创新设计特殊造型的杯把,使漱口杯能够倒置,以保持漱口杯杯底干燥,减少污渍的产生。

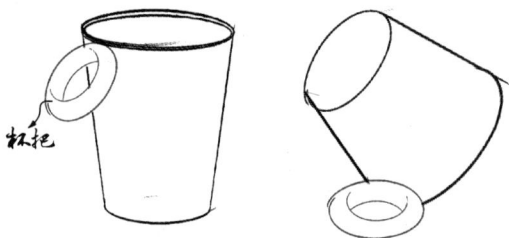

图 1.2.8
动画

图 1.2.8 能够倒置的漱口杯

方案 2:漱口杯杯底产生污渍的另一个主要原因是不能及时干燥,致使细菌滋生。创新设计一款带有烘干、紫外线消杀功能的置物架,使漱口杯和牙刷放置后能尽快干燥,从而避免杯底污渍产生,如图 1.2.9 所示。

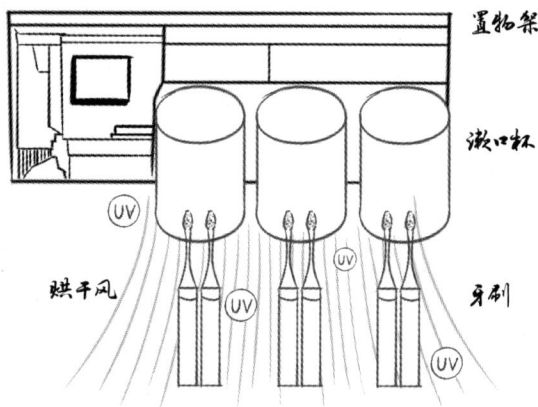

图 1.2.9
动画

图 1.2.9 带有烘干、紫外线消杀功能的置物架

1.2.4 信息交合法

信息交合法是我国学者许国泰提出的,又称"魔球法""信息反应场法"或者"要素标的发明法"。信息交合法将需要分析的物体分解为具体的信息

要素,同时罗列该物体与人类活动相关的用途信息要素,将这两类或者多类信息要素放置在坐标轴的不同位置,各轴相交形成"信息反应场"。要素相交,将看似孤立、零散的信息要素进行对比、组合、联想,就可能产生新的信息。信息交合法具有使思维更发散、思考范围更广的特点。

信息交合有三种类型,成对列举交合、平面坐标交合、立体交合。

1. 成对列举交合

在确立创意意图后,列举相关信息要素,进行联想,寻找创新方案。以图 1.2.10 为例,图中漱口杯为主要创新载体,与漱口杯相关的牙刷、镜子、梳子、牙膏作为相关信息要素,采用两两交合的方式进行联想,形成如下创新方案:

方案 1:漱口杯和牙刷,将漱口杯杯把上设计放置牙刷的位置,实现牙刷控水功能,避免漱口杯内细菌滋生,如图 1.2.11 所示。

方案 2:牙刷和镜子,在牙刷柄或者牙刷头上嵌入镜子,方便刷牙时观察牙齿的清洁情况。

方案 3:镜子和梳子,在梳子手柄或者背面嵌入镜子,在梳理时能够观察发型的情况。

方案 4:梳子和牙膏,将梳子的手柄处设置一道缝隙,使其具备挤压牙膏的功能。

方案 5:漱口杯和镜子,将漱口杯外部嵌入镜子,方便洗漱时使用,如图 1.2.12 所示。

方案 6:牙刷和梳子,设计能够安装牙刷头、梳子头的活动手柄,刷牙时手柄与牙刷头固定连接,梳头时手柄与梳子头固定连接,实现一物多用。

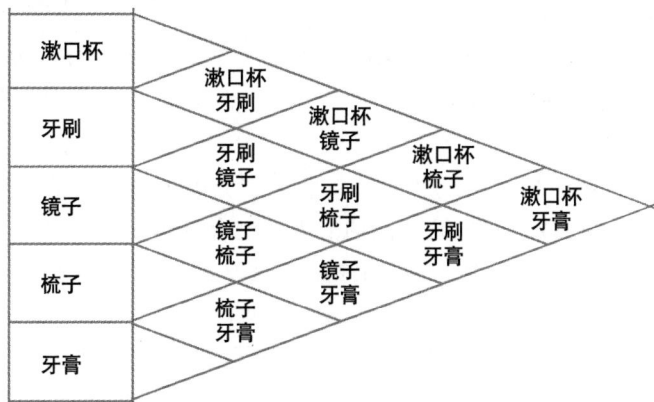

图 1.2.10 成对列举交合示意图

图 1.2.11
动画

图 1.2.12
动画

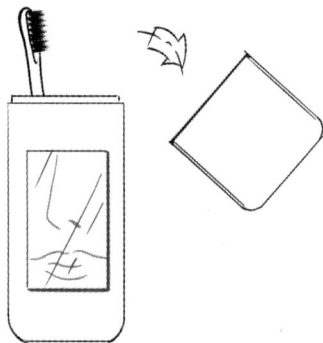

图 1.2.11 杯把为牙刷架的漱口杯　　　图 1.2.12 带镜子的漱口杯

方案 7：镜子和牙膏，牙膏管外包装采用软镜子材质，使牙膏管具备镜子功能。

方案 8：漱口杯和梳子，将梳子手柄设置成空心结构，空心手柄可与梳子头分离，实现漱口杯功能。

方案 9：牙刷和牙膏，将牙刷、牙膏进行合并，牙膏管充当牙刷柄，取用牙膏时牙膏管与牙刷头暂时分离，将牙膏挤压到刷毛上后，牙膏管与牙刷头重新固定，替代牙刷柄的功能，如图 1.2.13 所示。

方案 10：漱口杯和牙膏，在漱口杯杯把上设计一道缝隙，使缝隙能够实现挤压牙膏的功能。

由于专业背景不同，每个人对事物的认识不同，在相同的成对列举交合关键词启发下，会有不同的创新思路，知识越丰富、思维越活跃的人会产生更多、更新奇的创新方案。

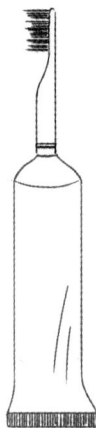

图 1.2.13
动画

图 1.2.13 牙膏管充当牙刷柄

2. 平面坐标交合

将需要创新的技术系统和另一系统分别分解为具体的信息要素，将两组信息要素分别放置在横、纵坐标轴上进行交合分析，判断交合点创新的意义、可行性。如图 1.2.14 所示，以行李箱信息要素与西瓜虫（学名：鼠妇）信息要素进行平面坐标交合，实现对行李箱的创新。

图 1.2.14 中，采用西瓜虫的油亮质感、背壳可伸缩、蜷曲成团、七对步足 4 个特点作为纵坐标信息要素，采用行李箱的滚轮、拉杆、箱体 3 个子系统作为横坐标信息要素，在平面坐标系内相互交合形成若干个创新点。依据掌

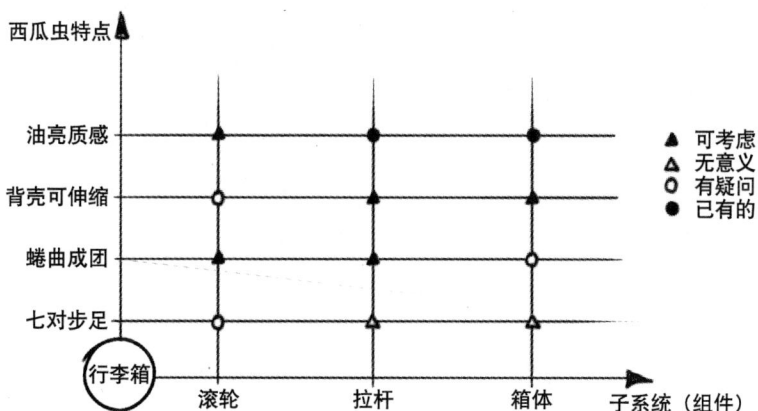

图 1.2.14　行李箱与西瓜虫要素平面坐标交合示意图

握的专业知识及对行李箱系统的认识,对信息交合点进行判断,按可考虑、无意义、有疑问、已有的等方式进行分析、评判,形成可能的创新方案:

方案 1:受纵坐标的"背壳可伸缩"与横坐标的"箱体"平面坐标交合点启发,设计能够伸缩的箱体,通过箱体伸缩改变行李箱的容积,如图 1.2.15 所示。

方案 2:受纵坐标的"蜷曲成团"与横坐标的"滚轮"平面坐标交合点启发,设计可以变化状态的滚轮,使滚轮在滚动的时候是圆形,停止的时候能够伸展平放,防止行李箱体随意移动。

方案 3:受纵坐标的"蜷曲成团"与横坐标的"拉杆"平面坐标交合点启发,将拉杆设计成能卷曲存放的结构,实现行李箱拉杆的创新。

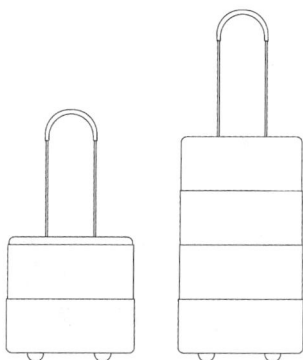

图 1.2.15　箱体能够伸缩的行李箱

图 1.2.15 动画

3. 立体交合

在确定坐标原点(被创新的技术系统)后,可以采用多条变量坐标轴,每条坐标轴又可以分解出更多的分支放置信息要素,将这些不同坐标轴上的信息要素相交形成信息场,在信息场中寻找创新点,从而拓宽创新思路。立体交合法的使用步骤分为四步:① 确定坐标中心点;② 画坐标轴,将需要分析的技术系统与该系统相关的活动、用途、制造等属性特点进行分解,将分解的信息要素按类别放置在不同的坐标轴上;③ 连接不同的坐标点,形成信息场;④ 分析不同的信息场,判断创新的可能性,形成创新方案。如图 1.2.16 所示,以矿泉水瓶作为坐标原点,绘制人类活动、使用人群、材质、组件(子系统)4 条坐标轴,任意连接坐标点形成信息场,依据信息场进行思考,实现矿泉水瓶的技术创新方案。

坐标轴的数量、信息要素的内容可以依据被创新技术系统的相关性进行设立,坐标轴数量越多、信息要素越多,形成的信息反应场就越多,创新的方向、创新思路就越多。

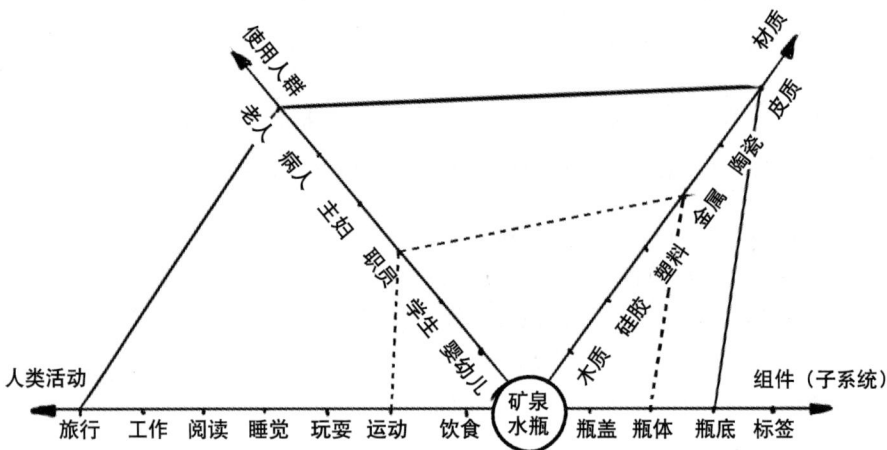

图 1.2.16 矿泉水瓶立体交合示意图

从图 1.2.16 中可以看到多条信息场。但是必须注意,不是所有信息场都是可行的,对于不符合科学原理、不符合生活实际的要果断放弃。

1.2.5 可拓学

可拓学是以广东工业大学蔡文研究员为首的中国学者于 1983 年开创的一门新学科,其研究目标是实现矛盾问题的智能化处理。可拓学以形式化的模型,研究探讨事物拓展的可能性和创新的方法与规律,用于解决现有条件下无法实现当前目标的矛盾问题。目前,可拓学已形成了以基元理论、可拓集理论和可拓逻辑为基础的理论框架,和包括拓展分析方法、共轭分析方法、可拓变换方法、可拓集方法、优度评价方法、可拓思维模式的可拓创新方法体系。在此基础上,可拓学提出了易于操作的可拓创新四步法:建模—拓展—变换—优选,见表 1.2.11。通过上述四步,可获得解决矛盾问题的创新方案。

表 1.2.11　可拓创新四步法

可拓创新 四步法	概述
1. 建模	用"对象""特征""量值"组成的三元组规范化地表示物、事和关系,分别称为物元、事元、关系元,统称为基元
2. 拓展	利用发散树方法对基元模型进行拓展
3. 变换	基元的基本变换:置换、增加、删减、扩缩、分解、复制 变换的运算:同时变换、分步变换、选择变换、逆向变换
4. 优选	选择评价特征,并确定权重,给各创新方案按各个评价特征打分,计算优度,并选择优度最高的创新方案

例 1.2.4　应用可拓创新四步法对行李箱进行分析,并获得创新方案。

1. 建模

对行李箱进行物元建模,如表 1.2.12 所示。

表 1.2.12　行李箱物元模型

物	特征	量值
行李箱	颜色	黑色
	材质	布
	形状	长方体
	尺寸	35 cm × 24 cm × 54 cm
	质量	3.7 kg
	形式	拉杆

2. 拓展

根据第一步,选择物元发散树方法,可以从物、特征和量值进行拓展。现以"颜色""形状""形式"进行拓展,如表 1.2.13 所示。

表 1.2.13　行李箱物元拓展

物	特征	量值	量值拓展
行李箱	颜色	黑色	透明,夜光,荧光
	形状	长方体	卡通型,圆柱形
	形式	拉杆	推杆,遥控器,手机控制

3. 变换

以应用置换变换为例,说明变换前和变换后的创意方案,如表 1.2.14 所示。

表 1.2.14 行李箱物元变换

变换前			拓展	变换后		
物	特征	量值	量值拓展	物	特征	量值
行李箱	颜色	黑色	透明,夜光,荧光	行李箱	颜色	透明
						夜光
						荧光
	形状	长方体	卡通型,圆柱形		形状	卡通型
						圆柱形
	形式	拉杆	推杆,遥控器控制,手机控制		形式	推杆
						遥控器控制
						手机控制

由上述表可知,行李箱经过变换后会得到很多新的行李箱创意方案:

方案 1:透明的卡通型的推杆推行的行李箱。

方案 2:透明的卡通型的遥控器控制的行李箱。

方案 3:透明的卡通型的手机控制的行李箱。

方案 4:透明的圆柱形的推杆推行的行李箱。

方案 5:透明的圆柱形的遥控器控制的行李箱。

方案 6:透明的圆柱形的手机控制的行李箱。

方案 7:夜光的卡通型的推杆推行的行李箱。

方案 8:夜光的卡通型的遥控器控制的行李箱。

方案 9:夜光的卡通型的手机控制的行李箱。

方案 10:夜光的圆柱形的推杆推行的行李箱。

方案 11:夜光的圆柱形的遥控器控制的行李箱。

方案 12:夜光的圆柱形的手机控制的行李箱。

方案 13:荧光的卡通型的推杆推行的行李箱。

方案 14:荧光的卡通型的遥控器控制的行李箱。

方案 15:荧光的卡通型的手机控制的行李箱。

方案 16:荧光的圆柱形的推杆推行的行李箱。

方案 17：荧光的圆柱形的遥控器控制的行李箱。

方案 18：荧光的圆柱形的手机控制的行李箱。

4. 优选

运用创意优选方法，根据使用者关注的评价特征，选择优度较高的方法。

例 1.2.5　应用可拓创新四步法对矿泉水瓶进行分析，并获得具有创新功能的矿泉水瓶方案。

1. 建模

建立矿泉水瓶的物元模型，如表 1.2.15 所示。

表 1.2.15　矿泉水瓶物元模型

物	特征	量值
矿泉水瓶	颜色	透明
	材质	塑料
	形状	圆柱形
	尺寸	直径 60 mm，高度 205 mm
	容量	500 ml
	密封方式	旋盖

矿泉水瓶的基本功能是盛放矿泉水，对其进行事元建模，如表 1.2.16 所示。

表 1.2.16　矿泉水瓶事元模型

动作	特征	量值
盛放	支配对象	矿泉水

2. 拓展

分别对上述矿泉水瓶的物元模型、事元模型进行发散树分析。其中物元以"形状""材质"进行拓展，如表 1.2.17 所示。事元以"量值"进行拓展，如表 1.2.18 所示。

表 1.2.17　矿泉水瓶物元拓展

物	特征	量值	量值拓展
矿泉水瓶	形状	圆柱形	葫芦形,圆锥形,长方体
	材质	塑料	玻璃,纸质

表 1.2.18 矿泉水瓶事元拓展

动作	特征	量值	量值拓展
盛放	支配对象	矿泉水	咖啡

3. 变换

运用"置换"和"增加"变换,对矿泉水瓶的物元模型和事元模型进行变换,如表 1.2.19、表 1.2.20 所示。

表 1.2.19 矿泉水瓶物元变换

变换前			拓展	变换后		
物	特征	量值	量值拓展	物	特征	量值
矿泉水瓶	形状	圆柱形	葫芦形,圆锥形,长方体	矿泉水瓶	形状	葫芦形
						圆锥形
						长方体
	材质	塑料	玻璃,纸质		材质	玻璃
						纸质

表 1.2.20 矿泉水瓶事元变换

变换前			拓展	变换后		
动作	特征	量值	量值拓展	动作	特征	量值
盛放	支配对象	矿泉水	饮料	盛放	支配对象	矿泉水+咖啡

运用"同时变换"运算将上述变换进行组合,得到多种矿泉水瓶创新方案:

方案 1:葫芦形玻璃材质,具有同时盛放矿泉水和咖啡功能的矿泉水瓶。

方案 2:葫芦形纸质,具有同时盛放矿泉水和咖啡功能的矿泉水瓶。

方案 3:圆锥形玻璃材质,具有同时盛放矿泉水和咖啡功能的矿泉水瓶。

方案 4:圆锥形纸质,具有同时盛放矿泉水和咖啡功能的矿泉水瓶。

方案 5:长方体玻璃材质,具有同时盛放矿泉水和咖啡功能的矿泉水瓶。

方案 6:长方体纸质,具有同时盛放矿泉水和咖啡功能的矿泉水瓶。

4. 优选(省略)

例 1.2.6 漱口杯长期使用底部会积水发霉,应用可拓创新四步法对漱口杯进行分析,发掘创意解。

1. 建模

漱口杯最基本的功能是盛放，对漱口杯建立事元模型和物元模型，如表 1.2.21、表 1.2.22 所示。

表 1.2.21 漱口杯事元模型

动作	特征	量值
盛放	支配对象	水
	时间	洗漱时

表 1.2.22 漱口杯物元模型

物	特征	量值
漱口杯	颜色	透明
	材质	塑料
	结构	底部封闭
	尺寸	直径 60 mm，高度 100 mm
	形状	圆柱形

2. 拓展

为避免漱口杯杯底发霉，希望漱口杯有保持干燥的功能。对漱口杯事元模型进行发散树分析，如表 1.2.23 所示。

表 1.2.23 漱口杯事元模型

动作	特征	量值	动作拓展
盛放	支配对象	水	排出
	时间	洗漱时	

3. 变换

如表 1.2.24 所示，此变换使漱口杯的功能得到了扩充，在此基础上对漱口杯物元模型中的"结构"进行变换，即在事元变换后进行分步变换运算，结果如表 1.2.25 所示。

经过变换后可得到多种新的漱口杯创意方案，能够使得洗漱后杯底不积水发霉，例如：

方案 1：底部有活动塞子的漱口杯。

方案 2：底部可拆卸的漱口杯。

方案 3：底部装有磁铁可倒悬放置的漱口杯。

表 1.2.24 漱口杯事元变换

变换前			拓展	变换后		
动作	特征	量值	量值拓展	动作	特征	量值
盛放	支配对象	水	饮料	盛放	支配对象	水
	时间	洗漱时	排水		时间	洗漱时
				排出	支配对象	剩水
					时间	洗漱后

表 1.2.25 漱口杯物元变换

变换前			拓展	变换后		
物	特征	量值	量值拓展	物	特征	量值
漱口杯	结构	底部封闭	底部塞子,可拆卸底部,底部加磁铁	漱口杯	结构	底部塞子
						可拆卸底部
						底部加磁铁

4. 优选(省略)

1.3 TRIZ 创新工具

TRIZ 源于拉丁语缩写,原义是"发明问题解决理论",可译为"萃智"或者"萃思",取"萃取智慧"或"萃取思考"之义,英文为 Theory of Inventive Problem Solving。TRIZ 理论是苏联教育家、发明家、创造创新学家根里奇·阿奇舒勒(Genrich S. Altshuller)于 1946 年开始,与由 1 500 多名专家组成的研究团队一起,通过分析大量专利文献和创新案例总结出来的一整套成体系、实用的解决发明问题的理论方法体系。经过多年的发展,现已形成一套系统的 TRIZ 基本理论体系,如图 1.3.1 所示。

1.3.1 最终理想解

1. 理想度

阿奇舒勒在研究中发现,所有的技术系统都在朝着增加其理想度的方向发展和进化。因此,在发明创新中,设计的最终目标应该是提高系统的理想度,无论采用何种方法对技术系统进行改进创新,其本质都是提高系统的理想度。从属性角度分析,技术系统的理想度是衡量该系统理想化程度这

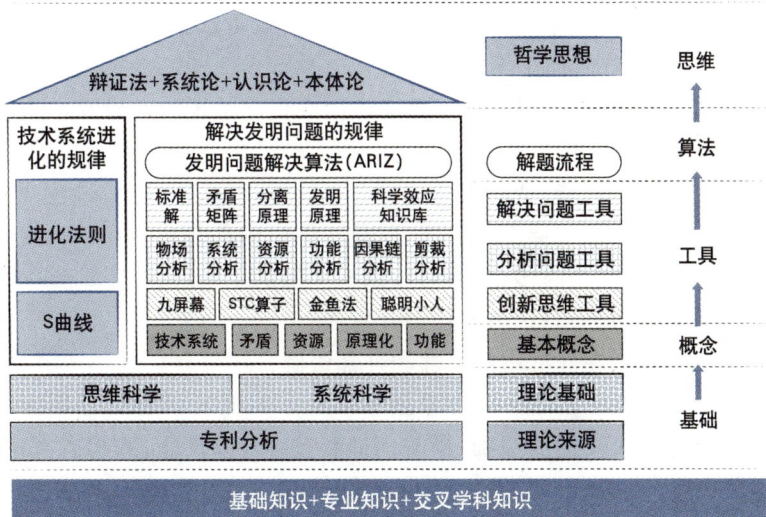

图 1.3.1　TRIZ 的基本理论体系框架

一属性的度量值,可为解决问题明确方向。

根据技术系统的定义,每个技术系统都具有一个或多个有用功能(useful function, UF),在执行的多种功能中,有且只有一个最有意义的有用功能,这个功能是技术系统存在的目的,称为主要功能(primary function, PF),主要功能也被称为首要功能或基本功能。一个技术系统往往具有多个有用功能,从这些有用功能中确定主要功能,再根据特定情况进行具体分析。另外,为了使主要功能得以实现,或提高主要功能的性能,技术系统往往还会有多个辅助性的有用功能,称为辅助功能(auxiliary function, AF)。同时,每个技术系统也会有一个或多个不希望出现的效应或现象,称为有害功能(harmful function, HF)。

对于一个技术系统来说,从它诞生的那一刻起就开始了进化的过程。在进化过程中具体表现为:在数量上,能够提供的有用功能越来越多,所伴生的有害功能越来越少;在质量上,有用功能越来越强,有害功能越来越弱。技术系统的理想度(ideality)与有用功能之和成正比,与有害功能之和成反比。系统的理想度越高,创造出的产品竞争能力越强。理想度的计算公式可由式 1.1 表示:

$$理想度 = \frac{\sum 有用功能}{\sum 有害功能 + \sum 成本} \qquad 式 1.1$$

式 1.1 明确指出了在技术系统的进化过程中,其有用功能(技术系统的效益)不断增加,有害作用不断降低,成本不断减小(实现其功能所需要的时间、空间、能量等不断减少,同时系统的体积和质量不断减小),系统的理想度不断增大,最终趋向于无穷大。

根据理想度公式,可以从以下几个方面来提高系统的理想度:

(1)增加有用功能的数量;

(2)去除辅助功能,或将其传递到其他功能组件;

(3)将部分功能传递至超系统,优化系统中的其余功能;

(4)简化系统,去除多余的组件,合并离散的子系统;

(5)实现自服务,系统自我控制和发展;

(6)利用已存在并可用的内部和外部资源;

(7)减少有害功能的数量,尽量剔除那些无效、低效、产生副作用的功能;

(8)降低有害功能的级别,预防和抑制有害功能产生,或将有害功能转化为中性功能;

(9)将有害功能移到外部环境中去,不再是系统的有害功能。

以理想度的概念为基础,可引出理想系统和最终理想解的概念。

2. 理想系统

当技术系统的有用功能趋近于无穷大,有害功能为零、成本为零的时候,就是技术系统进化的终点。此时,由于成本为零,技术系统不再具有真实的物质实体,也不消耗任何资源。同时,由于有用功能趋近于无穷大,有害功能为零,表示技术系统不再具有任何有害功能,且能够实现其应该实现的一切有用功能,这样的技术系统就是理想系统(ideal system)。

理想系统并非物理实体,也不消耗任何资源,但却能够实现所有必要的功能,即系统的质量、尺寸、能量消耗无限趋近于零,系统实现的功能趋近于无穷大。在理想系统中,存在理想机器、理想方法和理想物质等概念。理想机器没有质量,没有体积,但能完成所需要的工作;理想方法不消耗能量及时间,通过自身调整,能获得所需的效应;理想物质没有物质,但能实现功能。

理想系统只是一个理论上的、理想化的概念,是技术系统进化的极限状态,是一个在现实世界中无法达到的终极状态。但通过理想系统的分析,可以帮助我们了解系统创新的需求和最终目标,以此为基础对系统存在问题和功能方面的缺陷不断改善,增加系统的有用功能,消除有害功能和降低成本,使技术系统逐步向理想系统逼近。

3. 最终理想解

对技术系统进行创新的最终目标,就是系统理想度不断提高无限逼近理想状态的过程。不需要额外的花费就能实现系统的创新,这种状态就称为最终理想结果(ideal final result, IFR)或最终理想解。

最终理想解的实现可以这样表述：系统自己能够实现需要的动作，并且没有有害功能。通常 IFR 的表述中须包含两个基本点：① 系统自己实现这个功能；② 没有利用额外的资源，并且实现了所需的功能。最终理想解是根据理想度和理想系统延伸出来的一个概念，是用于问题定义阶段的一种工具，是一种用于确定系统发展方向的方法。它描述了一种超越原有问题的机制或约束的解决方案，指出了在使用 TRIZ 工具解决实际技术问题时应该努力的方向。这种解决方案可以看作与当前所面临的问题没有任何关联的、理想的最终状态。

最终理想解的确定和实现可以通过以下六个问题来进行：

（1）设计的最终目的是什么？

（2）IFR 是什么？

（3）达到 IFR 的障碍是什么？

（4）出现这种障碍的结果是什么？

（5）不出现这种障碍的条件是什么？

（6）创造这些条件时可用的资源是什么？

例 1.3.1　对矿泉水瓶进行 IFR 分析，所期望的理想系统是消除矿泉水瓶，即没有矿泉水瓶仍能存储水，不对环境造成任何污染。

表 1.3.1 为矿泉水瓶问题 IFR 分析表。

表 1.3.1　矿泉水瓶问题 IFR 分析表

IFR 流程	问题解答
（1）设计的最终目的是什么？	杜绝矿泉水瓶对环境的污染
（2）IFR 是什么？	消除矿泉水瓶
（3）达到 IFR 的障碍是什么？	既要矿泉水瓶存储水，又不希望有矿泉水瓶的存在
（4）出现这种障碍的结果是什么？	矿泉水瓶一般采用塑料材料，其成本低且具有良好的储水功能；但大量的矿泉水瓶造成的塑料垃圾回收不充分，对环境造成严重污染
（5）不出现这种障碍的条件是什么？	采用一种低成本、无污染，且具有足够支撑强度的材料代替塑料矿泉水瓶
（6）创造这些条件时可用的资源是什么？	纸质可降解的矿泉水瓶，如图 1.3.2 所示

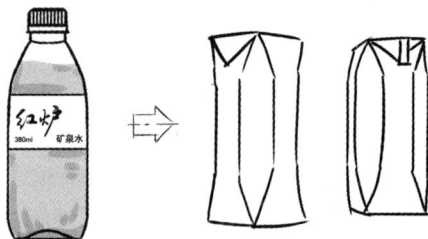

图 1.3.2　纸质可降解的矿泉水瓶

在解决技术系统问题或创新时,往往被各种约束条件包围,以前出现的问题和各种约束混淆了技术系统创新的方向,因此需要采用 IFR 分析进行梳理、明确、聚焦。在进行 IFR 分析时要注意:

(1)保持原系统的优点;

(2)消除原系统的不足;

(3)没有使系统变得更复杂;

(4)没有引入新的不足。

1.3.2　资源分析

"资源"最初是指自然资源。人类的进步伴随着可用资源的消耗,一旦可用资源消耗殆尽,人类将会面临巨大的灾难。因此,人们不断地探索、利用和开发新能源,并研发出很多新的技术和设计成果。例如,太阳能蓄电池、风力发电机、超级杂交水稻、基因技术、可燃冰等。这些新技术、新成果大多来源于人们对现有资源的创造性应用。创新方法中的资源是创新的"燃料",巧妙地利用这些"资源",有利于实现最终理想解目标。TRIZ 提出了对技术系统中"资源"这一概念的系统化认识,并将其应用到问题求解过程中。TRIZ 认为,对技术系统中可用资源的创造性应用,能够增加技术系统的理想度,这是解决发明问题的基石。

"资源"在创新方法中指的是能够为创新过程提供支持的资源,这些资源往往来源于超系统内的各种相关系统、技术系统的子系统、组件等。了解了资源的根本性质,矛盾问题自然就可以解决了。资源分析中最重要的任务就是揭示发明资源,而发明资源通常是隐含的,不可直接利用,或者掩藏在系统或环境中。这些资源通常可分为物质资源、能量资源、时间资源、空间资源、功能资源、信息资源以及结构资源,每种资源的类型及含义如下:

(1)物质资源是指用于实现有用功能的一切物质。应该使用系统中已有的物质资源解决系统中的问题。系统或环境中任何种类的材料或物质都可以看作可用物质资源,例如在行李箱创新中,能够存放行李箱的行李架是物质资源。

（2）能量资源是指系统中存在或能产生的场或能量流。能够提供某种形式能量的物质或物质的转换运动过程都可以称为能量资源。能量资源主要可分为三类:一是来自太阳的能量,除辐射能外,还可转化为很多形式的能源;二是来自地球本身的能量,例如热能和原子能;三是地球与其他天体间相互作用所引发的能量。

系统中或系统周围可用于其他用途的任何能量都可看作一种资源,例如机械资源（旋转、压强、气压、水压等）、热力资源（蒸汽能、加热、冷却等）、化学资源（化学反应）、电力资源、磁力资源、电磁资源。

（3）信息资源是指系统中存在或能产生的信息。信息作为反映客观世界的重要途径,已成为一种重要的资源,在人类自身的改造中起到重要作用。信息流已成为决定生产发展规模、速度和方向的重要力量。信息科学涵盖了信息理论、信息处理、信息传递、信息储存、信息检索、信息管理等,在许多领域的创新方法应用研究中,信息资源不可或缺。

（4）时间资源是指系统启动之前、工作中以及工作之后的可利用时间。时间资源应合理利用,应有效利用空闲时间或使用时间周期,部分或全部未被使用的各种停顿和空闲,以及运行之前、之中或之后的时间等。

（5）空间资源是指系统本身及超系统的可利用空间。为了节省空间,任何系统中或周围的空闲空间都可用于放置额外的作用对象,如某个表面的反面、未占据的空间、表面上的未被占用部分、其他作用对象之间的空间、作用对象的背面、作用对象外面的空间、作用对象初始位置附近的空间、活动盖下面的空间、其他对象各组成部分之间的空间、另一个作用对象上的空间、另一个作用对象内的空间、另一个作用对象占用的空间、环境中的空间等。

（6）功能资源是指利用系统的已有组件,挖掘系统的隐性功能,建议挖掘系统组件的多用性。例如,矿泉水瓶内部水的折射功能,可以利用其对标签进行创新。

（7）结构资源是指存在但未被利用的结构,或在系统中容易创建的结构（定位或组织系统要素等）。例如,行李箱的拉杆伸缩结构,能否利用其实现对滚轮的驱动。

此外,相对于系统资源而言,还有很多容易被忽视或者没有被意识到的资源,这些资源通常都是由系统资源派生而来的。现实问题中存在着各种不易被发现的资源,在 TRIZ 中称之为潜在资源或隐性资源。充分挖掘资源是解决问题的良好保证。

资源分析就是从系统的角度来研究和分析资源,挖掘系统的隐性资源,使系统中的隐性资源显性化,显性资源系统化。重视资源的联系与配置,合理地组合、配置、优化资源结构,可大幅提升系统资源的应用价值或理想度(或资源价值)。资源分析可以帮助我们找到解决问题所需要的资源,帮助我们在可能的方案中找到理想度相对较高的解决方案。

资源分析的步骤分为以下四步。

第一步:发现及寻找资源。

从技术系统的超系统及子系统入手,将超系统及其他系统、技术系统及子系统、子系统及组件填入表 1.3.2 所示的资源分析表中;如果被创新目标的主体比较简单,选取超系统及其他系统、技术系统及组件列入表中即可,如表 1.3.3 所示。

表 1.3.2　复杂技术系统资源分析表

系统名称	系统组件名称	物质资源	能量资源	信息资源	时间资源	空间资源	功能资源	结构资源
超系统	其他系统 1							
	其他系统…							
	其他系统 n							
技术系统	子系统 1							
	子系统…							
	子系统 n							
子系统	组件 1							
	组件…							
	组件 n							

表 1.3.3　简单技术系统资源分析表

系统名称	系统组件名称	物质资源	能量资源	信息资源	时间资源	空间资源	功能资源	结构资源
超系统	其他系统 1							
	其他系统…							
	其他系统 n							
技术系统	组件 1							
	组件…							
	组件 n							

第二步：挖掘及探究资源。

挖掘就是向更深层探索，以获取更多有效、新颖和潜在的资源。探究就是针对资源进行分类，针对系统进行聚集，以问题为中心寻找更深层级的资源及派生资源。将表 1.3.2 中所列出的所有系统、组件分别与第一行所列出的 7 种资源进行匹配，思考哪些资源可以被挖掘利用到当前组件中，实现对组件或系统的创新。对于复杂的技术系统，很难直接挖掘出可用的隐性资源，此时可配合采用九屏幕法（1.3.4 节）提供创新思路。

派生资源可以通过改变物质资源的形态得到，有物理方法和化学方法两种主要方法：

① 改变物质的物理状态（相态之间变化），包括物理参数的变化，如形状、大小、温度、密度、质量等；机械结构的变化；直接相关参数（材料、形状、精度）、间接相关参数（位置、运动）的变化。

② 改变物质的化学状态，包括物质分解的产物，燃烧或合成的产物。

第三步：整理及组合资源。

资源整合是指对不同来源、不同层次、不同结构、不同内容的资源进行识别与选择、汲取与配置、激活并有机融合，使其具有较强的系统性、适应性、条理性和应用性，并创造出新资源的复杂动态过程。通过组织和协调，系统内部彼此相关又分离的资源及系统外部既参与共同任务又拥有独立功能的相关资源被整合成一个大系统，取得"1+1>2"的效果。资源整合包括资源的整理与组合，就是将资源同问题联系起来，将与解决问题相关的资源组合起来。

简言之，在进行资源分析时，各资源是相互独立又相互联系，在利用某种资源对某个组件进行创新时，系统内的其他组件可能同时会利用该资源或其他资源创新的效果。因此，资源分析表中会存在某一组件同时采用多种资源，或某种资源同时被用到多个组件中的情况。

第四步：评价及配置资源。

在解决方案中，最佳利用资源的理念与理想度的概念紧密相关。事实上，某一解决方案中采用的资源越少，求解问题的广义成本就越小，理想度就越高。

资源评估从数量上看有不足的、充分的和无限的，从质量上看有有用的、中性的和有害的；资源的可用度从应用准备情况看有现成的、派生的和特定的，从范围看有操作区域内的、操作时段内的、技术系统内的、子系统中的和超系统中的，从价格看有昂贵的、便宜的和免费的等。最理想的资源是取之不尽、用之不竭、不用付费的资源。

资源配置是指各种资源（包括人力、物力、财力）在各种不同的使用方向之间的分配。资源配置的三要素是时间、空间和数量。

技术系统中资源配置要关注资源的利用率。也要关注资源的储存状况及获得资源的成本，注重开发资源的新功效，关注系统资源的开放性以及区域间资源充分的流动性，遵循可持续发展的原则。

例 1.3.2 通过资源分析对车厢环境下的行李箱进行创新设计。

如图 1.3.3 所示，行李箱是待创新的技术系统，车厢是超系统，在超系统环境下与行李箱相关的其他系统有行李架、地面、人，行李箱有拉杆、箱体、滚轮组三个子系统。

图 1.3.3
动画

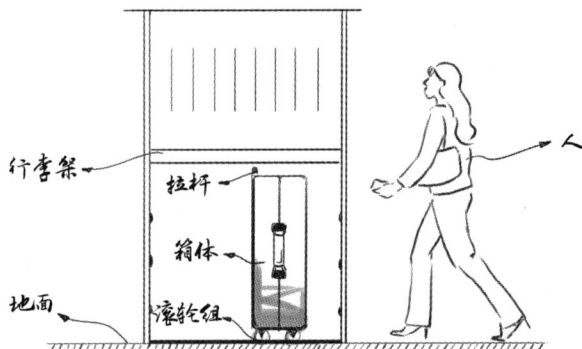

图 1.3.3 行李箱在车厢环境

建立行李箱资源分析表，如表 1.3.4 所示。围绕 7 种资源，分别挖掘和探究超系统、技术系统、组件可能存在的资源，利用资源对车厢环境下的行李箱进行创新。

表 1.3.4 行李箱资源分析表

系统分类		物质资源	能量资源	信息资源	时间资源	空间资源	功能资源	结构资源
车厢	地面							
	行李架	△						
	人							
行李箱	拉杆							
	箱体							△
	滚轮组							

系统分类		物质资源	能量资源	信息资源	时间资源	空间资源	功能资源	结构资源
拉杆	把手			○	○			
	杆体				○			
	弹簧珠							
	顶盖							
	底座						○	

创新方案 1

涉及资源用"△"标注。

在车辆启动与停止过程中,由于惯性行李箱会移动,如何避免车厢环境下行李箱移动?针对此问题对行李箱进行创新。

车厢中的行李架与行李箱密切接触,一般采用钢材制作,具备物质资源;行李箱的箱体与行李架接触面积最大,具备结构资源,受两个资源启发,创新出箱体表面安装磁条的行李箱,如图 1.3.4 所示。当行李箱放置到行李架上时,箱体的磁条与行李架的钢材构件密切接触,产生吸附力,从而确保行李箱的稳定性,避免车辆运动惯性导致的行李箱移动。

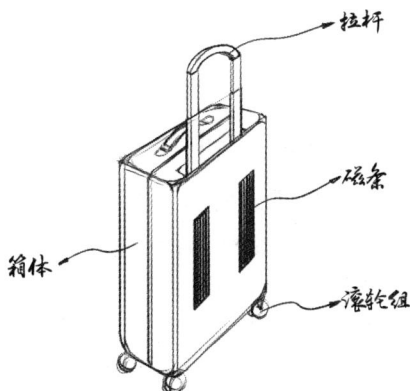

图 1.3.4　带磁条的行李箱

图 1.3.4 动画

创新方案 2

涉及资源用"○"标注。

在携带行李箱乘坐飞机时,行李箱及行李的重量是需要关注的问题。如何方便、快速的获得行李箱及行李重量?针对此问题对行李箱进行创新。

观察发现,拉杆的把手拉高后,距离人的眼睛更近一些,具备信息资源;拉杆把手内部一般是空心的,具备空间资源;杆体内部一般是空心的,具备空间资源;底座往往承载了行李箱及行李的重量,具备功能资源。受这四个资源启发,创新出带电子秤的行李箱,如图 1.3.5 所示。在行李箱拉杆底座安装电子称量装置,在拉杆内部布设导线,将电子秤的信号传送到把手上,利用把手空间安装控制开关、显示屏幕,实现对电子秤的开关控制和重量显示功能。

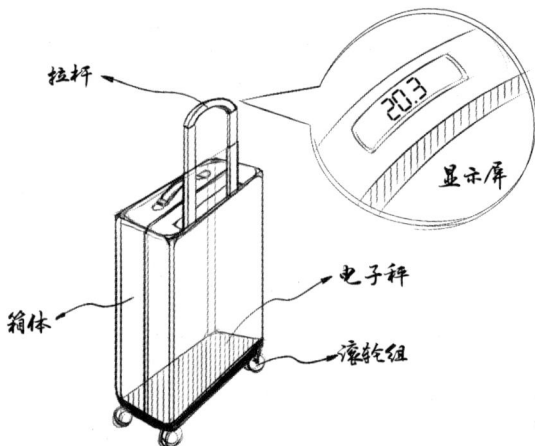

图 1.3.5 带电子秤的行李箱

技术系统创新前,资源分析非常重要,能够发现资源、寻找资源、挖掘资源、整合资源是创新的基础。读者可以按照资源分析法的步骤,对行李箱、漱口杯、矿泉水瓶等进行资源分析并应用资源实现创新。

1.3.3　聪明小人法

当系统内的部分组件不能完成必要的功能和任务时,就用多个小人分别代表这些组件,而不同小人表示执行不同的功能或具有不同的矛盾,重新组合这些小人,使他们能够发挥作用,执行必要的功能,这就是聪明小人法。聪明小人法是采用多个小人形象生动地描述技术系统中出现的问题的一种方法,用拟人的手法从微观角度帮助大家理解系统的变化过程。

当系统内的某些组件不能完成其必要的功能,并表现出相互矛盾的作用时,用一组小人来代表这些不能完成特定功能的部件,不同形状的小人表示执行不同的功能或具有不同的矛盾。通过能动的小人,实现预期的功能或对原有功能的不足进行改进,然后根据小人模型对结构进行重新设计。

聪明小人法适用于各部件功能明确的简单系统。对于复杂的技术系统,可先通过系统分析确定存在的问题和功能缺陷的层级,将子系统转换为简单系统或组件,再建立问题的小人模型。例如,用一串高举手臂的小人表示为某种实体提供支撑;小人之间距离增加但仍处于连接状态,表示物质发生热膨胀;一群奔跑的小人表示物质的运动状态;小人手拉手表示连接状态等。聪明小人法的应用关键在于如何用小人去表示正确的功能含义以及建立正确的小人模型。

聪明小人法的应用步骤大致如下：

（1）问题描述及矛盾提取（问题分析）

首先对问题背景进行描述，通过问题描述进行系统分析，明确各部分的功能及相互作用关系，并提出矛盾问题。

（2）问题模型建立（当前怎样）

对于存在矛盾问题的系统部件，将其想象成一群带有特性功能的小人，再根据问题描述将小人进行分组及空间排布来替换原有的系统部件，建立问题模型。

（3）方案模型建立（怎样组合）

研究得到的问题模型（有小人的图）并对其进行改造，在保证各组小人相对关系不变的情况下可对组内小人进行重组，或添加一组新的小人等方法，以使矛盾解决。

（4）过渡到技术解决方案（变成怎样）

在小人重组后，根据方案模型中小人的分组情况及空间位置将其还原成系统部件，若添加了一组新的小人，则根据小人功能寻找相应的部件。

1.3.4　九屏幕法

九屏幕法，也称九宫格法，是从所要研究的技术系统入手，将其从时间上分为过去、当前、未来 3 个场景，从空间上分为超系统、系统、子系统 3 个层级，如图 1.3.6 所示。通过分析、梳理系统构成及系统发展过程，为技术系统的创新提供更多的解决思路。九屏幕法可以从时间、结构、组件以及功能等不同的角度看到系统的问题，更多用于对创新问题的分析，并非解决问题的直接手段。

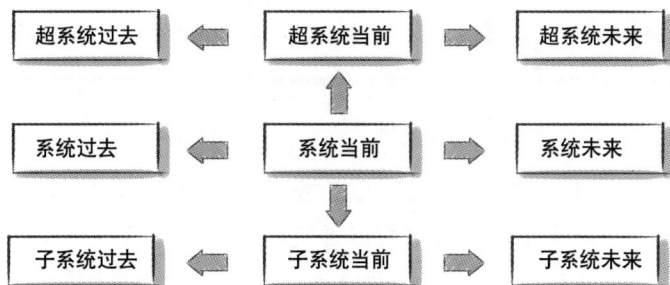

图 1.3.6　九屏幕法图示

如图 1.3.6 所示,九屏幕法以空间为纵轴,按照系统层级由高到低分别考察超系统(最高层级)、系统(第一层级)以及子系统(第二层级);以时间为横轴,分别考察三个不同层级系统的过去、当前和未来状态。九屏幕法在分析和解决问题时,除了要考虑系统、超系统和子系统的当前,还要考虑系统、超系统和子系统的过去和未来。

下面对矿泉水瓶使用九屏幕法进行创新分析,如图 1.3.7 所示。矿泉水瓶是当前的技术系统,超市是超系统,瓶体、标签、瓶盖、瓶底为子系统(组件)。虽然叫"九屏幕法",但在具体技术系统分析中可以纵向扩展,尤其是向子系统方向的扩展,以便罗列更多子系统进行分析。

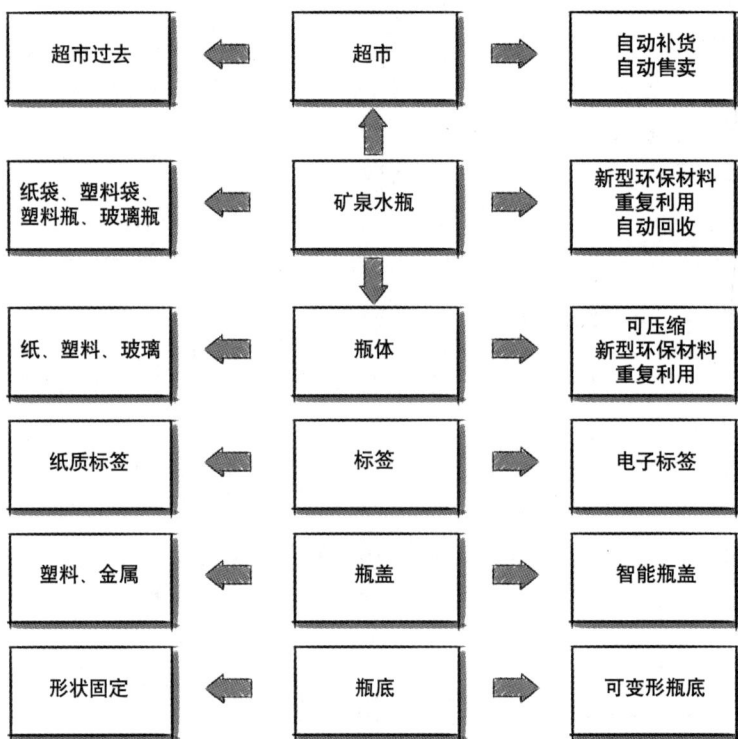

图 1.3.7 基于九屏幕法的矿泉水瓶系统分析

超市是超系统,超市的未来可以实现自动补货、自动售卖;矿泉水瓶是当前技术系统,矿泉水瓶的未来可以是使用新型环保材料、可以重复利用、可以自动回收;子系统(组件)中的瓶体,未来可以是可压缩的、可以使用新型环保材料、可以重复利用;子系统(组件)中的标签,未来可以是电子标签;子系统(组件)中的瓶盖,未来可以是智能瓶盖;子系统(组件)中的瓶底,未来可以是可变形瓶底。图 1.3.7 中还列出了超市、矿泉水瓶、瓶体、标签、瓶盖、瓶底过去的存在形式、结构、材料等情况。通过回顾过去、展望未来,为技术系统创新提供新思路、新思想、新方案。

九屏幕法可以扩展创新思考的范围,梳理技术系统宏观和微观方面的情况,给予更多的创新启发。

1.3.5 STC 算子法

STC 算子法是一个极其简单的 TRIZ 创新工具,通过对尺寸、时间、成本三个因素采取极限思考的方式,打破思维定式。STC 算子法即 Size(尺寸)、Time(时间)、Cost(成本)三个英文首字母的组合。STC 算子法通过控制以上三个因素的变化来找出技术系统问题的解决方法,如图 1.3.8所示。

应用该方法进行创新的目的:

(1)克服思维定式,从原有的思维束缚中解放出来,将技术问题由"习惯"概念变为"非习惯"概念,"摧毁"原有的系统以及原有的系统认识,提升想象空间;

(2)通过尺寸、时间和成本三个因素的综合分析,迅速发现对研究对象的认识误差;

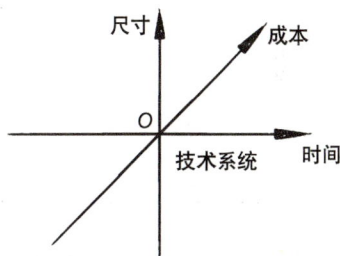

图 1.3.8　STC 算子法三维坐标示意图

(3)采用 STC 算子重新定位、界定研究方向,使原来"熟悉"的对象陌生化;

(4)通过 STC 算子分析,发现系统中的技术矛盾或物理矛盾。

很多时候改变了原有思路就可以相对轻松地找到问题的解决方案。

STC 算子的含义:

(1)尺寸　一般可以从研究对象的长、宽、高三个维度考虑,但不局限于上述含义,还可以包含温度、强度、亮度等参数的大小及趋势。它不只是尺寸,还包含了可以改变的任何参数的尺度。对于技术系统尺寸可以想象成无限小甚至不存在,或者无限大,并思考通过什么手段来建立和实现以及尺寸改变后会带来哪些问题,是否有好处,可能会产生哪些弊端。

(2)时间　一般要考虑技术系统完成有用功能所需的时间、有害功能持续的时间、动作之间的时间差等。

(3)成本　不只要考虑技术系统本身的成本,也要包括技术系统完成主要功能所需各项辅助操作的成本及浪费的成本。

在实际操作中,对尺寸、时间、成本三个参数的改变范围尽可能大,只有失去物理学意义才是参数变化的临界值,然后逐步改变参数的范围,以便能够理解和控制新条件下问题的物理内涵。

STC 算子法的具体操作步骤:

(1)明确现有系统;

(2)明确现有系统在尺寸、时间、成本三方面的特性;

(3)设想逐渐增大系统的尺寸,使之无限大($S \rightarrow \infty$),再设想逐渐减小系统的尺寸,使之无限小($S \rightarrow 0$);

(4)设想逐渐增加系统的作用时间,使之无限大($T \rightarrow \infty$),再设想逐渐减小系统的作用时间,使之无限小($T \rightarrow 0$);

(5)设想逐渐增加系统的成本,使之无限大($C \rightarrow \infty$),再设想逐渐减小系统的成本,使之无限小($C \rightarrow 0$);

(6)修整现有系统,重复步骤(2)~(5),找到解决问题的方向。

通过对极限的想象,可以有效地消除思维定式。

复杂技术系统 STC 算子法分析表如表 1.3.5 所示,简单系统 STC 算子法分析表如表 1.3.6 所示。

表 1.3.5　复杂技术系统 STC 算子法分析表

系统分类	组件(子系统)名称	尺寸		时间		成本	
		无限小	无限大	无限短	无限长	无限少	不计成本
超系统	其他系统 1						
	其他系统…						
	其他系统 n						
技术系统	子系统 1						
	子系统…						
	子系统 n						
子系统	组件 1						
	组件…						
	组件 n						

表 1.3.6 简单技术系统 STC 算子法分析表

系统分类	组件（子系统）名称	尺寸		时间		成本	
		无限小	无限大	无限短	无限长	无限少	不计成本
超系统	其他系统 1						
	其他系统…						
	其他系统 n						
技术系统	组件 1						
	组件…						
	组件 n						

例 1.3.3 矿泉水瓶在会议室（超系统）环境下的 STC 算子法创新分析。

矿泉水瓶 STC 算子法分析表如表 1.3.7 所示。对会议室中的其他系统、矿泉水瓶组件进行尺寸、时间、成本三个方面六个方向的极限思考。

表 1.3.7 矿泉水瓶 STC 算子法分析表

系统分类	组件（子系统）名称	尺寸		时间		成本	
		无限小	无限大	无限短	无限长	无限少	不计成本
会议室	人						
	空气						
	桌面						
	水						
矿泉水瓶	瓶体	1					
	标签						
	瓶盖			2			
	瓶底	3					

依据分析表,获得如下创新方案:

方案1:瓶体尺寸无限小,直至消失,但组件的消失不能导致功能消失。需要思考在没有瓶体的情况下,如何实现水的容纳、水的状态保持以及水的携带? 如图1.3.9所示,采用可食用薄膜包裹水,口渴时只需把水胶囊放到口中即可。

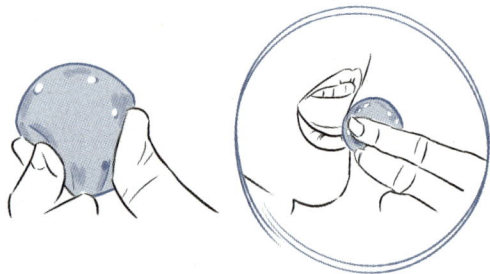

图 1.3.9 可食用薄膜包裹的水胶囊

方案2:瓶盖时间无限短,意味着如何快速打开瓶盖。矿泉水瓶瓶口往往通过螺纹配合实现密封,但拧开瓶盖费时费力。如何设计能够实现矿泉水瓶在密封的情况下快速打开? 可以考虑消除瓶盖,瓶口采用薄膜封口的方式,或在矿泉水灌装后对瓶口进行熔接密封的方式。

方案3:瓶底无限小,原来圆形的瓶底最终可以成为一条线,或者是一个点。当瓶底成为一条线或者一个点时,矿泉水瓶不能按照通常的方式直立放置,受此启发可以设计瓶盖足够大的矿泉水瓶,使瓶盖朝下、瓶底朝上,矿泉水瓶倒立放置。

围绕每一个组件进行极限思考是非常费时的,需要耐心分析、认真思考,同时,具备更多专业知识可以提高极限思考的质量。特别注意,不是所有系统组件都可以进行STC算子的极限思考,不符合科学原理、不符合生活实际的要果断放弃。

本 章 小 结

通过对本章内容的学习,可以对创新方法的基础知识有所了解。创新不能依靠灵光闪现,不能依靠运气,需要通过大量的分析来找到创新方向、创新思路,形成创新思维。本部分内容的学习可为后续学习打下基础。

思　考　题

　　1. 提高技术系统理想度的方法有哪些？选择一件常用物品或者其他类物品（附件 1），采用最终理想解提出问题，并进行求解。

　　2. 采用奥斯本检核表法、和田十二法、信息交合法对一件常用物品或者其他类物品（附件 1）进行分析并得出创新方案。

　　3. 对一件常用物品或者其他类物品（附件 1）采用九屏幕法进行分析，并画出系统分析图。

第 2 章 发明原理及应用

发明原理是 TRIZ 理论中一个重要的问题解决工具,是建立在对上百万件专利分析的基础上,蕴涵着发明创新所遵循的共性原理,是获得矛盾解所遵循的一般规律。

阿奇舒勒发现,在不同的技术领域,面对不同的技术问题,相同或相似的解决方案被人们反复使用。虽然每个专利所解决的问题不尽相同,但在解决问题过程中所使用的原理基本类似。例如,应用嵌套原理的俄罗斯套娃,类似的发明有单筒望远镜、鱼竿等。阿奇舒勒认为,解决发明问题的一般规律是客观存在的。合理地认识并应用这些客观存在的规律,可以跨越领域、行业的局限,提高发明效率,缩短发明周期,使解决发明问题更具有可预见性。

阿奇舒勒通过对这些规律进行总结并编号,形成了 40 个发明原理,如表 2.0.1 所示。发明原理的应用主要有两种途径:① 作为一个独立的解决问题工具来解决发明问题;② 结合其他 TRIZ 工具(如技术矛盾和物理矛盾)来解决发明问题。实践证明,发明原理是行之有效的创新方法。

表 2.0.1　40 个发明原理

序号	原理名称	序号	原理名称	序号	原理名称	序号	原理名称
01	分割原理	08	重量补偿原理	15	动态化原理	22	变害为利原理
02	抽取原理	09	预先反作用原理	16	不足或过度原理	23	反馈原理
03	局部特性原理	10	预先作用原理	17	多维化原理	24	中介物原理
04	非对称原理	11	预置防范原理	18	振动原理	25	自服务原理
05	合并原理	12	等势原理	19	周期性作用原理	26	复制原理
06	多功能原理	13	反向作用原理	20	有效作用持续原理	27	廉价替代原理
07	嵌套原理	14	曲面化原理	21	快速通过原理	28	替代机械系统原理

序号	原理名称	序号	原理名称	序号	原理名称	序号	原理名称
29	气压或液压原理	32	变色原理	35	改变状态原理	38	强氧化原理
30	柔壳或薄膜原理	33	同质原理	36	相变原理	39	惰性环境原理
31	多孔原理	34	抛弃与再生原理	37	热膨胀原理	40	复合材料原理

下面将详细讲解 40 个发明原理的基本含义及具体措施,并结合具体案例讲解发明原理的应用。

2.1　发明原理 01~10

2.1.1　分割原理（01）

1. 基本含义

分割原理是指将一个完整系统分割成若干个部分,并对分割后的部分进行重组,以实现新的功能或消除有害功能。应用分割原理可降低系统规模,增加系统的灵活性和可维护性;随着被分割程度的提高,系统可实现从宏观向微观发展。

2. 具体措施

措施 1:将系统分成多个相互独立的部分。例如推拉式黑板。

措施 2:将系统分成容易组装和拆卸的部分。例如组合家具。

措施 3:增加系统的被分割程度。例如百叶窗。

3. 案例分析

案例 1:行李箱容积基本不可变化,无法满足不同的出行需求。针对上述问题可尝试利用分割原理,将箱体分为容易组装、拆卸的多个小箱体,通过增加或减少小箱体以满足不同的容积需求,如图 2.1.1 所示。

案例 2:矿泉水瓶内部是一个完整的空间,可尝试利用分割原理进行创新设计。将矿泉水瓶内部分为左、右两个相互独立的空腔,从而可以盛装不同口味的饮品,如图 2.1.2 所示。

案例 3:卧床病人使用普通漱口杯刷牙漱口时会存在各种不便,并增加护理人员的劳动强度。针对上述问题可尝试利用分割原理,将漱口杯分为吸水杯和吐水杯两部分,如图 2.1.3 所示。

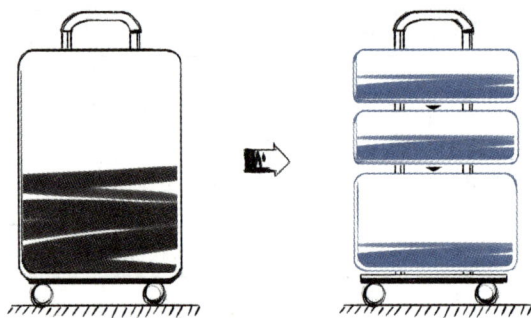

图 2.1.1 分割原理在行李箱上的应用

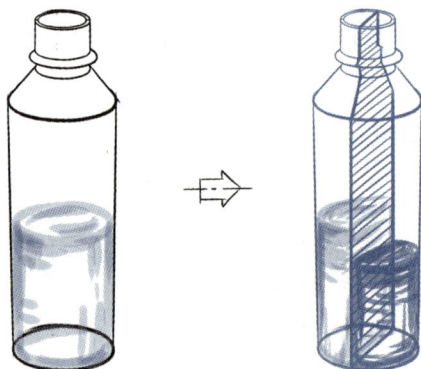

图 2.1.2 分割原理在矿泉水瓶上的应用

防逆流阀

防逆流阀

吸水杯

吐水杯

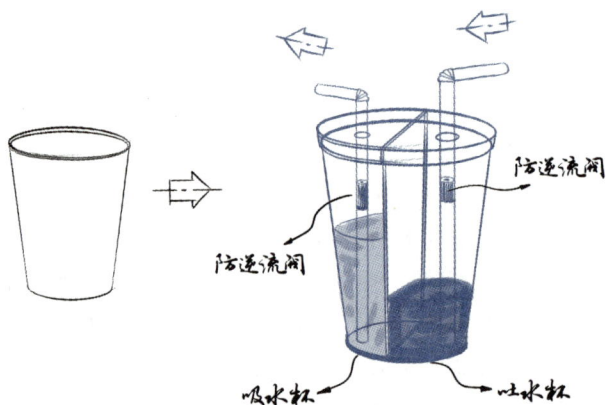

图 2.1.3 分割原理在漱口杯上的应用

2.1.2　抽取原理（02）

1. 基本含义

抽取原理是指识别系统中有用或有害部分（或属性）并从系统中分离出来。应用抽取原理需要寻求被抽取部分（或属性）的具体特征，以便于实施。

2. 具体措施

措施 1：抽取系统中有害的或非必要的部分（或属性），即去其糟粕。例如将空调压缩机放入室外，以减少噪声。

措施 2：抽取系统中有用的或必要的部分（或属性），即取其精华。例如将狗叫声抽取出来作为报警器的声音。

3. 案例分析

案例 1：针对行李箱，可尝试利用抽取原理进行创新设计。将行李箱的拉杆和轮子抽取出来（取其精华），使之形成独立部分，这样拉杆、轮子与箱体组合可以作为行李箱使用，而拉杆、轮子也可单独用于拖运物品，如图 2.1.4 所示。

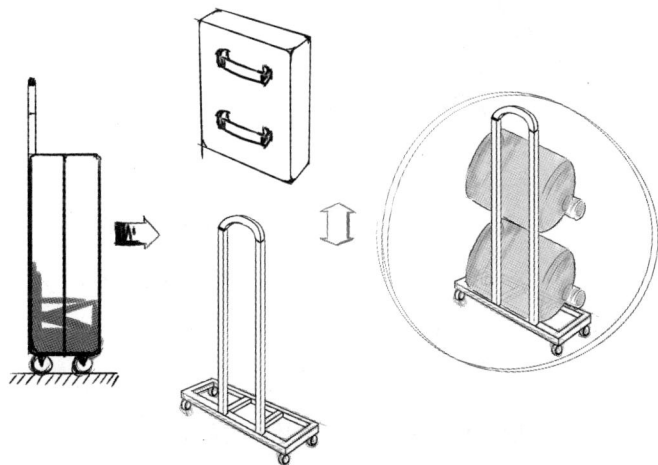

图 2.1.4　抽取原理在行李箱上的应用

图 2.1.4
动画

案例 2：矿泉水瓶瓶盖与瓶体部分的螺纹连接较紧密，导致难以打开。针对上述问题可尝试利用抽取原理，去除或减少矿泉水瓶瓶盖与瓶体的螺纹连接（去其糟粕），改用更方便的薄膜密封方式，如图 2.1.5 所示。

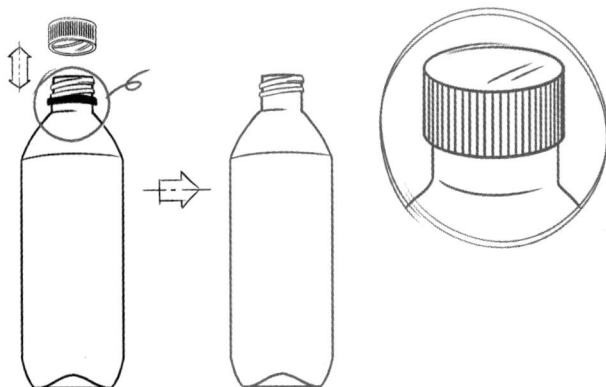

图 2.1.5
动画

图 2.1.5 抽取原理在矿泉水瓶上的应用

案例3：给婴幼儿刷牙时，普通牙刷的刷柄部分可能会对婴幼儿口腔造成创伤。针对上述问题可尝试利用抽取原理，将牙刷的刷毛部分抽取出来（取其精华），并采用硅胶材料制成柔软的指套牙刷，如图 2.1.6 所示。

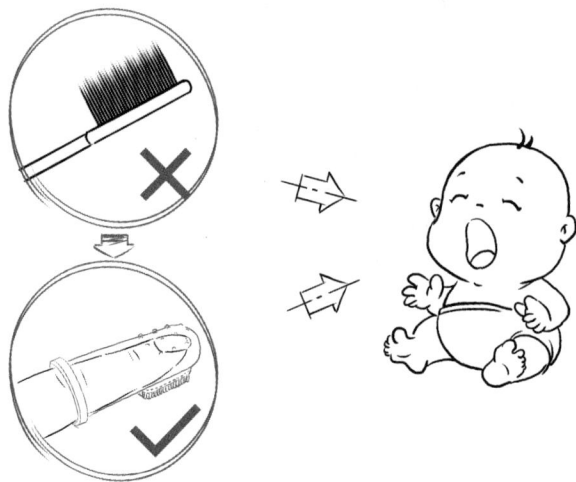

图 2.1.6
动画

图 2.1.6 抽取原理在牙刷上的应用

2.1.3 局部特性原理（03）

1. 基本含义

局部特性原理是指系统的特殊部分应具有相应的功能或属性，使之能够更好地适应环境或满足特定的要求，从而使系统各部分均处于最佳工作状态。此原理的应用重点是实现系统中资源的最优配置。

2. 具体措施

措施 1：将系统或外部环境由均匀变为不均匀。例如马路上的减速带。

措施 2：使系统的不同部分具有不同功能。例如就餐时所用的多分区餐盘。

措施 3：使系统的各个部分处于完成各自功能的最佳状态。例如行李箱干湿分离。

3. 案例分析

案例 1：在打包或移动行李箱时容易造成行李混乱。针对上述问题可尝试利用局部特性原理，将行李箱收纳空间设计为大小、形状不一的格子，可以盛放不同的物品，如图 2.1.7 所示。

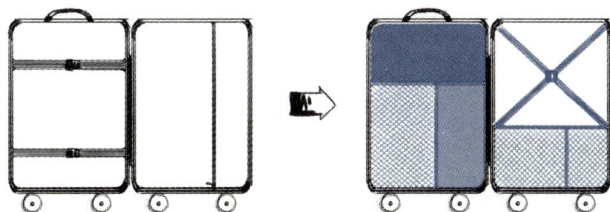

图 2.1.7　局部特性原理在行李箱上的应用

图 2.1.7
动画

案例 2：矿泉水瓶的瓶体中部是光滑的，不便于抓握。利用局部特性原理，在矿泉水瓶的瓶体中部设计出许多凹凸结构，增加摩擦，使矿泉水瓶的瓶体部分处于完成相应功能的最佳状态，如图 2.1.8 所示。

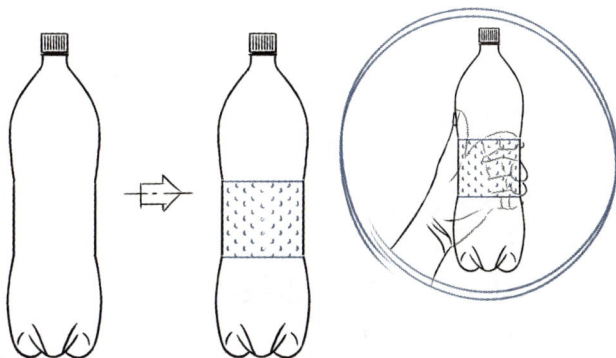

图 2.1.8　局部特性原理在矿泉水瓶上的应用

图 2.1.8
动画

案例 3：针对普通漱口杯，可尝试利用局部特性原理进行创新设计。漱口杯杯把的上、下端打孔，形成牙刷插槽，从而使杯把具有了新功能（固定牙刷），如图 2.1.9 所示。

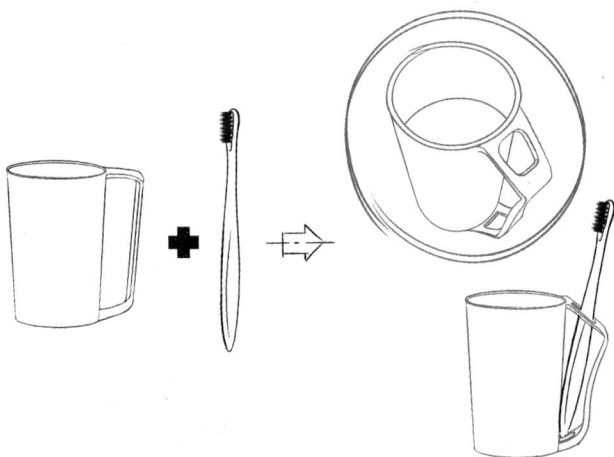

图 2.1.9　局部特性原理在漱口杯上的应用

2.1.4　非对称原理（04）

1. 基本含义

非对称原理是指技术系统从"对称性"向"非对称性"进行变换，通过改变系统形态来优化系统。此原理可用于改变系统平衡，减少材料用量，降低系统重量，确保零件的正确装配、检测及定位等。此外，通过增加非对称程度，可提升产品的易用性和可识别性。

2. 具体措施

措施 1：将系统形态由对称的变为非对称的。例如非对称雨伞。

措施 2：增加非对称系统的非对称程度。例如超不对称牛仔裤。

3. 案例分析

案例 1：行李箱重心太高会导致竖立时稳定性不够。针对上述问题可尝试利用非对称原理，将行李箱设计成底部较大，上部较小的不对称结构，从而降低行李箱的重心，增加稳定性，如图 2.1.10 所示。

案例 2：针对对称结构的矿泉水瓶，可尝试利用非对称原理进行创新设计。将矿泉水瓶设计成一侧直径较小，一侧直径较大的不对称结构，使其符合人体手握的形状，抓握更舒适，如图 2.1.11 所示。

案例 3：普通牙刷的刷毛部分多为对称结构，可尝试利用非对称原理对其进行创新设计。将刷毛部分由等长毛的对称结构变为长短毛交错的不对称结构，从而增加牙刷的清洁效果，如图 2.1.12 所示。

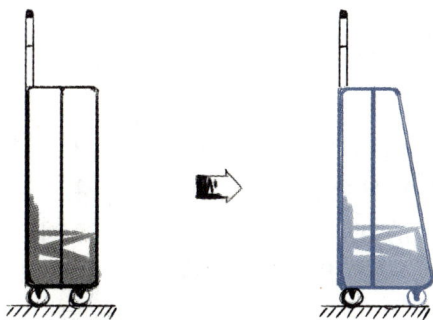

图 2.1.10　非对称原理在行李箱上的应用

图 2.1.10
动画

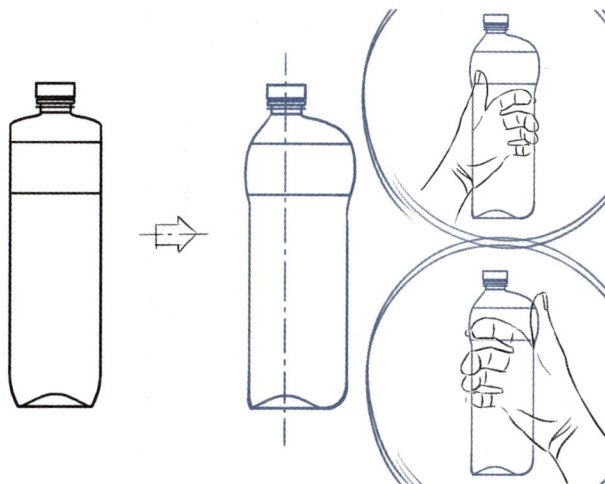

图 2.1.11　非对称原理在矿泉水瓶上的应用

图 2.1.11
动画

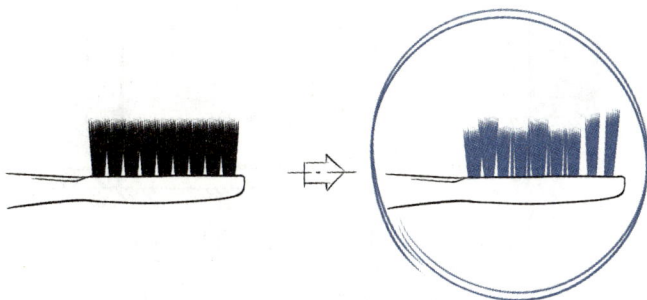

图 2.1.12　非对称原理在牙刷上的应用

图 2.1.12
动画

2.1.5 合并原理（05）

1. 基本含义

合并原理亦称组合原理，是指将两个或多个相邻的操作或部分进行合并，在多种功能、特性或部分之间建立联系，以产生一种新的或更好的结果。合并既可以是空间上的，也可以是时间上的。在空间上进行合并，可看作系统集成或者功能集成，从而提高系统的整体性和便捷性；在时间上将相同的或相关的操作进行合并，实现可序化操作，可降低操作衔接成本，增加系统的易用性和功能性。

2. 具体措施

措施1：在空间上将同类系统或者相邻操作进行合并。例如按动式多色圆珠笔。

措施2：在时间上将同类系统或者相邻操作进行合并。例如冷、热水混合水龙头。

3. 案例分析

案例1：针对普通行李箱，可尝试利用合并原理进行创新设计。将行李箱与滑板车进行组合（空间上组合），既能够当作行李箱，又能够当作滑板车，增加了趣味性，如图2.1.13所示。

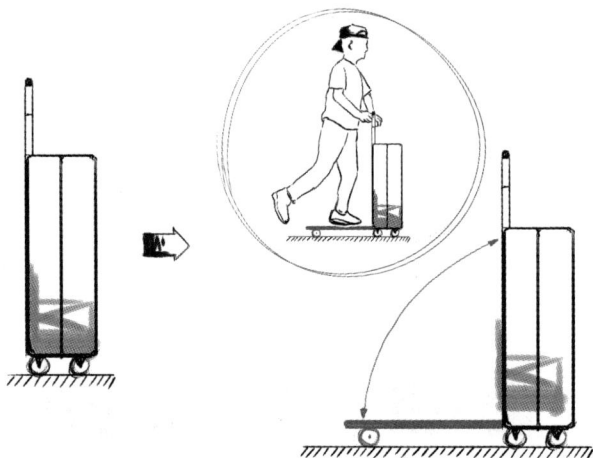

图2.1.13
动画

图2.1.13 合并原理在行李箱上的应用

案例2：针对普通矿泉水瓶，可尝试利用合并原理进行创新设计。将浓缩饮品与矿泉水瓶组合（空间上组合），在矿泉水瓶瓶盖处设计浓缩果汁保存处,按压瓶盖可使浓缩果汁掉落到瓶内水中(时间上组合),实现自动调制果汁饮品的功能,如图 2.1.14 所示。

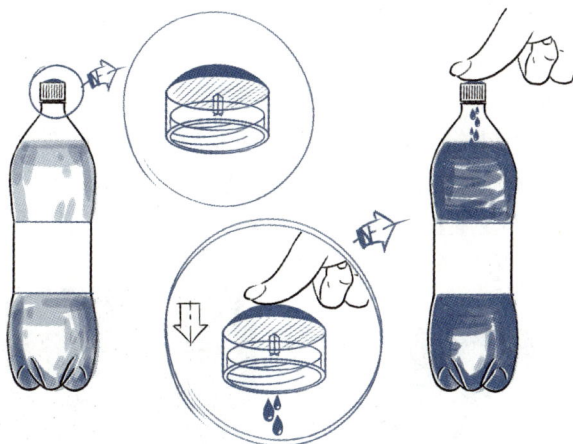

图 2.1.14　合并原理在矿泉水瓶上的应用

案例 3:针对普通的牙刷,可尝试利用合并原理进行创新设计。将牙刷与磨牙棒组合(空间上组合),将牙刷刷柄设计成磨牙棒,如图 2.1.15 所示。

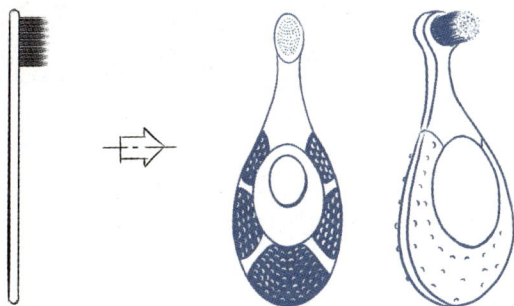

图 2.1.15　合并原理在牙刷上的应用

2.1.6　多功能原理(06)

1. 基本含义

多功能原理是指将不同的功能合并,使系统具有多种功能,从而消除这些功能在其他系统中存在的必要性。系统具有多种功能,可增加系统价值,使系统更具竞争力;将多种相关功能组合在一个系统,可降低成本,且便于使用。特别提醒,在使用多功能原理时,需要合理、有效的整合功能,特别要重视结构设计。

2. 具体措施

措施1：使系统具备多项功能。例如瑞士军刀。

措施2：一个系统具备其他系统的功能，进而裁减其他系统。例如晴雨两用伞。

3. 案例分析

案例1：针对行李箱，可尝试利用多功能原理进行创新设计。在行李箱的拉杆把手处增加照明装置，实现照明功能，提高使用者在光线不足环境中行走的安全性，如图2.1.16所示。

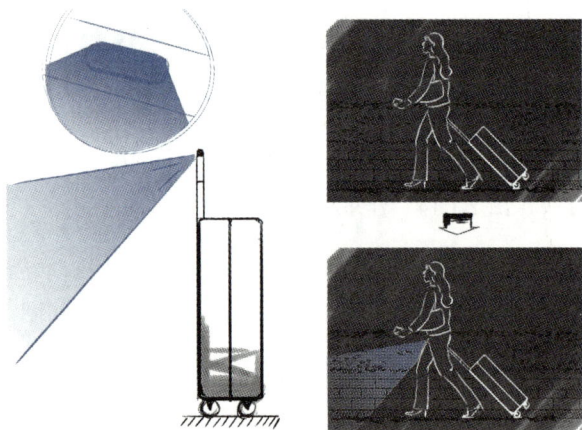

图 2.1.16 多功能原理在行李箱上的应用

案例2：针对矿泉水瓶，可尝试利用多功能原理进行创新设计。在矿泉水瓶的瓶口增加喷雾装置，以应对干燥环境，如图2.1.17所示。

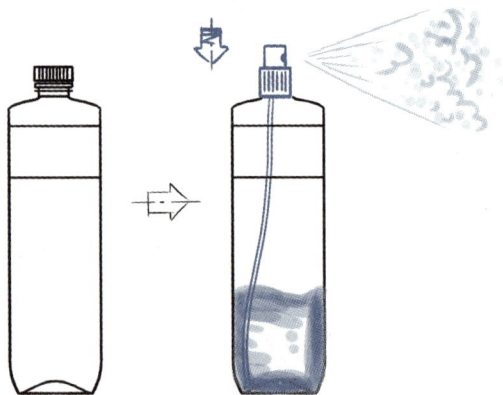

图 2.1.17 多功能原理在矿泉水瓶上的应用

案例 3：针对漱口杯,可尝试利用多功能原理进行创新设计。在漱口杯底座上增加具有播放音乐、计时功能的装置,以此来控制刷牙时间,帮助养成良好的刷牙习惯,如图 2.1.18 所示。

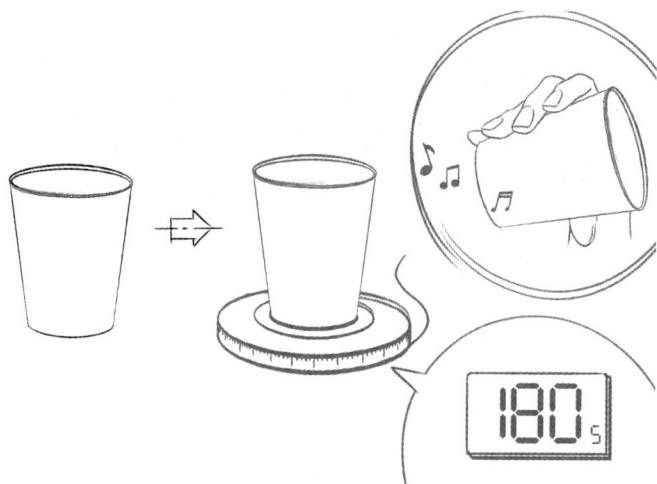

图 2.1.18　多功能原理在漱口杯上的应用

图 2.1.18
动画

2.1.7　嵌套原理（07）

1. 基本含义

嵌套原理是指设法使两个及以上系统彼此配合或嵌套。此原理可有效减少系统的体积和重量,增加便携性。在使用嵌套原理时,可尝试从不同角度来考虑嵌套：水平、垂直、旋转或包容等。

2. 具体措施

措施 1：一个系统位于另一系统之内。例如俄罗斯套娃。

措施 2：一个部分通过另一个部分的空腔。例如汽车安全带。

3. 案例分析

案例 1：针对行李箱,可尝试利用嵌套原理进行创新设计。为行李箱箱体设计柔性外壳,箱体可嵌套在柔性外壳内部,如图 2.1.19 所示。

案例 2：针对矿泉水瓶,可尝试利用嵌套原理进行创新设计。在矿泉水瓶的瓶体设计内部空腔,形成大瓶套小瓶的嵌套矿泉水瓶,如图 2.1.20 所示。

案例 3：为使牙刷便于携带,可尝试利用嵌套原理对其进行创新设计。将牙刷分为上、下两部分,下部设计为中空结构,牙刷上部可插入,便于收纳、携带,干净卫生,如图 2.1.21 所示。

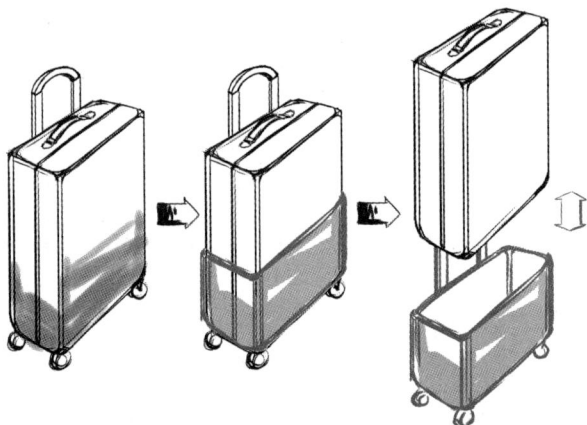

图 2.1.19 嵌套原理在行李箱上的应用

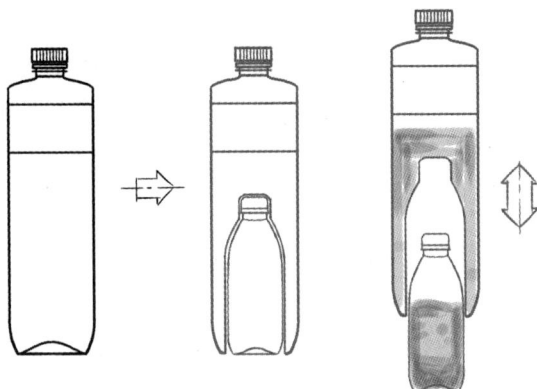

图 2.1.20 嵌套原理在矿泉水瓶上的应用

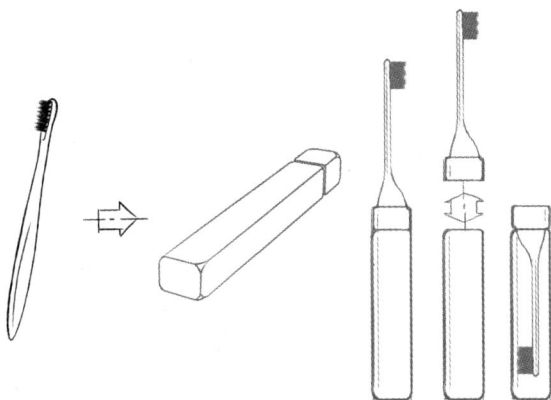

图 2.1.21 嵌套原理在牙刷上的应用

2.1.8　重量补偿原理（08）

1. 基本含义

重量补偿原理是指将系统与具有上升力的另一系统结合以抵消其重量，或将系统与介质相互作用以抵消其重量。此原理充分利用空气、重力、流体等进行举升或补偿，从而抵消现有系统或外部环境中的不利作用（如力或重量）。

2. 具体措施

措施 1：将系统与另一个能产生上升力的系统（动力装置、升降装置、支撑装置等）组合，以补偿其重量。例如带螺旋桨的汽车。

措施 2：通过系统与环境相互作用（磁场作用力、气体或液体产生的浮力等）实现重量补偿。例如磁悬浮地球仪。

3. 案例分析

案例 1：提行李箱上台阶时，需要使用者克服行李箱全部的重量，费力且存在安全隐患。针对上述问题可尝试利用重量补偿原理，在行李箱背部安装两条滑板（支撑装置），滑板与楼梯接触，从而抵消行李箱的一部分重量，省力且安全，如图 2.1.22 所示。

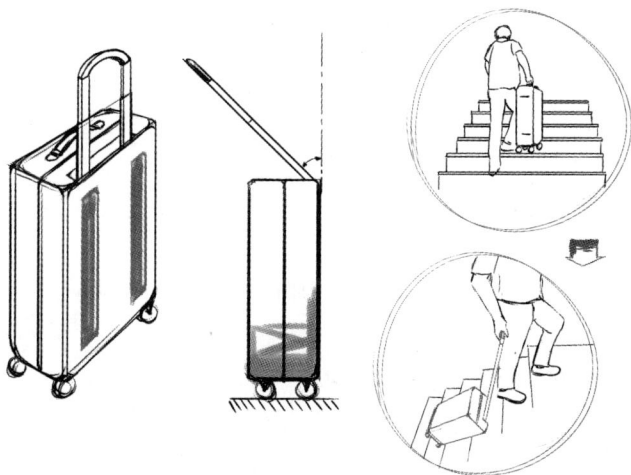

图 2.1.22　重量补偿原理在行李箱上的应用

图 2.1.22
动画

案例 2：抓握携带矿泉水瓶会占用手，可能造成不便。针对上述问题可尝试利用重量补偿原理，在矿泉水瓶瓶盖处设计按扣式挂环（支撑装置），当不方便手持时，拉出挂环悬挂于合适位置，从而实现矿泉水瓶的重量补偿，如图 2.1.23 所示。

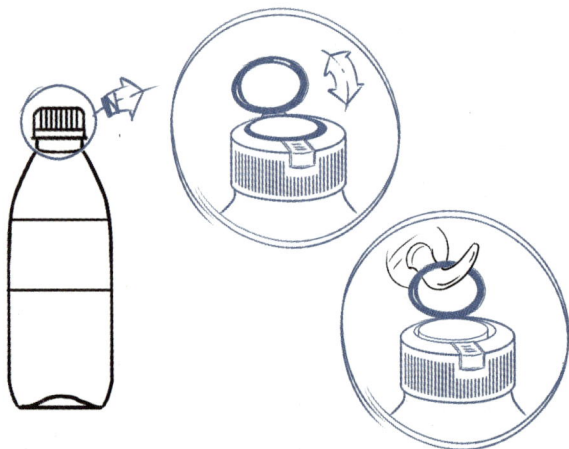

图 2.1.23
动画

图 2.1.23 重量补偿原理在矿泉水瓶上的应用

案例3：日常使用的漱口杯，存在不容易干燥的问题，时间久了就会在杯底或杯壁形成污垢。如果倒置沥水又会污染杯口。针对上述问题可尝试利用重量补偿原理，将漱口杯设计为磁悬浮式，这样即方便沥水，又避免了杯口污染问题，如图 2.1.24 所示。

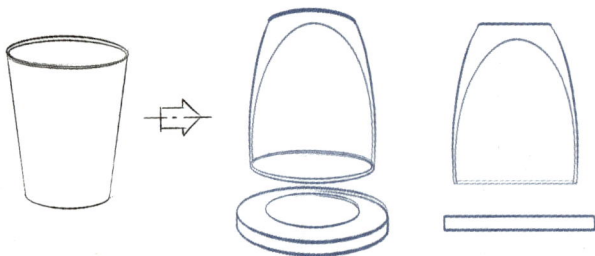

图 2.1.24
动画

图 2.1.24 重量补偿原理在漱口杯上的应用

2.1.9 预先反作用原理（09）

1. 基本含义

预先反作用原理是指预先判断系统可能出现的问题，并设法消除、控制。此原理是为了减少系统作用过程中所带来的负面作用，重点强调反作用，一般情况下需要引入反作用装置来实现。

2. 具体措施

措施1：预先施加反作用，以控制系统作用过程中伴随的有害影响。例如打疫苗。

措施 2：使系统中产生预应力，以抵抗已知的不良工作压力。例如服装预缩水处理。

3. 案例分析

案例 1：行李箱硬质滚轮与地面碰撞产生噪声（有害影响）。针对上述问题可尝试利用预先反作用原理，在滚轮外表面增加软质耐磨圈，起到缓冲减振作用（即反作用），如图 2.1.25 所示。

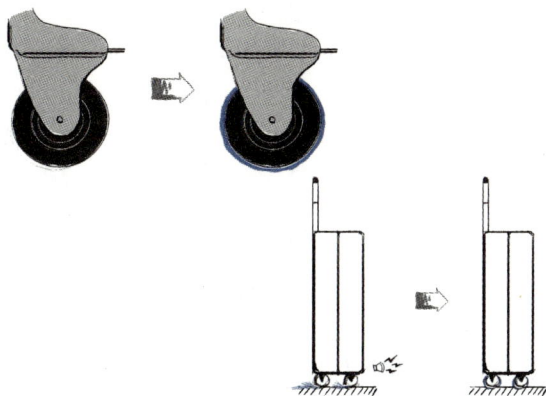

图 2.1.25　预先反作用原理在行李箱上的应用

案例 2：饮水太急容易造成呛水。针对上述问题可尝试利用预先反作用原理，在矿泉水瓶的出口位置设计挡板（反作用），以控制出水量，如图 2.1.26 所示。

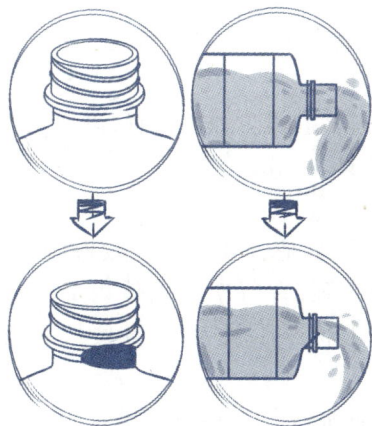

图 2.1.26　预先反作用原理在矿泉水瓶上的应用

图 2.1.25
动画

图 2.1.26
动画

案例3：儿童使用敞口漱口杯会有呛水风险。针对上述问题可尝试利用预先反作用原理，设计小杯口（反作用）的漱口杯，以控制出水量，如图2.1.27所示。

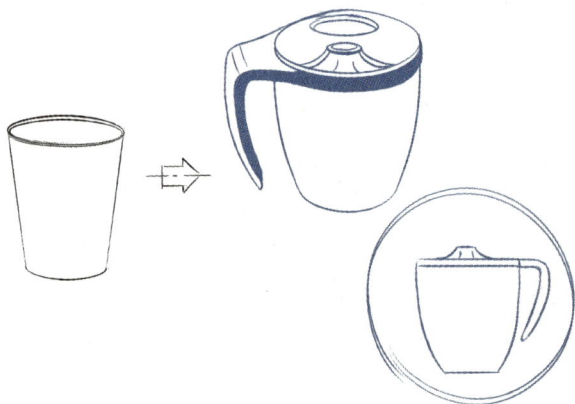

图 2.1.27
动画

图 2.1.27　预先反作用原理在漱口杯上的应用

2.1.10　预先作用原理（10）

1. 基本含义

预先作用原理是指在实施某个作用之前，预先执行该作用的部分或全部。在系统作用之前实施一部分功能，一般情况下不会改变系统的作用，也不会为系统增加额外的装置。此原理需对系统进行预处理（整体或局部），使其变得更加易用，包括缩短系统功能完成时间、简化过程中的操作等。

2. 具体措施

措施1：预先对系统完全或者部分实施必要的功能。例如包装袋的撕口。

措施2：预先将系统放在最方便的位置，以便能立即投入使用。例如手术前整理排列的相关器具。

3. 案例分析

案例1：核对所带行李是否齐全是比较麻烦的事情。针对上述问题可尝试利用预先作用原理，在行李箱箱体内部增加摄像头，拍摄所收纳的行李并将照片自动上传至手机APP，方便核对所带行李是否齐全，如图2.1.28所示。

案例2：将矿泉水瓶瓶口作直接封口设计，并在封口处预置压痕，喝水时直接拉开密封，方便、省力，如图2.1.29所示。

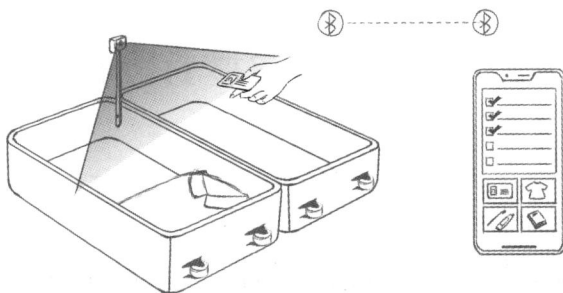

图 2.1.28　预先作用原理在行李箱上的应用

图 2.1.28
动画

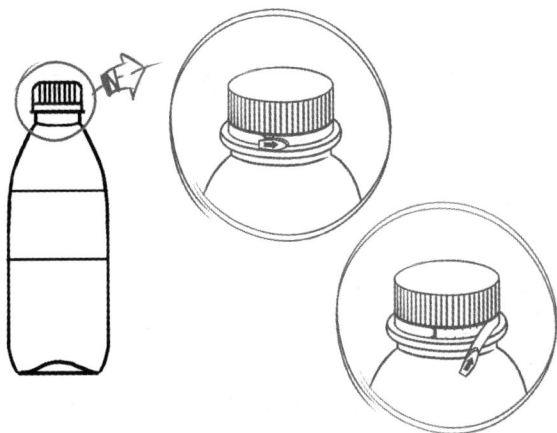

图 2.1.29　预先作用原理在矿泉水瓶上的应用

图 2.1.29
动画

案例 3：漱口水往往较难控制在合理的温度。针对上述问题可尝试利用预先作用原理，在漱口杯底部增加加热装置，刷牙前预先将漱口水加热到合适的温度，如图 2.1.30 所示。

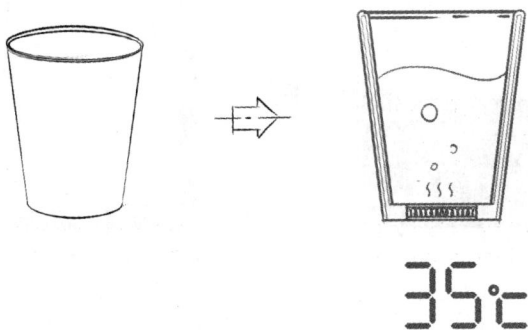

35℃

图 2.1.30　预先作用原理在漱口杯上的应用

图 2.1.30
动画

2.2　发明原理 11~20

2.2.1　预置防范原理（11）

1. 基本含义

预置防范原理是指通过预先准备好的应急措施（备用系统、矫正措施等）来补偿对象较低的可靠性。此原理是在系统作用发生意外（主要是可靠性带来的问题）的情况下的一种应急处理措施，在系统正常作用过程中一般不会起作用。使用该原理时，必须认识到没有任何系统是完全可靠的，特别是复杂系统。如果系统问题不能完全消除，对其不可靠性预先防范或补偿是非常必要的。

特别说明，三预原理（09、10、11）不需要完全对号入座，要把重点放在解决问题上。

2. 具体措施

措施：采用事先准备好的应急措施，补偿相对较低的可靠性。例如车载灭火器。

3. 案例分析

案例 1：行李箱在夜间不易被看到。针对上述问题可尝试利用预置防范原理，在箱体的四边预先增加反光贴，在夜间利用其强反光特性提高行李箱的辨识性，如图 2.2.1 所示。

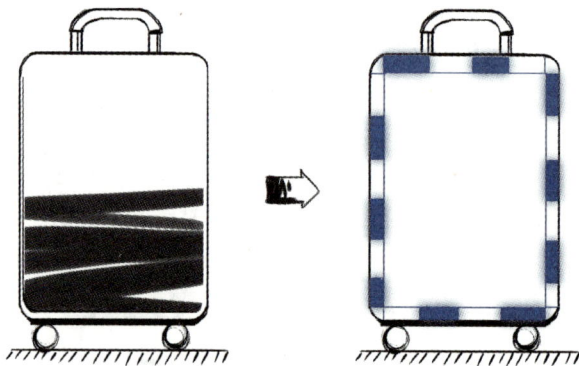

图 2.2.1
动画

图 2.2.1　预置防范原理在行李箱上的应用

案例 2：为防止老年人摔倒后对头部造成损害，可尝试利用预置防范原理设计一种气囊头盔。平时使用时佩戴在肩部，若突发老人摔倒，可迅速产生一圈气囊来保护头部，如图 2.2.2 所示。

案例 3：为防止漱口杯倾倒，在漱口杯底部设计重力底座，增加放置的牢固性，如图 2.2.3 所示。

图 2.2.2　动画

图 2.2.2　预置防范原理在安全方面的应用

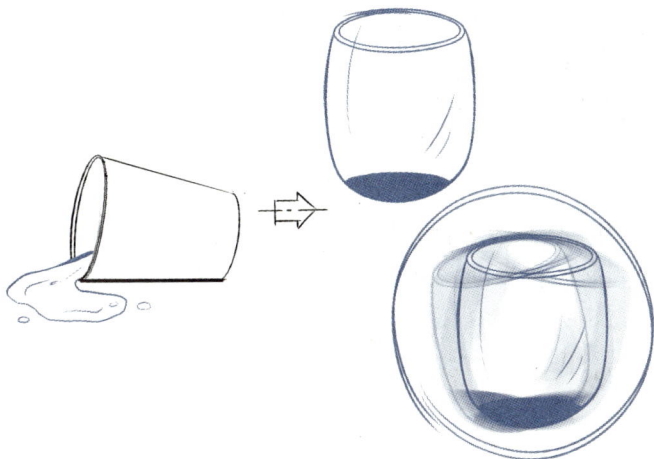

图 2.2.3　动画

图 2.2.3　预置防范原理在漱口杯上的应用

2.2.2　等势原理（12）

1. 基本含义

等势原理是指在系统及环境的所有点或方面建立均匀位势，从而保证系统以最低的能量消耗来实施作用。在势场内应避免位置的改变，如在重力场中应减少系统升起或下降。通过充分利用环境、结构和系统所提供的资源，以最低的附加能量消耗来有效地消除不等势。利用等势原理可以降低劳动者的劳动强度。

2. 具体措施

措施：改变工作条件，以减少物体提升或下降的需要。例如维修人员利用升降机修理高处的设备。

3. 案例分析

案例1：行李箱拉杆可以上下调节高度，以方便不同身高的使用者，有效地消除了不等势，如图2.2.4所示。

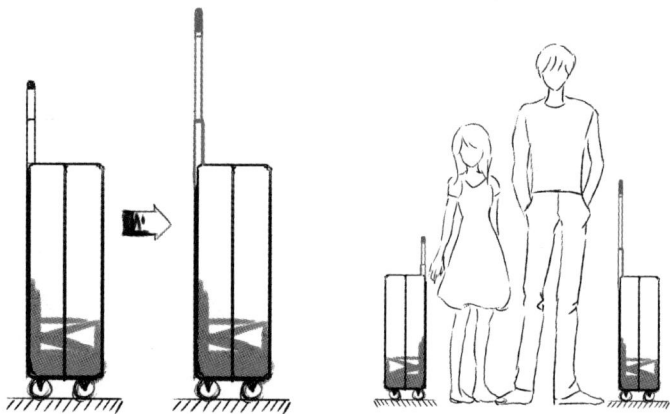

图 2.2.4 等势原理在行李箱上的应用

案例2：为降低晾晒衣物时的劳动强度，可尝试利用等势原理设计可升降的晾衣架。这样在放、取衣物时，人和晾衣架近似等势，有效降低了劳动强度，如图2.2.5所示。

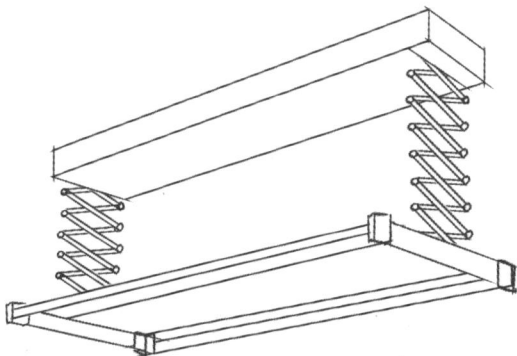

图 2.2.5 等势原理在矿泉水瓶上的应用

案例3：针对奶瓶，可尝试利用等势原理进行创新设计。对奶瓶增加软管和重力球的设计，无论奶瓶处在何种角度，婴儿都能喝到奶，如图2.2.6所示。

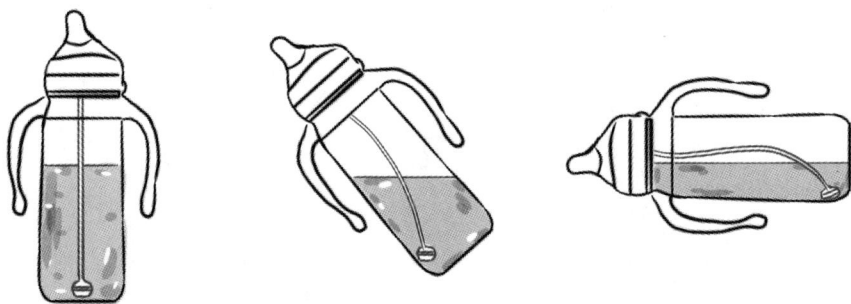

图 2.2.6 等势原理在奶瓶上的应用

图 2.2.6
动画

2.2.3 反向作用原理 (13)

1. 基本含义

反向作用原理是指在空间上将对象颠倒(上下、左右、前后或内外),在时间上将顺序颠倒,在逻辑关系上将原因与结果颠倒,从而利用不同(或相反)的方法来实现相同的目的。此原理采用逆向思维,以避免固有的问题及缺陷。

2. 具体措施

措施 1:用相反动作代替原来的常规动作。例如反向收放的雨伞。

措施 2:让系统或环境的运动属性相反:动 - 静,匀速 - 变速,快 - 慢等。例如游泳机。

措施 3:颠倒系统的物理性质:上 - 下,左 - 右,前 - 后,内 - 外等。例如可倒置洗发水瓶。

3. 案例分析

案例 1:利用反向作用原理对行李箱进行创新设计。可将"拉"杆箱设计为"推"杆箱,使行李箱始终在使用者视线范围内,如图 2.2.7 所示。

案例 2:利用反向作用原理对矿泉水瓶进行创新设计。可将矿泉水瓶设计成可倒置,如图 2.2.8 所示。

案例 3:漱口杯不容易干燥,时间久了就会在杯底或杯壁形成污垢。针对上述问题可尝试利用反向作用原理,将漱口杯设计为可倒置,并在杯底处做特殊设计,增加放置牙刷的结构,如图 2.2.9 所示。

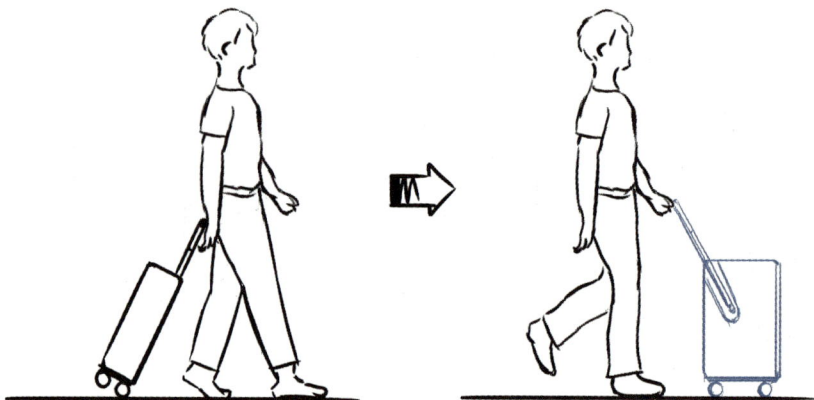

图 2.2.7　反向作用原理在行李箱上的应用

图 2.2.8　反向作用原理
在矿泉水瓶上的应用

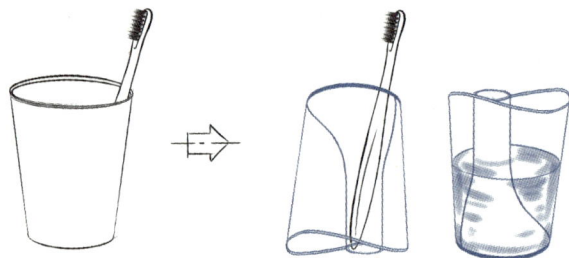

图 2.2.9　反向作用原理在漱口杯上的应用

2.2.4　曲面化原理（14）

1. 基本含义

曲面化原理是指利用曲线或曲面代替原有的直线或平面特征。此原理不仅可以指导结构设计，还可以促使线性关系向非线性转变，面临系统问题时可以尝试用非线性代替线性。

2. 具体措施

措施 1：用曲线部件代替直线部件，用曲面代替平面，用球体代替立方体。例如卷尺代替直尺。

措施 2：用旋转运动代替直线运动，充分利用离心力。例如离心机。

措施 3：采用滚筒、球体、螺旋体。例如滚筒洗衣机。

3. 案例分析

案例 1：利用曲面化原理对行李箱进行创新设计。可将行李箱箱体进行曲面化处理，与方形箱体相比，圆弧面和圆角减少了箱体磕碰导致的凹陷，并且可以增大箱体的内部空间，如图 2.2.10 所示。

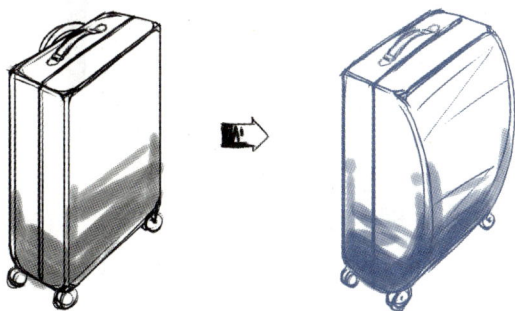

图 2.2.10　曲面化原理在行李箱上的应用

图 2.2.10
动画

案例 2：利用曲面化原理对矿泉水瓶进行创新设计。可将瓶体进行美观化设计，精美的矿泉水瓶可作为插花的花瓶，如图 2.2.11 所示。

图 2.2.11　曲面化原理在矿泉水瓶上的应用

图 2.2.11
动画

案例 3：利用曲面化原理对牙刷进行创新设计。可将牙刷柄设计为曲面结构，符合人体工程学，便于抓握，如图 2.2.12 所示。

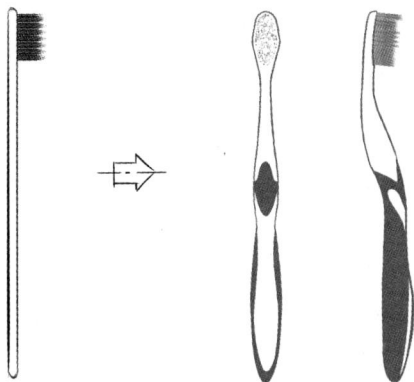

图 2.2.12
动画

图 2.2.12　曲面化原理在牙刷上的应用

2.2.5　动态化原理（15）

1. 基本含义

动态化原理是指使构成整体的各个组成部分处于动态，即各个部分是可调整的、活动的或可互换的，以便使其在工作过程中的每个动作都处于最佳状态。此原理应用的关键在于尝试将系统中的某些结构设计成柔性的、可自适应的；让同一组成部分执行多种功能；使特征成为柔性的；使系统可兼容于不同的应用或环境。

2. 具体措施

措施 1：将固定的系统变为可移动的。例如可升降办公桌。

措施 2：使系统各部分由相对固定变为可移动。例如可左右转动的水龙头。

措施 3：使系统或其外部环境实现自动调整，以达到性能最佳。例如可自动调节的座椅。

3. 案例分析

案例 1：交通工具上的行李箱会来回移动。针对上述问题可尝试利用动态化原理，将滚轮设计成可折叠结构，在交通工具上将滚轮收起来，使箱底形成平面，放置更稳定，如图 2.2.13 所示。

案例 2：利用动态化原理对矿泉水瓶进行创新设计。可将瓶体设计为伸缩结构，可压缩瓶体高度以适应瓶中水量，便于收纳，如图 2.2.14所示。

案例 3：利用动态化原理对牙刷进行创新设计。可将牙刷柄设计为可折叠结构，便于携带，如图 2.2.15 所示。

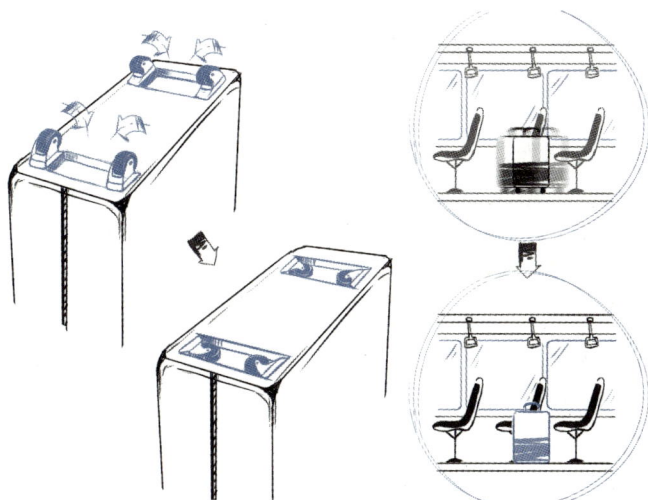

图 2.2.13　动态化原理在行李箱上的应用

图 2.2.13
动画

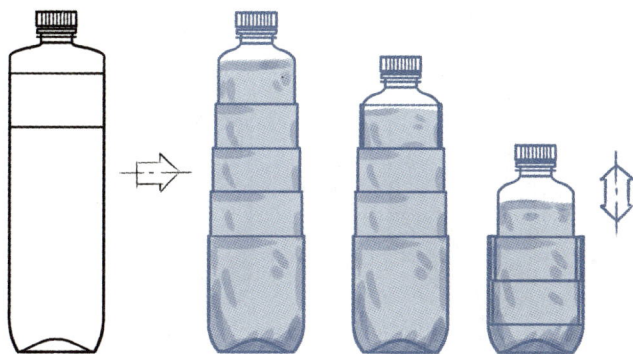

图 2.2.14　动态化原理在矿泉水瓶上的应用

图 2.2.14
动画

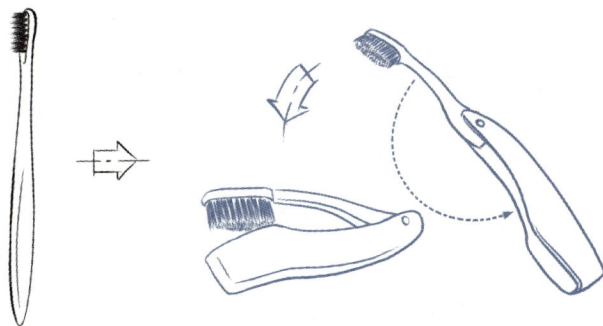

图 2.2.15　动态化原理在牙刷上的应用

图 2.2.15
动画

2.2.6 不足或过度原理（16）

1. 基本含义

不足或过度原理是指如果难以取得百分之百的功效，则应当取得略小或略大的功效。当系统不能获得最佳状态时，先从容易掌握的情况或最容易获得的系统入手，尝试在"多于"和"少于"、"更多"和"更少"之间进行调整。此原理可较大程度地简化问题。

2. 具体措施

措施：如果得到规定效果的 100% 比较难，那么可以完成得少些或多些。例如将裤腿长度设计得长一些。

3. 案例分析

案例1：行李箱的容量很难满足每次出行的需求。针对上述问题可利用不足或过度原理，将箱体的最大容积设计得大一些，上部改成柔性结构，通过卷曲或者放开来调整箱体容量，如图 2.2.16 所示。

图 2.2.16
动画

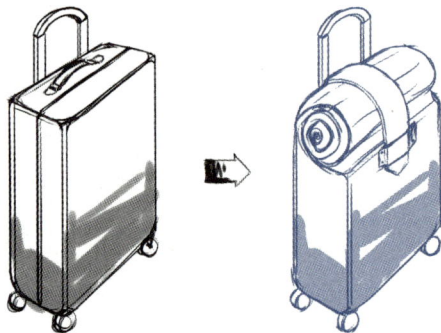

图 2.2.16 不足或过度原理在行李箱上的应用

案例2：针对矿泉水瓶上的标签，可利用不足或过度原理。让标签长度大于矿泉水瓶瓶体周长，方便贴装且能够将瓶体覆盖，如图 2.2.17 所示。

图 2.2.17
动画

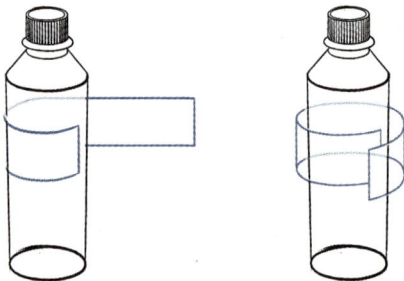

图 2.2.17 不足或过度原理在矿泉水瓶上的应用

案例 3：使用不足或过度原理设计牙刷。可将刷头设计得尽量小，以满足不同人群的使用，如图 2.2.18 所示。

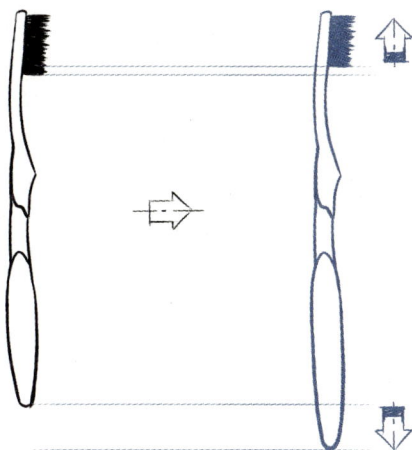

图 2.2.18　不足或过度原理在牙刷上的应用

图 2.2.18
动画

2.2.7　多维化原理（17）

1. 基本含义

多维化原理是指通过改变系统的维度来改善空间的使用效率。

2. 具体措施

措施 1：将系统的动作、布局从一维变成二维，二维变成三维。例如线→面→体。

措施 2：将单层结构变为多层结构。例如多层巴士。

措施 3：将系统倾斜或侧置。例如倾斜设计的桌椅。

措施 4：利用指定面的反面。例如双屏手机。

3. 案例分析

案例 1：设计多个相同的行李箱箱体，箱体可以左右、前后组合，以增加行李箱使用的灵活性和总容量，如图 2.2.19 所示。

案例 2：针对普通矿泉水瓶，利用多维化原理进行创新设计。可将瓶口部分作倾斜设计，方便饮用，如图 2.2.20 所示。

案例 3：将牙刷设计成三个刷头，三个刷头可调整不同的位置，满足不同牙齿部位的清洁，如图 2.2.21 所示。

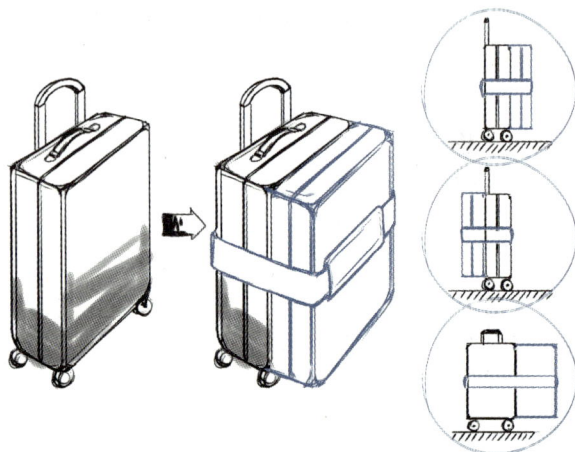

图 2.2.19 多维化原理在行李箱上的应用

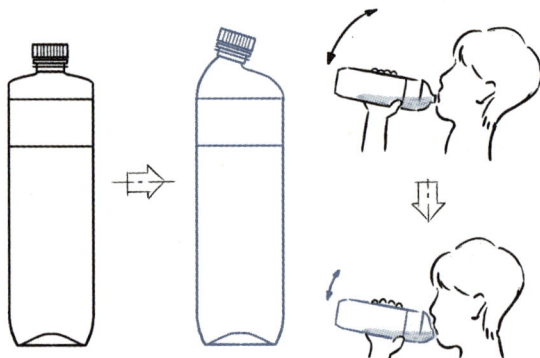

图 2.2.20 多维化原理在矿泉水瓶上的应用

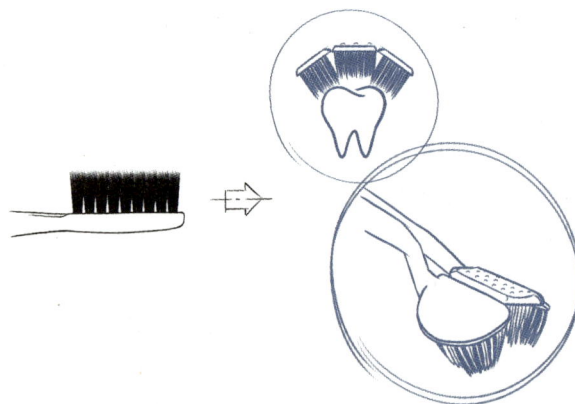

图 2.2.21 多维化原理在牙刷上的应用

2.2.8　振动原理（18）

1. 基本含义

振动原理是使对象产生机械振动、增加振动频率或共振。切勿认定稳定系统是最佳的，可以尝试采用不稳定的、变化的，但同时是可控的系统。

2. 具体措施

措施 1：使系统产生机械振动。例如电动牙刷。

措施 2：如果对象已经处于振动状态，尝试提高振动频率。例如电动牙刷强度调节。

措施 3：利用共振频率。例如磁共振成像（MRI）。

措施 4：结合超声振动与电磁场。例如超声波加湿器。

3. 案例分析

案例 1：针对行李箱，利用振动原理进行创新设计。可在行李箱背面增加可伸缩式振动按摩带，以便随时按摩腿部，缓解疲劳，如图 2.2.22 所示。

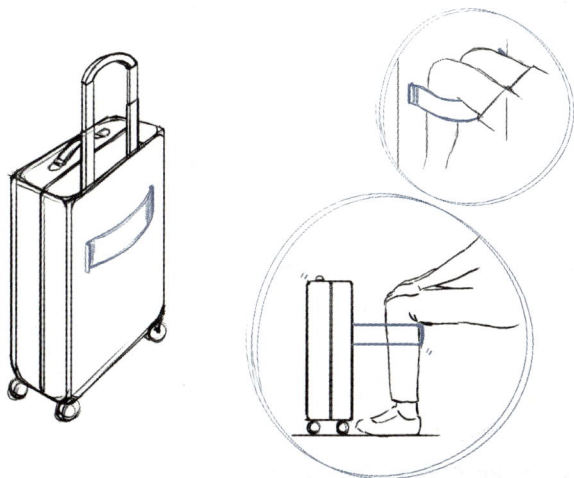

图 2.2.22　振动原理在行李箱上的应用

图 2.2.22
动画

案例 2：针对矿泉水瓶，利用振动原理进行创新设计。发明矿泉水瓶专用超声波加湿器，让瓶中水振动并形成水雾，湿润空气，如图 2.2.23 所示。

案例 3：针对普通牙刷，利用振动原理进行创新设计。可增加电动机使牙刷产生振动（电动牙刷），使用者可以选择不同模式以调节振动频率，省力且污垢清洁彻底，如图 2.2.24 所示。

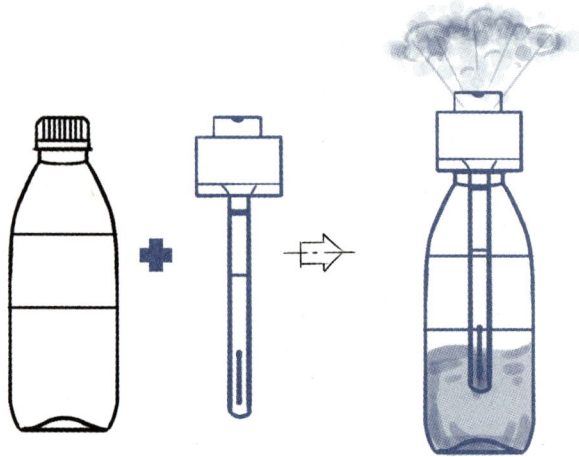

图 2.2.23　振动原理在矿泉水瓶上的应用

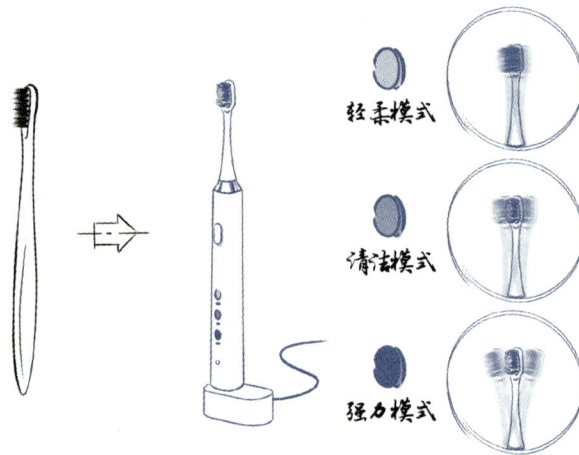

轻柔模式

清洁模式

强力模式

图 2.2.24　振动原理在牙刷上的应用

2.2.9　周期性作用原理（19）

1. 基本含义

周期性作用原理是指通过有节奏的行为（操作方式），或振幅和频率的变化，或利用脉冲间隔以实现周期性作用。使用此原理时可以尝试多种方式来改变现有系统的功能，如生产间歇、改变频率和利用脉冲间隙等。

2. 具体措施

措施 1：利用周期或脉冲动作代替连续动作。例如闪烁的警示灯。

措施 2：调节原有周期性作用的频率。例如调节风扇摆动的速度。

措施 3：利用脉冲间隙来完成其他的有用作用。例如医用心肺呼吸设备，每压缩 5 次胸腔后进行一次呼吸。

3. 案例分析

案例 1：针对行李箱，利用周期性作用原理进行创新设计。可在箱体四周增加周期性闪烁的灯，从而增加行李箱的辨识度，如图 2.2.25 所示。

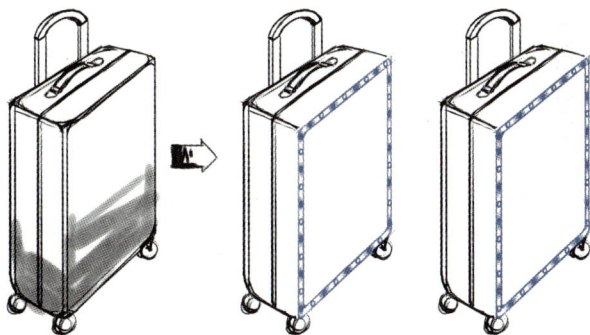

图 2.2.25　周期性作用原理在行李箱上的应用

案例 2：针对矿泉水瓶，利用周期性作用原理进行创新设计。可在瓶盖上增加定时器，每隔一段时间瓶盖会播放音乐提醒喝水，从而保证儿童定时饮水，如图 2.2.26 所示。

图 2.2.26　周期性作用原理在矿泉水瓶上的应用

案例 3：针对牙刷，利用周期性作用原理进行创新设计。将刷头设计成可周期性摆动，模拟用手刷牙的动作，省力且能够保证牙齿清洁效果，如图 2.2.27 所示。

图 2.2.25
动画

图 2.2.26
动画

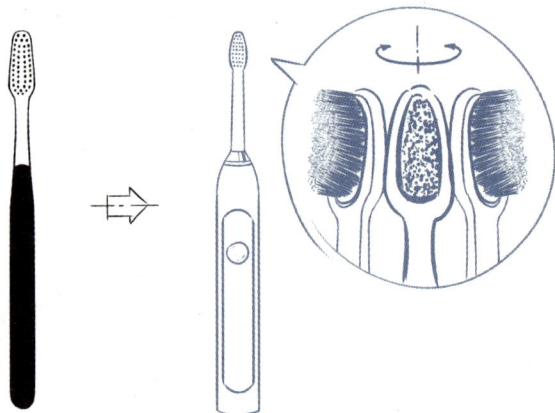

图 2.2.27　周期性作用原理在牙刷上的应用

2.2.10　有效作用持续原理（20）

1. 基本含义

有效作用持续原理是指产生连续流与（或）消除所有空闲及间歇性动作，以提高效率。任何过渡过程，尤其是"从零开始"的或使连续流中断的过渡过程，均可影响系统的效率。因此，需要搜寻动态系统的非动态时刻，并将其消除。

2. 具体措施

措施 1：实施连续动作且不中断，系统一直处于满负荷工作状态。例如生产流水线。

措施 2：消除所有空闲的、过渡的动作。例如用绞肉机代替菜刀。

措施 3：利用转动代替往复运动。例如用削铅笔器代替小刀。

3. 案例分析

案例 1：针对行李箱，利用有效作用持续原理进行创新设计。可将行李箱设计为卧式，底部安装履带，使用过程中，拉动行李箱的动作不会由于不同路况而中断，如图 2.2.28 所示。

案例 2：矿泉水灌装生产线根据瓶装矿泉水的质量自动灌装，自动检测水量的多少，自动停止灌装。整个过程消除了所有空闲时间，体现了有效作用持续原理，如图 2.2.29 所示。

案例 3：针对牙刷，利用有效作用持续原理进行创新设计。可设计能够同时清洁所有牙齿的自动牙刷，该牙刷可以像牙套一样套在牙上，与所有牙齿接触，整个刷牙时间可大大缩短，如图 2.2.30 所示。

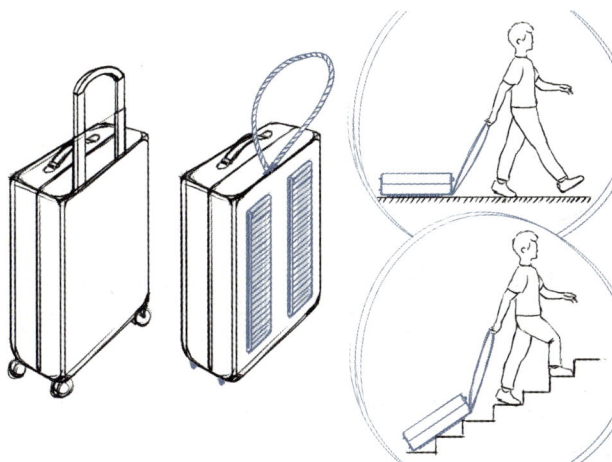

图 2.2.28　有效作用持续原理在行李箱上的应用

图 2.2.28
动画

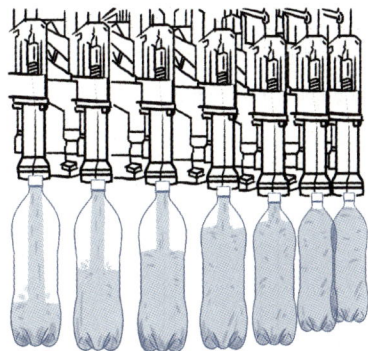

图 2.2.29　有效作用持续原理在灌装瓶装矿泉水生产线上的应用

图 2.2.29
动画

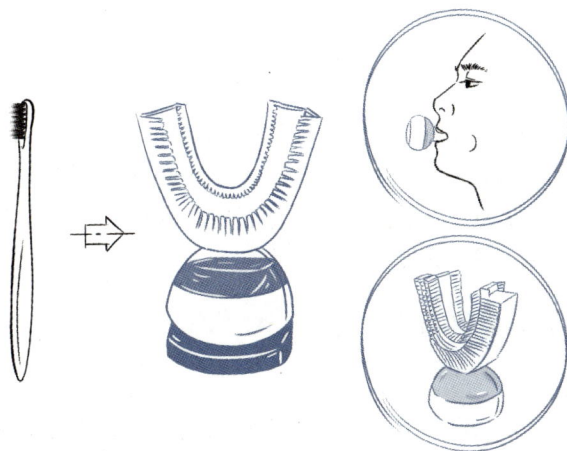

图 2.2.30
动画

图 2.2.30　有效作用持续原理在牙刷上的应用

2.3　发明原理 21~30

2.3.1　快速通过原理（21）

1. 基本含义

快速通过原理是指高速越过某过程或个别阶段（如有害的或危险的）。如果一个动作执行期间出现有害或危险功能，力图将该功能在高速下完成。

2. 具体措施

措施：高速越过某过程或个别阶段（如有害的或危险的）。例如火中取栗。

3. 案例分析

案例 1：拖着行李箱步行不仅耗费时间，还会造成使用者疲劳（有害影响）。针对上述问题可尝试利用快速通过原理，将行李箱设计成可变形的电动行李箱，可骑行抵达目的地（快速通过），省时又省力，如图 2.3.1 所示。

图 2.3.1
动画

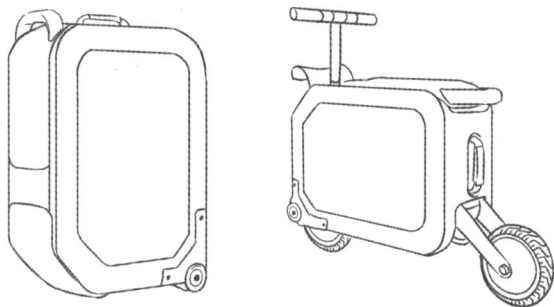

图 2.3.1　快速通过原理在行李箱上的应用

案例 2：针对矿泉水瓶，可尝试利用快速通过原理进行创新设计。将瓶盖设计为按压弹开式结构，饮用时可以方便、快速地打开瓶盖，如图 2.3.2 所示。

案例 3：针对牙刷，可尝试利用快速通过原理进行创新设计。在牙刷柄处增加自动挤牙膏装置，如图 2.3.3 所示。

2.3.2　变害为利原理（22）

1. 基本含义

变害为利原理是指系统中有害因素已经存在，要设法用其为系统创造价值。

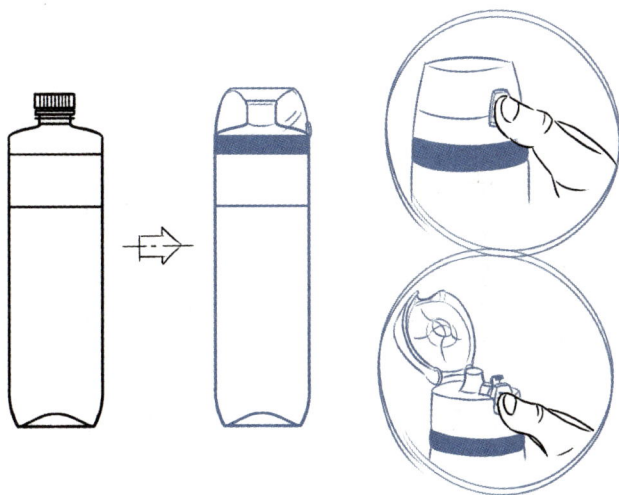

图 2.3.2　快速通过原理在矿泉水瓶上的应用

图 2.3.2
动画

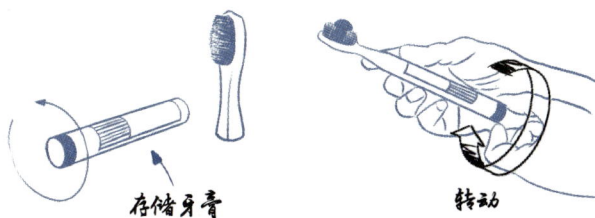

存储牙膏　　　　转动

图 2.3.3　快速通过原理在牙刷上的应用

图 2.3.3
动画

2. 具体措施

措施 1：利用有害因素（特别是介质的有害作用）获得有益的效果。例如废物利用。

措施 2：通过有害因素与另外几个有害因素的组合来消除有害因素。例如，纯氧气和纯氮气对人体都是有害的，但两者混合可用于水下呼吸。

措施 3：增加有害因素到一定的程度，使之不再有害。例如，森林火灾灭火时会点燃外围可燃物（增加有害因素），形成火源隔离带，避免火势蔓延。

3. 案例分析

案例 1：行李箱在滚动过程中会产生振动（有害因素）。针对上述问题，可尝试利用变害为利原理进行创新设计。在行李箱滚轮附近增加振动能量采集系统，将行李箱振动产生的能量转化为电能，并加以储备和利用，如图 2.3.4 所示。

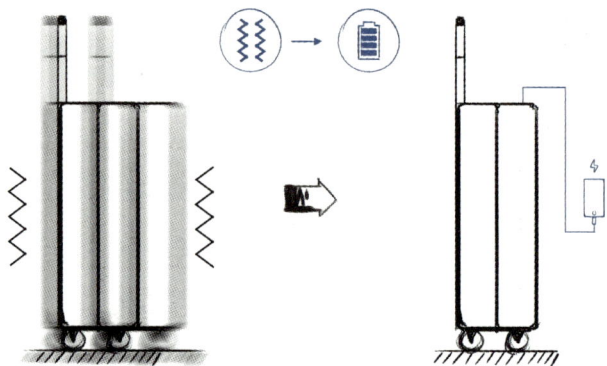

图 2.3.4 变害为利原理在行李箱上的应用

案例 2：为实现矿泉水瓶的再利用，可尝试利用变害为利原理对其进行创新设计。将矿泉水瓶设计成积木的形状，使用完毕后可以作为儿童玩具，如图 2.3.5 所示。

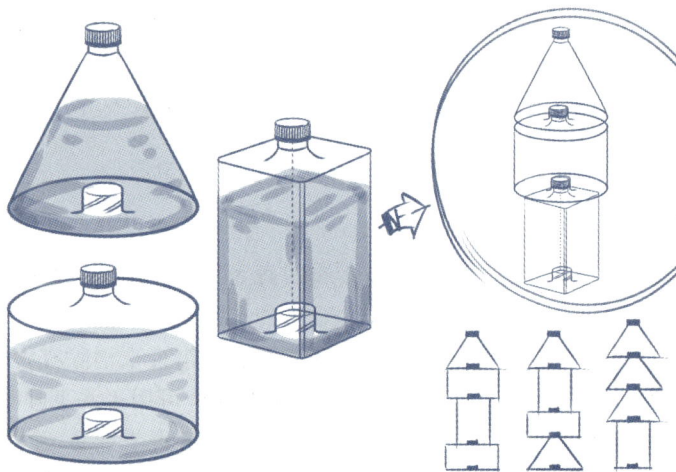

图 2.3.5 变害为利原理在矿泉水瓶上的应用

案例 3：针对废旧牙刷，可尝试利用变害为利原理进行创新设计。将刷头部分设计为可外向弯折的结构，用于清洁漱口杯底部和内壁，如图 2.3.6 所示。

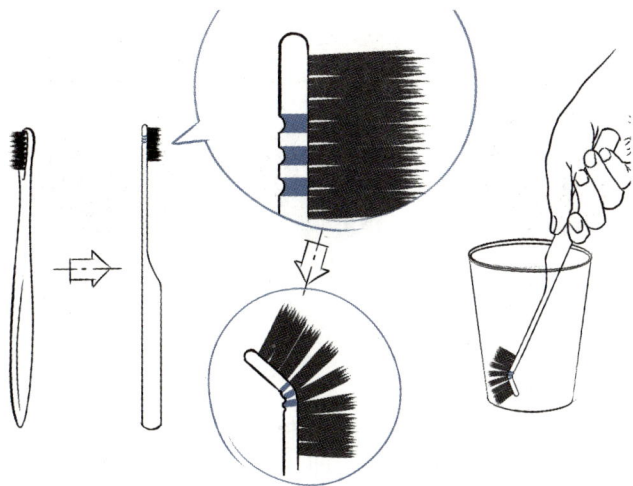

图 2.3.6　变害为利原理在牙刷上的应用

图 2.3.6
动画

2.3.3　反馈原理（23）

1. 基本含义

反馈原理是指将系统的输出作为输入反馈到系统中,以增强对系统输出的控制。系统中任何信息的改变均可被用来校正系统。将任何有益或有害的改变均视为一种反馈信息源,若反馈已被运用,则尝试改变反馈信息源。

2. 具体措施

措施 1:为系统引入反馈。例如声音报警器。

措施 2:如果系统已经存在反馈,则尝试改变反馈信息。例如报警器由声音识别变为红外识别。

3. 案例分析

案例 1:针对行李箱,可尝试利用反馈原理进行创新设计。将滚轮设计为多层不同颜色的材料,滚轮磨损达到一定程度后,内层材料颜色露出,反馈滚轮严重磨损的信息,避免滚轮突然损坏而无法使用,如图 2.3.7 所示。

案例 2:针对矿泉水瓶,可尝试利用反馈原理进行创新设计。在瓶盖顶部增加涂层,通过在涂层上做标记,以反馈使用者信息,避免人多时弄混,如图 2.3.8 所示。

案例 3:针对牙刷,可尝试利用反馈原理进行创新设计,在刷头部位设计压力检测装置,在刷牙过程中反馈牙刷对牙齿的压力,以便及时调整刷牙力度,避免因力度过大而损伤牙齿,如图 2.3.9 所示。

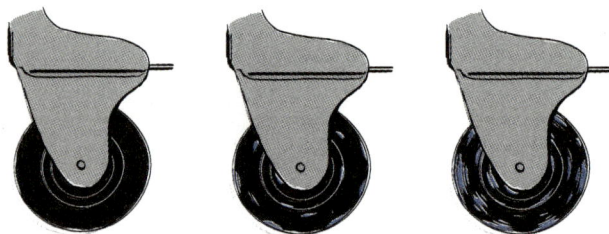

图 2.3.7
动画

图 2.3.7 反馈原理在行李箱上的应用

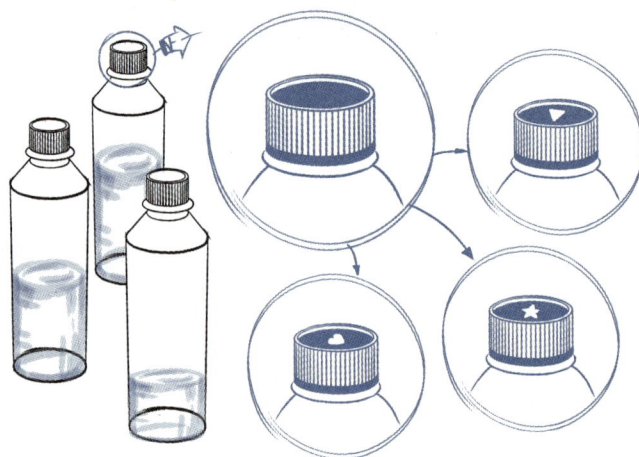

图 2.3.8
动画

图 2.3.8 反馈原理在矿泉水瓶上的应用

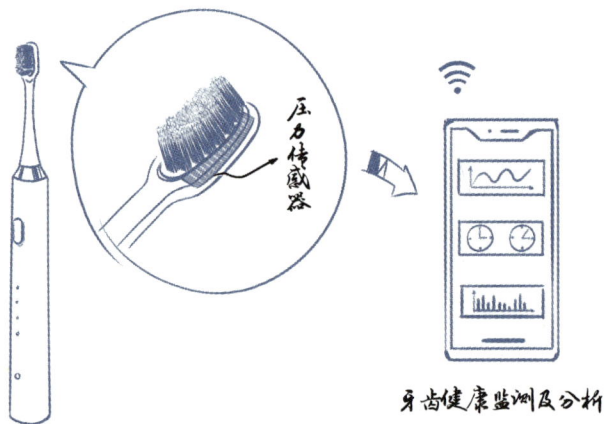

图 2.3.9
动画

图 2.3.9 反馈原理在牙刷上的应用

2.3.4 中介物原理（24）

1. 基本含义

中介物原理是指利用某种容易去除的中间载体、阻挡物或过程，在不相容的物体或功能之间建立一种临时联系。中介物可以在不匹配系统之间充当链接，也可以是与有害功能之间的阻挡物。

2. 具体措施

措施 1：利用可以迁移或有传送作用的中间物体。例如镊子。

措施 2：将一个（易分开的）系统暂时附加给某系统。例如隔热垫。

3. 案例分析

案例 1：针对行李箱，可尝试利用中介物原理进行创新设计。在行李箱提手部位增加个性化标签（中介物），增加行李箱的辨识度，如图 2.3.10 所示。

案例 2：针对矿泉水瓶，可尝试利用中介物原理进行创新设计。将矿泉水瓶与吸管（中介物）相结合，使用者通过吸管饮用瓶中的水，避免直接饮用造成呛水，如图 2.3.11 所示。

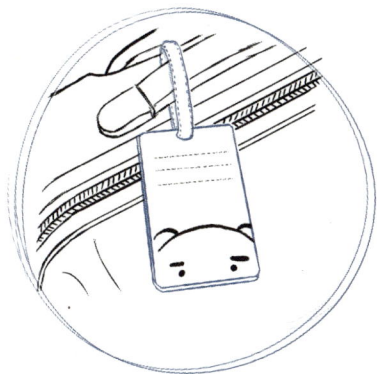

图 2.3.10　中介物原理在行李箱上的应用

图 2.3.10 动画

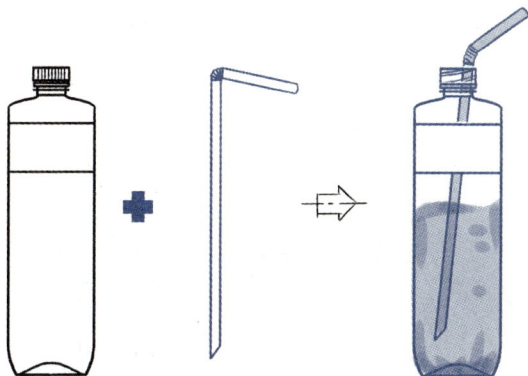

图 2.3.11　中介物原理在矿泉水瓶上的应用

图 2.3.11 动画

案例 3：针对牙膏，可尝试利用中介物原理进行创新设计。设计挤牙膏器（中介物），将牙膏插入挤牙膏器，通过旋转实现牙膏从底部向牙膏口的挤压，方便快捷，如图 2.3.12 所示。

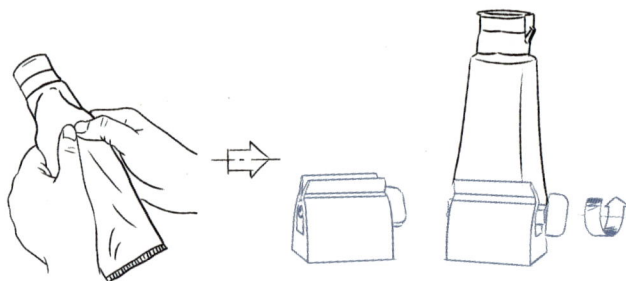

图 2.3.12 中介物原理在牙膏上的应用

2.3.5 自服务原理（25）

1. 基本含义

自服务原理是指系统能够自我服务，实现辅助、维修功能，或者充分利用系统废弃的资源、能量或物质等。自服务强调的是让系统尽可能减少对环境或其他系统的依赖，利用系统本身废弃的资源、能量或物质来完成自服务是最佳选择。

2. 具体措施

措施1：实现系统自我服务，完成辅助和修理等工作。例如自清洁玻璃。

措施2：利用系统产生的废弃资源、能量和物质为自身服务。例如发动机的废气涡轮增压技术。

3. 案例分析

案例1：针对行李箱，可尝试利用自服务原理进行创新设计，将滚轮设计为电动驱动，并与手机蓝牙连接，实现自动跟随功能，如图 2.3.13 所示。

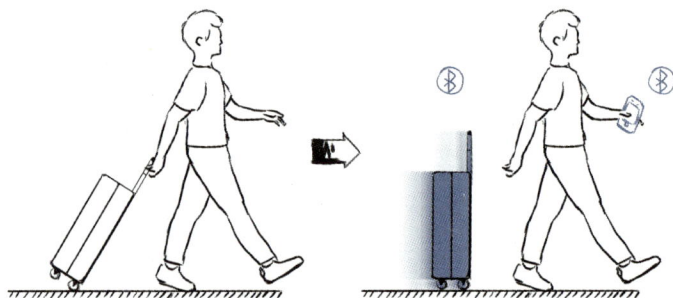

图 2.3.13 自服务原理在行李箱上的应用

案例2：针对家庭用扫地机器人，通过增加基座实现拖布自动清洗以及机器人充电功能，如图 2.3.14 所示。

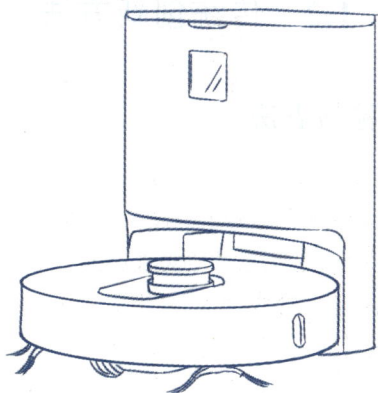

图 2.3.14 自服务原理在扫地机器人上的应用

图 2.3.14
动画

案例 3：针对漱口杯，可尝试利用自服务原理进行创新设计。在漱口杯底加装清洗装置，实现牙刷和漱口杯的自清洗功能，如图 2.3.15 所示。

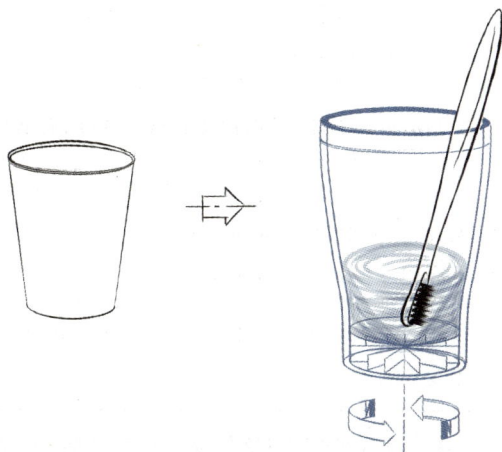

图 2.3.15
动画

图 2.3.15 自服务原理在漱口杯上的应用

2.3.6 复制原理（26）

1. 基本含义

复制原理是指通过使用成本较低的复制品或模型来替代成本过高的系统。此原理在使用时不仅要考虑物体模型，还要考虑计算机模型、数学模型或其他能够满足要求的模拟技术。

2. 具体措施

措施1:利用简单而便宜的复制品代替复杂的、昂贵的或易损坏的系统。例如假人模特。

措施2:利用光学影像代替真实系统。例如虚拟驾驶系统。

措施3:利用红、紫外线代替可见光。例如红外探测器。

3. 案例分析

案例1:针对行李箱,可尝试利用复制原理进行创新设计。将箱体外壳设计为可替换式,磨损或变形后可以替换备用壳体(复制品),另外可以设计个性化的箱体外壳,如图2.3.16所示。

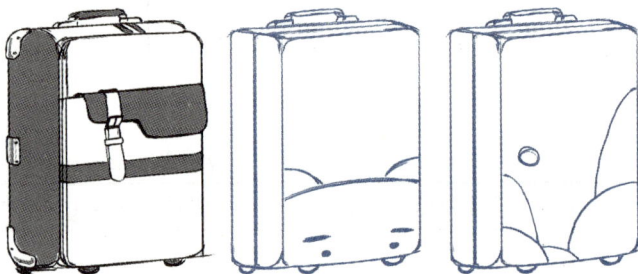

图 2.3.16
动画

图 2.3.16 复制原理在行李箱上的应用

案例2:针对矿泉水瓶,可尝试利用复制原理进行创新设计。使用纸质封口(复制品)代替塑料瓶盖,在封口处合适位置设计撕口,方便打开,如图2.3.17所示。

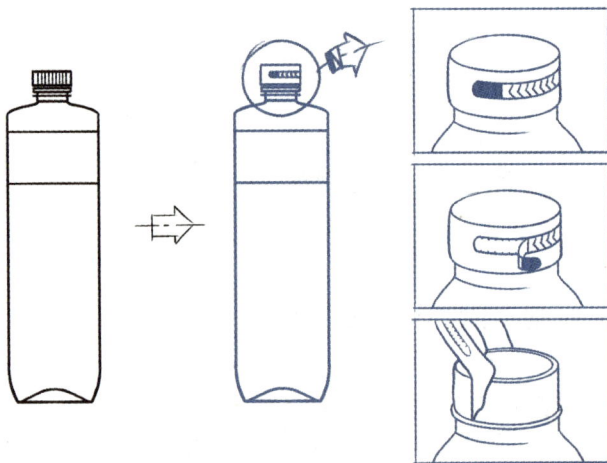

图 2.3.17
动画

图 2.3.17 复制原理在矿泉水瓶上的应用

案例 3：让儿童用牙模（复制品）练习刷牙，这个过程体现了复制原理的应用，如图 2.3.18 所示。

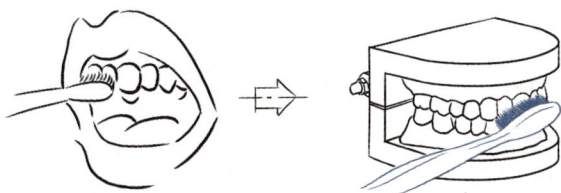

图 2.3.18　复制原理在牙齿模型上的应用

图 2.3.18
动画

2.3.7　廉价替代原理（27）

1. 基本含义

廉价替代原理是指利用廉价、易处理或一次性的等效系统替代复杂、昂贵的系统。特别注意，替代对象可以是真实系统，也可以是信息、能量或过程。

2. 具体措施

措施：利用廉价系统替代昂贵系统，但在某些属性上作出妥协。例如一次性纸杯。

3. 案例分析

案例 1：普通行李箱的内胆不易拆卸和更换。针对上述问题，可尝试利用廉价替代原理进行创新设计。将内胆设计为方便拆卸、更换的一次性产品，弄脏或破损后可直接更换，从而保持箱内清洁，如图 2.3.19 所示。

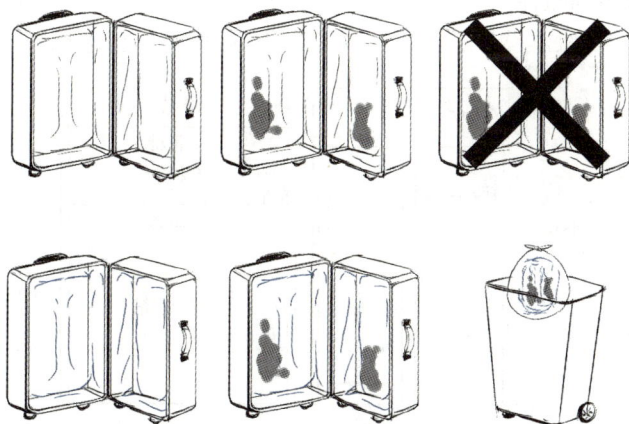

图 2.3.19　廉价替代原理在行李箱上的应用

图 2.3.19
动画

案例 2：针对矿泉水瓶，可尝试利用廉价替代原理进行创新设计。可将矿泉水瓶替换为矿泉水袋，在一定程度上实现了廉价替代，如图 2.3.20 所示。

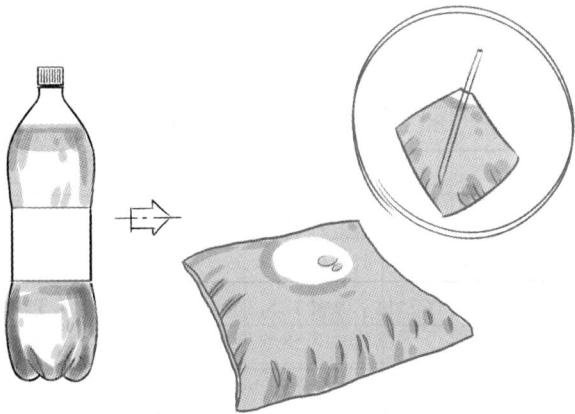

图 2.3.20 廉价替代原理在矿泉水瓶上的应用

案例 3：针对普通牙膏，可尝试利用廉价替代原理进行创新设计。可将牙膏管替换为一次性牙膏袋，方便携带，如图 2.3.21 所示。

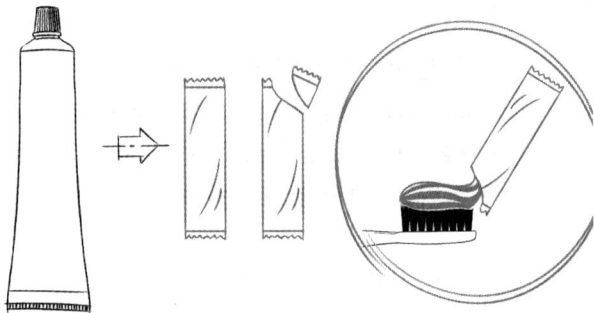

图 2.3.21 廉价替代原理在牙膏上的应用

2.3.8 替代机械系统原理（28）

1. 基本含义

替代机械系统原理是指利用物理场（光场、电场或磁场等）或其他物理结构、物理作用和状态来代替机械作用和机构。

2. 具体措施

措施 1：利用光学、声学、电磁学、味觉、触觉或嗅觉系统来代替机械系统。例如感应水龙头。

措施 2：使用电场、磁场或电磁场与系统相互作用。例如磁悬浮地球仪。

措施 3：利用动态场代替静态场,利用结构化场代替非结构化场。例如温室大棚。

措施 4：将场和能够与场发生相互作用的粒子(如铁磁粒子)组合使用。例如磁粉探伤。

3. 案例分析

案例 1：针对行李箱,可尝试利用替代机械系统原理进行创新设计。在行李箱上增加声控系统,并将行李箱拉链(机械系统)替换为磁锁,利用声音来控制行李箱磁锁的开、关,如图 2.3.22 所示。

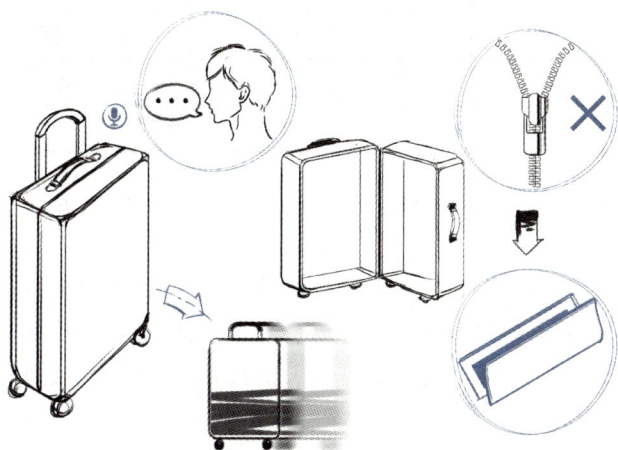

图 2.3.22　替代机械系统原理在行李箱上的应用

图 2.3.22
动画

案例 2：针对照明装置,可尝试利用替代机械系统原理进行创新设计。将手动开关(机械系统)变为声控开关(声学系统),可用声音控制照明装置的开、关,如图 2.3.23 所示。

图 2.3.23　替代机械系统原理在声控照明上的应用

图 2.3.23
动画

案例3：针对牙刷，可尝试利用替代机械系统原理进行创新设计。用超声波或水冲击代替牙刷，有效提高清洁程度，如图 2.3.24 所示。

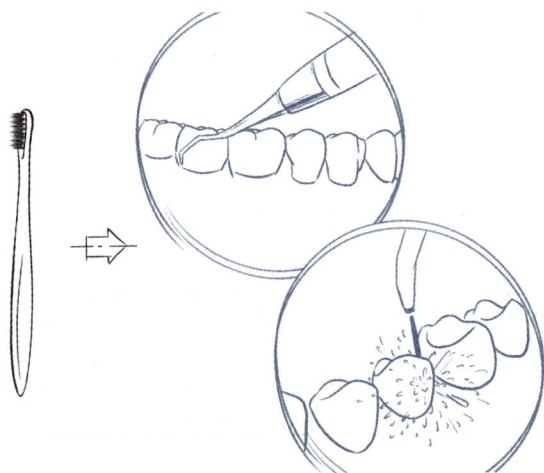

图 2.3.24
动画

图 2.3.24   替代机械系统原理在牙刷上的应用

2.3.9   气压或液压原理（29）

1. 基本含义

气压或液压原理是指利用系统的可压缩性或不可压缩性的属性改善系统。

2. 具体措施

措施：用气压结构或液压结构代替固体结构。例如用充气轮胎替换实心轮胎。

3. 案例分析

案例1：针对行李箱，可尝试利用气压或液压原理进行创新设计。将行李箱的实心滚轮（固体结构）替换为充气滚轮（气体结构），增强抗振性能，如图 2.3.25 所示。

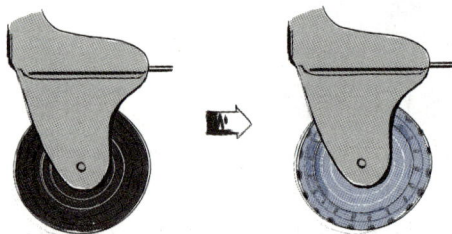

图 2.3.25
动画

图 2.3.25   气压或液压原理在行李箱上的应用

　　案例 2：针对袋装矿泉水（前述案例），可尝试利用气压或液压原理进行创新设计。将其侧部设计为充气结构的把手，利于把握及保持产品外观，如图 2.3.26 所示。

图 2.3.26　气压或液压原理在矿泉水瓶（袋）上的应用

图 2.3.26
动画

　　案例 3：针对漱口杯和牙刷，可尝试利用气压或液压原理进行创新设计。将漱口杯和牙刷柄设计为充气结构，使用完毕后排出气体，便于收纳携带，如图 2.3.27 所示。

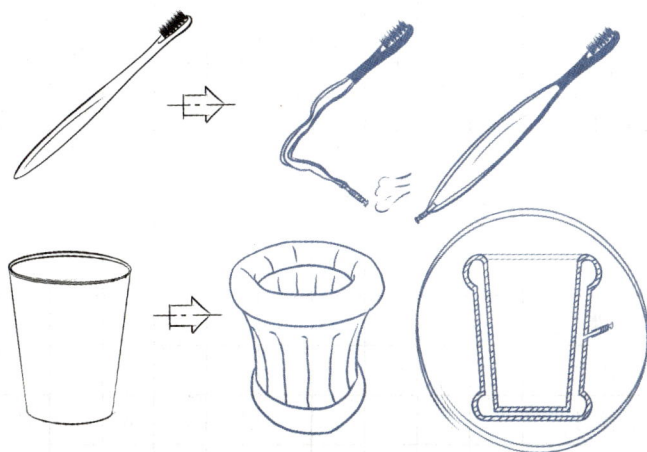

图 2.3.27　气压或液压原理在牙刷和漱口杯上的应用

图 2.3.27
动画

2.3.10　柔壳或薄膜原理（30）

1. 基本含义

　　柔壳或薄膜原理是指利用柔性的、薄的系统替代厚的、坚硬的系统，或将系统隔开。如果要将一个系统与其他系统隔离，或者要用薄的对象代替厚的对象,都可以考虑使用该原理。

2. 具体措施

措施 1:利用软壳或薄膜代替一般结构。例如袋装啤酒。

措施 2:用软壳和薄膜使系统同外部介质隔离。例如保鲜膜。

3. 案例分析

案例 1:针对行李箱,可尝试利用柔壳或薄膜原理进行创新设计。将坚硬的箱体设计为柔性箱体,从而提高行李箱的收纳空间,如图 2.3.28 所示。

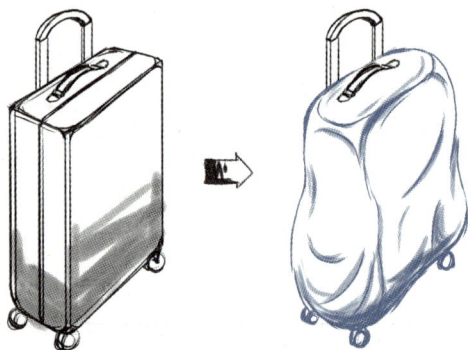

图 2.3.28 柔壳或薄膜原理在行李箱上的应用

案例 2:针对矿泉水瓶,可尝试利用柔壳或薄膜原理进行创新设计。将瓶盖替换为塑料薄膜封口,饮用时可直接拉开密封或者插入吸管,如图 2.3.29 所示。

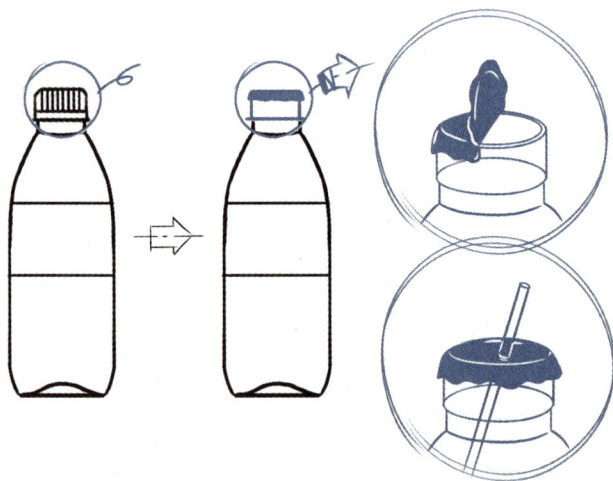

图 2.3.29 柔壳或薄膜原理在矿泉水瓶上的应用

案例 3：针对漱口杯，可尝试利用柔壳或薄膜原理进行创新设计。发明与漱口杯相匹配的柔性内胆，出差时可将柔性内胆放置于酒店里的漱口杯内，方便卫生，如图 2.3.30 所示。

图 2.3.30　柔壳或薄膜原理在漱口杯上的应用

图 2.3.30
动画

2.4　发明原理 31~40

2.4.1　多孔原理（31）

1. 基本含义

多孔原理是指利用孔隙结构代替实心结构。在使用空穴、气泡、毛细管等孔隙结构时，这些结构可以是真空的，也可以充满某种有用的气体、液体或固体。

2. 具体措施

措施 1：将系统设计为多孔结构或利用附加多孔元件（镶嵌、覆盖等）。例如蜂窝煤。

措施 2：如果系统是多孔的，事先用某种物质填充孔隙。例如消毒棉球。

3. 案例分析

案例 1：针对行李箱，可尝试利用多孔原理进行创新设计。将实心滚轮设计为多孔结构，从而提升滚轮的缓冲、减振效果，如图 2.4.1 所示。

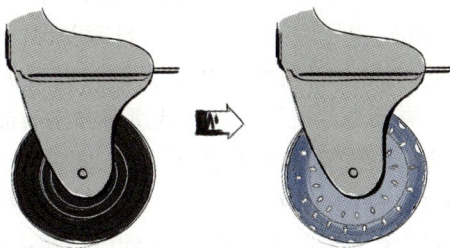

图 2.4.1　多孔原理在行李箱上的应用

图 2.4.1
动画

案例2：针对矿泉水瓶，可尝试利用多孔原理对其进行创新设计。在瓶盖上表面打孔，并用锡箔纸密封，喝完后可用作洒水工具，如图2.4.2所示。

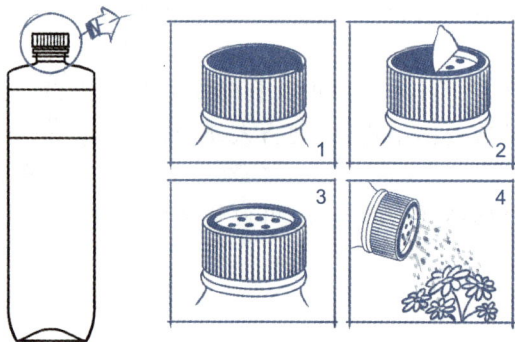

图 2.4.2
动画

图 2.4.2　多孔原理在矿泉水瓶上的应用

案例3：针对牙刷，可尝试利用多孔原理进行创新设计。将实心刷柄设计为多孔结构，减少材料用量，实现轻量化，如图2.4.3所示。

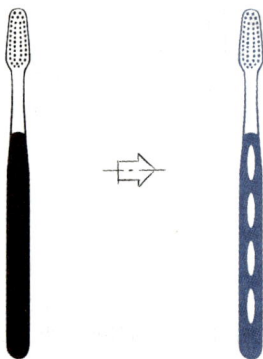

图 2.4.3
动画

图 2.4.3　多孔原理在牙刷上的应用

2.4.2　变色原理（32）

1. 基本含义

变色原理是指通过改变颜色或其他光学特性来改变对象的光学性质，以提升系统功能或解决检测问题。视觉系统是人类在认知世界过程中使用最多的感知系统，但视觉系统具有局限性，通过改变系统或环境的颜色可增强或减弱系统的视觉特征，进而增强或减弱视觉系统感知的效果。当目的是区别多种系统的特征（为方便检测、改善测量、标识位置、指示状态等）时，都可以使用该原理。

2．具体措施

措施 1：改变系统或外部环境的颜色。例如迷彩服。

措施 2：改变系统或外部环境的透明程度（或改变某一过程的可视性）。例如单向玻璃。

措施 3：采用有颜色的添加物，使不易被观察到的系统或过程容易被观察到。例如变色杯。

3．案例分析

案例 1：行李箱的材质一般是塑料、金属、布料或皮革，可尝试利用变色原理对其进行创新设计，将不透明的箱体设计为透明箱体，如图 2.4.4 所示。

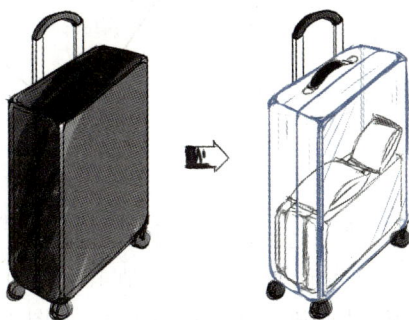

图 2.4.4 变色原理在行李箱上的应用

图 2.4.4
动画

案例 2：针对矿泉水瓶，可尝试利用变色原理进行创新设计。在瓶盖和瓶体的连接部位设计颜色不同的内、外层结构，如果瓶盖被打开内层颜色将显露，可以起到提示的作用，如图 2.4.5 所示。

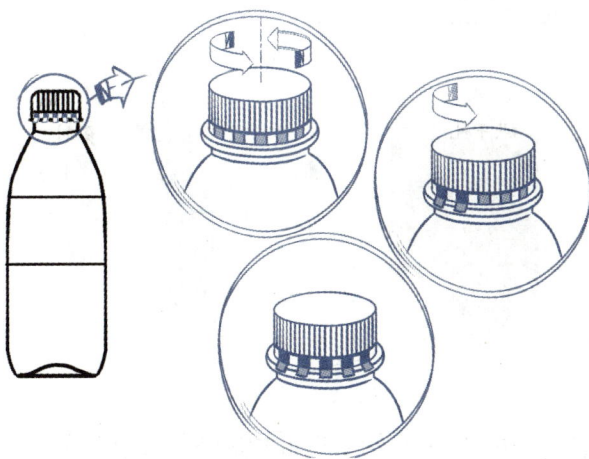

图 2.4.5 变色原理在矿泉水瓶上的应用

图 2.4.5
动画

案例3：针对漱口杯，可尝试利用变色原理进行创新设计。将漱口杯表面涂覆热变色材料，通过表面颜色，使用者可以判断水温是否合适，如图2.4.6所示。

图2.4.6 变色原理在漱口杯上的应用

图 2.4.6
动画

2.4.3 同质原理(33)

1. 基本含义

同质原理是指系统及与其相互作用的系统应该由同种材料(或者具有相似属性的材料)制成。此原理的应用可减少系统材料的种类，有利于系统的后期维护。

2. 具体措施

措施：使用同种或属性相似的材料。例如硅胶牙刷。

3. 案例分析

案例1：针对行李箱，可尝试利用同质原理进行创新设计。选用同一种材料来设计箱体、滚轮、拉杆等各个部件，如图2.4.7所示。

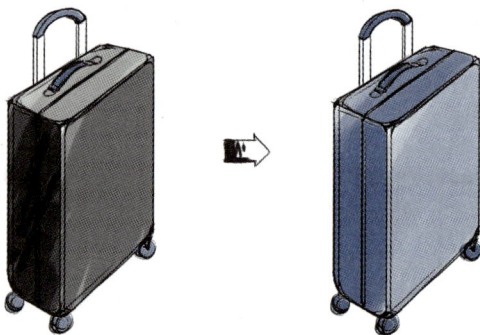

图2.4.7 同质原理在行李箱上的应用

图 2.4.7
动画

案例2：针对轮胎和轮毂，可尝试利用同质原理进行创新设计。轮胎和轮毂均采用同一种材料，实现一体式设计和加工，如图2.4.8所示。

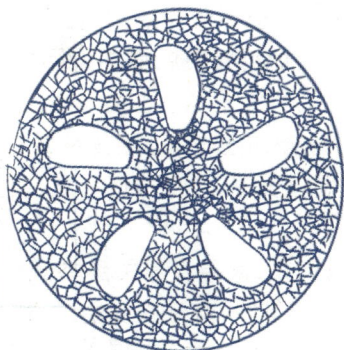

图 2.4.8　同质原理在车轮上的应用

图 2.4.8
动画

案例 3：针对漱口杯和牙刷，可尝试利用同质原理进行创新设计。选用硅胶材料制作牙刷和漱口杯，可折叠，便于携带，如图 2.4.9 所示。

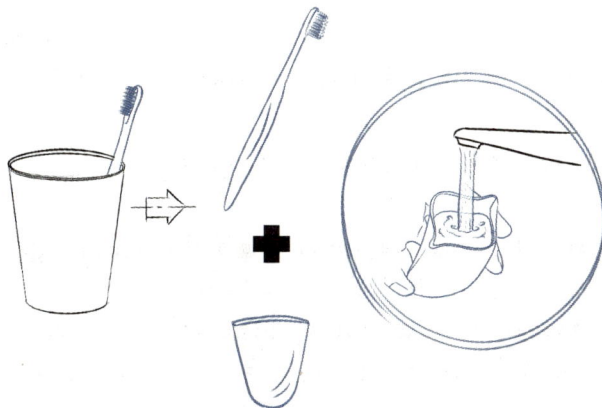

图 2.4.9　同质原理在牙具上的应用

图 2.4.9
动画

2.4.4　抛弃与再生原理（34）

1. 基本含义

抛弃与再生原理是指已完成使命或已无用的部分系统应当从系统中剔除，或在工作过程中直接转化为有用系统；实现有用功能再生。

2. 具体措施

措施 1：将已完成使命或已无用的部分剔除（溶解、蒸发等）或在工作过程中直接转化。例如火箭助推器。

措施 2：有用功能可再生。例如美工刀。

3. 案例分析

案例 1：针对行李箱，可尝试利用抛弃与再生原理进行创新设计。将箱体包裹多层保护膜，外层保护膜破损后直接撕掉（抛弃）露出新膜（再生），如图 2.4.10 所示。

图 2.4.10
动画

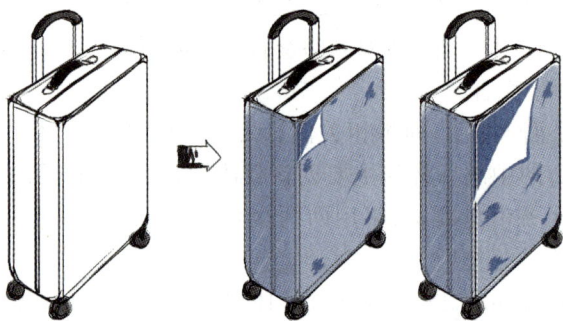

图 2.4.10　抛弃与再生原理在行李箱上的应用

案例 2：针对矿泉水瓶，可尝试利用抛弃与再生原理进行创新设计。将标签做成多层结构，每层标签传递不同的信息，用户撕开一层后（抛弃）出现新的一层（再生），如图 2.4.11 所示。

图 2.4.11
动画

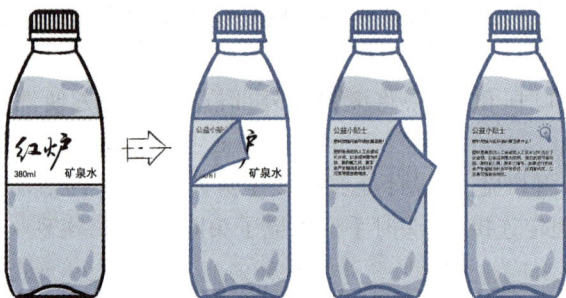

图 2.4.11　抛弃与再生原理在矿泉水瓶上的应用

案例 3：针对牙刷，可尝试利用抛弃与再生原理进行创新设计。将备用刷毛置于刷柄内部，当现有刷毛磨损后将备用刷毛向外拔出，并将已磨损的刷毛裁剪掉适当的长度（抛弃），形成新的刷毛（再生），如图 2.4.12 所示。

2.4.5　改变状态原理（35）

1. 基本含义

改变状态原理又称物理或化学参数改变原理，是指改变对象或系统的属性，以提供有用的功能。使用此原理时，可以考虑改变系统或对象的任意属性（状态、密度、导电性、柔性、温度和结构等）来实现系统的新功能。

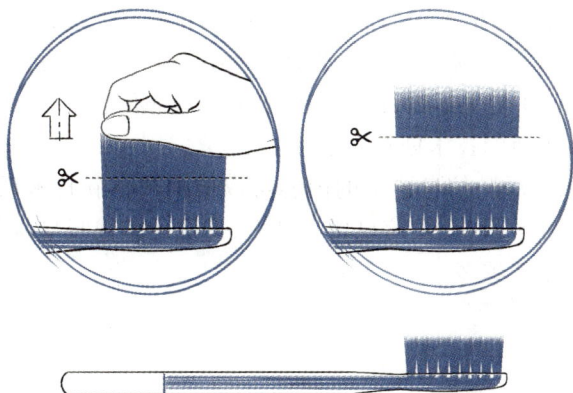

图 2.4.12　抛弃与再生原理在牙刷上的应用

图 2.4.12
动画

2. 具体措施

措施 1：改变系统的物理聚集状态。例如水蒸气、水和冰。

措施 2：改变系统的密度、浓度或黏度。例如浓缩咖啡。

措施 3：改变系统的柔性。例如软镜子。

3. 案例分析

案例 1：针对行李箱，可尝试利用改变状态原理进行创新设计。将拉杆设计为铰接结构，以增加拉杆的柔韧度，如图 2.4.13 所示。

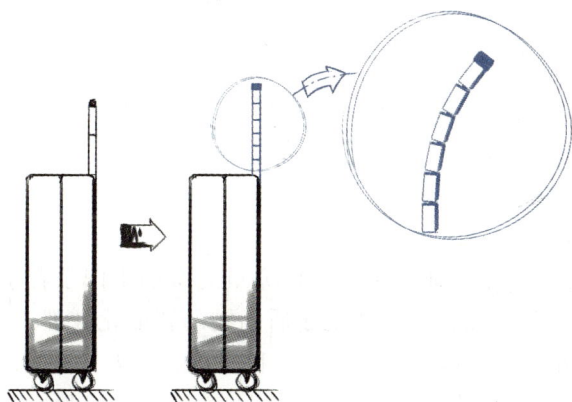

图 2.4.13　改变状态原理在行李箱上的应用

图 2.4.13
动画

案例 2：针对矿泉水瓶，可尝试利用改变状态原理进行创新设计。将硬质的矿泉水瓶变为柔性的矿泉水袋，如图 2.4.14 所示。

案例 3：针对牙膏，可尝试利用改变状态原理进行创新设计。将常见的固液混合态牙膏变为固态的牙膏粉或者液态的液体牙膏，如图 2.4.15 所示。

图 2.4.14 改变状态原理在矿泉水瓶上的应用

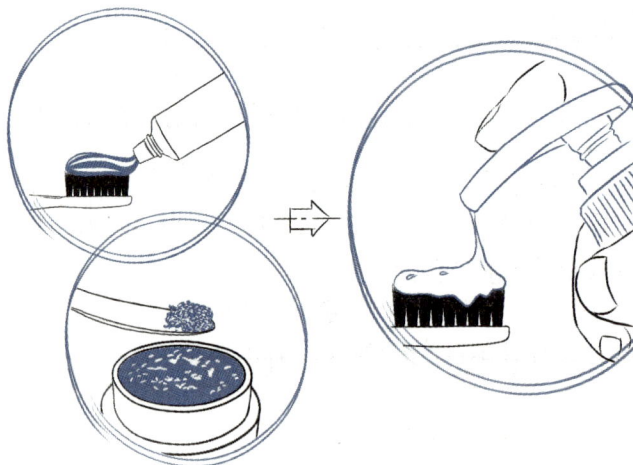

图 2.4.15 改变状态原理在牙膏上的应用

2.4.6 相变原理(36)

1. 基本含义

相变原理是指利用系统的相变过程,实现某种效应或使系统发生改变。典型的相变包括气、液、固之间的转换过程。

2. 具体措施

措施:利用相变过程。例如体积改变、放热或吸热等。

3. 案例分析

案例 1:针对行李箱,可尝试利用相变原理进行创新设计。在箱体内部增加夹层设计,夹层可放置冰块,使行李箱具有冷藏功能,如图 2.4.16 所示。

案例 2:干冰在汽化时能够吸收大量的热,可用于人工降雨,如图 2.4.17 所示。

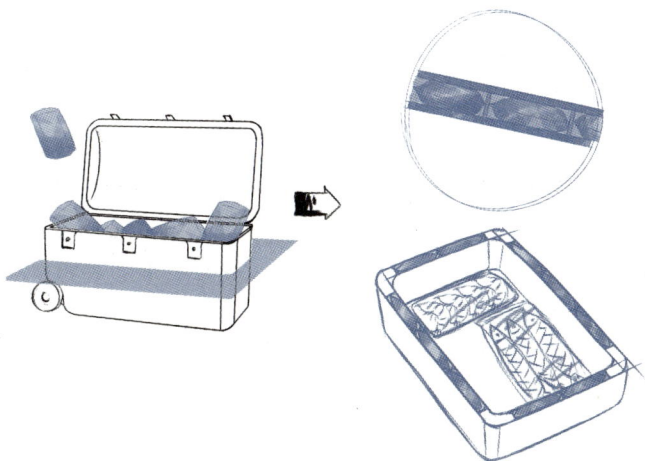

图 2.4.16　相变原理在行李箱上的应用

图 2.4.16
动画

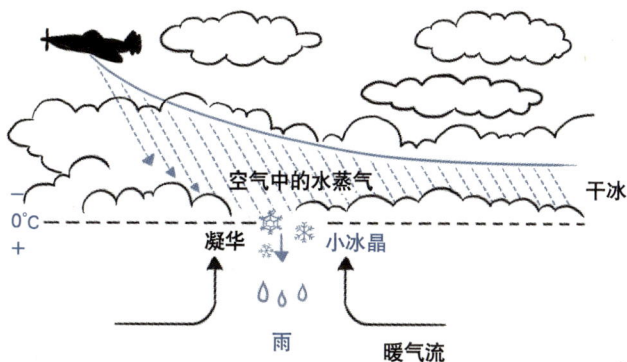

图 2.4.17　相变原理在人工降雨上的应用

图 2.4.17
动画

案例 3：液氮汽化时能够吸收大量的热，可以用于速冻食品，如图 2.4.18 所示。

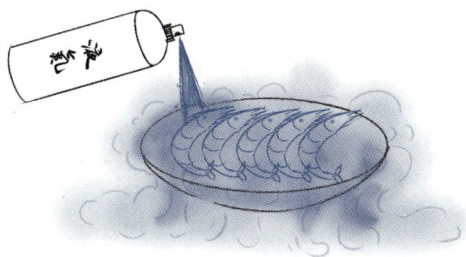

图 2.4.18　相变原理在速冻工艺上的应用

图 2.4.18
动画

2.4.7 热膨胀原理(37)

1. 基本含义

热膨胀原理是指利用系统热胀冷缩产生动力,将热能转化为机械能或者机械作用。热膨胀原理是这类原理的通称,也包括热缩冷胀效应的作用。除了热场以外,还有重力、气压、海拔以及光线变化等因素也可以引起胀缩现象。热膨胀过程会产生材料体积的变化(某个方向上长度的变化),利用这种效应可获得所需要的力。但这种效应有时也会带来负面作用,在利用此原理时应该考虑这些负面作用,并进行预防。

2. 具体措施

措施1:改变材料的温度,利用其膨胀或者收缩效应。例如水银温度计。

措施2:利用具有不同热膨胀系数的材料。例如温控开关。

3. 案例分析

案例1:行李箱在出厂前使用热收缩薄膜进行包装,从而起到防尘、保护的作用,如图 2.4.19 所示。

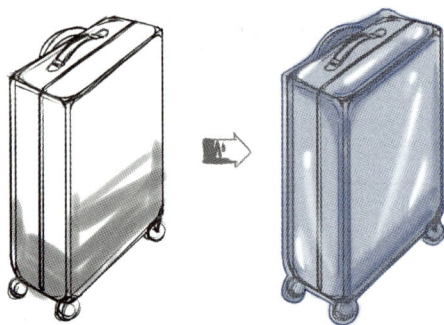

图 2.4.19
动画

图 2.4.19 热膨胀原理在行李箱上的应用

案例2:温控开关主要由双金属片、固定电极组成。双金属片受热后因不同金属的热膨胀系数不同而发生弯曲,与固定电极接触,接通电路,如图 2.4.20 所示。

案例3:针对漱口杯,可尝试利用热膨胀原理进行创新设计。在漱口杯的杯身或者杯把位置增加温度计(水银热胀冷缩),实现水温的测量,从而保证使用者能在适宜的水温下漱口,如图 2.4.21 所示。

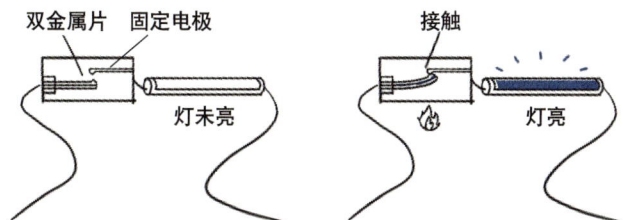

图 2.4.20　热膨胀原理在热敏开关上的应用

图 2.4.20
动画

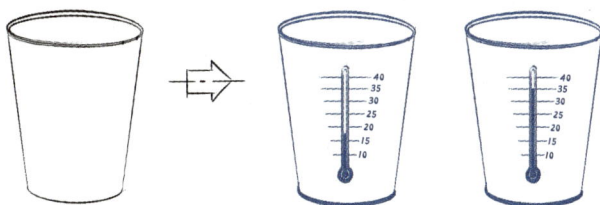

图 2.4.21　热膨胀原理在漱口杯上的应用

图 2.4.21
动画

2.4.8　强氧化原理（38）

1. 基本含义

强氧化原理是指通过增加含氧量、用氧气替换等方式来改善系统的含氧状况。此原理应用的目的是加速氧化过程。提高含氧量的次序：空气→富氧空气→纯氧→电离氧气→臭氧→单氧。

2. 具体措施

措施 1：增加系统或周围环境的氧气含量或浓度。例如浓缩氧气瓶。

措施 2：使用氧化程度更高的物质代替氧气。例如臭氧消毒机。

3. 案例分析

案例 1：可将强氧化作用原理运用于宠物箱，防止宠物长时间在相对密闭的环境中出现缺氧情况，如图 2.4.22 所示。

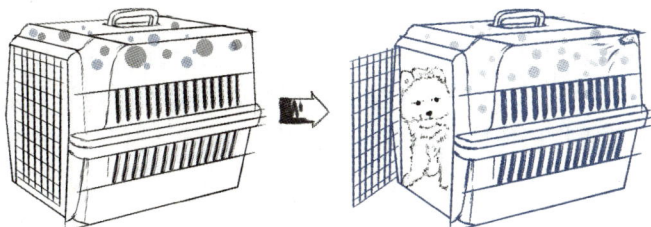

图 2.4.22　强氧化原理在宠物箱上的应用

图 2.4.22
动画

案例 2：在冶炼炉中通入氧气，促进钢水的氧化反应，去除其中的杂质，提高钢材质量和生产效率，如图 2.4.23 所示。

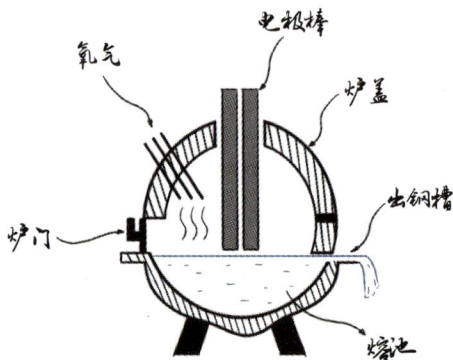

图 2.4.23　强氧化原理在冶炼上的应用

案例 3：针对漱口杯，可尝试利用强氧化原理进行创新设计。在漱口杯内增加可产生负氧离子的装置，使用完毕后启动该装置，以实现杀菌功能，如图 2.4.24 所示。

图 2.4.24　强氧化原理在漱口杯上的应用

2.4.9　惰性环境原理（39）

1. 基本含义

惰性环境原理是指去除系统及环境的氧化资源和容易与系统起反应的资源，建立一种惰性或中性环境。应用此原理的目的是为系统提供稳定而安全的化学或物理环境。惰性环境包括真空、气体密封、液体密封或固体密封。

2. 具体措施

措施 1：用惰性环境代替一般环境。例如惰性气体填充的霓虹灯。

措施 2：在物体中增加中性物质或添加剂。例如铁制器件涂防锈漆。

措施 3：在真空中实施某些过程。例如真空包装。

3. 案例分析

案例 1：针对行李箱，可尝试利用惰性环境原理进行创新设计。将箱体设计为可抽真空的结构，并将拉杆变成抽气筒，使箱体内部可成为真空环境，以满足某些特定的需要，如图 2.4.25 所示。

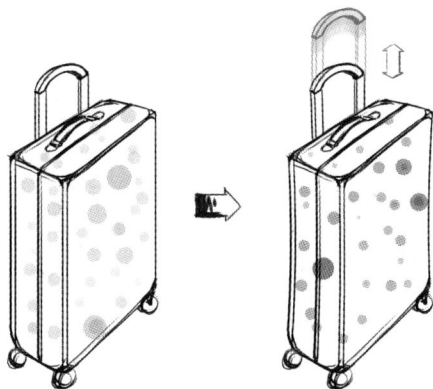

图 2.4.25 惰性环境原理在行李箱上的应用

图 2.4.25
动画

案例 2：在电弧焊焊点周围通保护性气体，从而将空气隔离在焊区之外（焊区域为惰性环境），防止焊区的氧化，如图 2.4.26 所示。

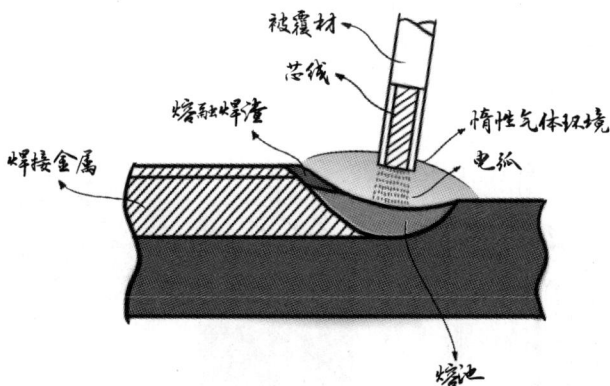

图 2.4.26 惰性环境原理在电弧焊上的应用

图 2.4.26
动画

案例 3：针对漱口杯，可尝试利用惰性环境原理进行创新设计。将漱口杯设计为可密封结构，并在其底部设计抽真空装置，漱口杯使用完毕后抽真空，避免细菌滋生，如图 2.4.27 所示。

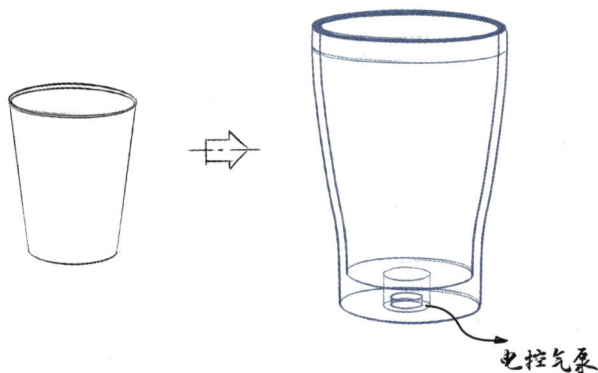

电控气泵

图 2.4.27 惰性环境原理在漱口杯上的应用

2.4.10 复合材料原理(40)

1. 基本含义

复合材料原理是指将两种或两种以上的材料组合形成新型材料,代替均质材料。

2. 具体措施

措施:用复合材料代替均质材料。例如碳纤维材料。

3. 案例分析

案例1:针对行李箱,可尝试利用复合材料原理进行创新设计。用质轻、强度高的复合材料代替金属或塑料,降低行李箱自重,提高抗冲击强度,如使用碳纤维材料,如图 2.4.28 所示。

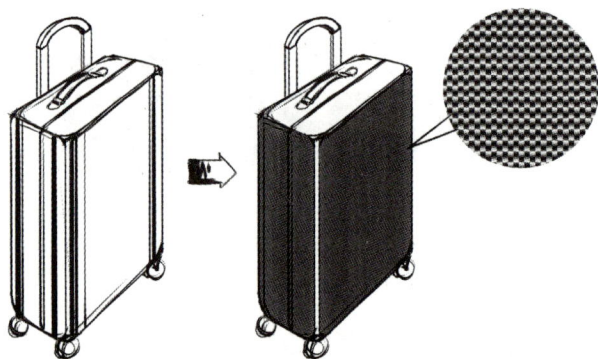

图 2.4.28 复合材料原理在行李箱上的应用

案例 2：针对矿泉水瓶，可尝试利用复合材料原理进行创新设计。矿泉水瓶标签使用发光复合材料，在自然光或灯光的照射下发出不同色泽的荧光，可以用于标志显示或者提升装饰效果，如图 2.4.29 所示。

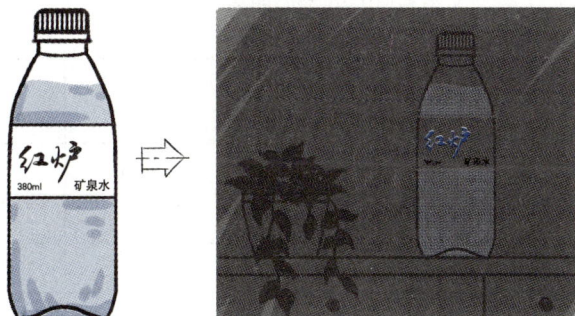

图 2.4.29　复合材料原理在矿泉水瓶上的应用

图 2.4.29
动画

案例 3：针对漱口杯和牙刷，可尝试利用复合材料原理进行创新设计。在漱口杯及牙刷刷毛材料中加入纳米银，使其具有杀菌功能，如图 2.4.30 所示。

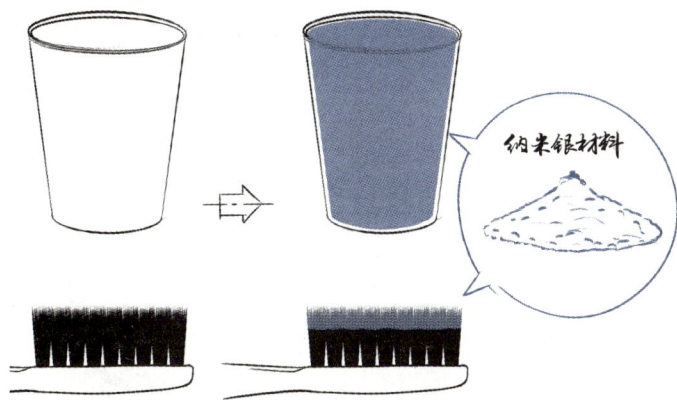

纳米银材料

图 2.4.30　复合材料原理在漱口杯上的应用

图 2.4.30
动画

本 章 小 结

本章主要从发明原理概述、基本含义、具体措施以及案例分析等方面展开讲解，其中发明原理的具体措施需要重点掌握。随着 TRIZ 创新方法的深入学习，读者可以在实践中逐步学习和掌握发明原理的应用途径和方法。

思 考 题

任选一种物品,参考下表,利用 40 个发明原理(任选 2 个以上)进行创新设计。

系统分类		01 分割原理	02 抽取原理	…	40 复合材料原理
超系统	组件 1				
	组件…				
	组件 n				
技术 系统	组件 1				
	组件…				
	组件 n				
子系统	组件 1				
	组件…				
	组件 n				

第二篇　进阶与提高

第3章 功能分析

40个发明原理是经典TRIZ理论的核心,也是最重要的解决问题工具,能够在面对创新问题时极大地拓展思路。发明原理可以直接用于解决问题,得到创新方案,但并非所有问题都能够直接加以解决。例如,螺丝刀可以直接解决螺丝松脱的问题,但面对发动机故障时,则应先用计算机进行故障分析,确定故障原因和故障点,然后再拿起螺丝刀来解决问题。

在发动机故障问题上,计算机并不是一种解决问题工具,而是一种分析问题工具。面对复杂工程问题时,先分析再解决才是明智的做法。在TRIZ理论体系中,同样存在这样一些类似计算机的问题分析工具,如本章将要介绍的功能分析,以及后续章节介绍的因果链分析、剪裁和特性传递等。它们的作用只有一个,就是去挖掘问题的本质,以便从更根本的层面上解决问题。

3.1 功能分析及相关概念

功能分析是现代TRIZ理论中非常重要的分析问题工具之一,也是后续使用其他工具的基础。尤其是在提升系统性能或改善系统缺陷这两类创新问题中,功能分析十分有效。尝试用TRIZ的功能语言重新描述问题,不仅可以使泛化的问题聚焦,还可以在后续使用其他TRIZ工具解决问题的过程更加简捷。

3.1.1 几个相关的基本概念

为了方便理解什么是功能分析,先介绍本章会反复提及的几个基本概念。

1. 组件

组件是构成系统或超系统并完成特定功能的单元,可以是物质,也可以是场。其中物质可以理解为看得见的实体,而场没有静质量(或没有实体),但是可以在物质间传递能量、实施作用。

需要注意的是,组件并不等同于零件,它是一个与研究目标相关的相对概念。如果研究对象是一个矿泉水瓶,如图 3.1.1 所示,那么瓶体、瓶盖、标签等都可以看成是构成该系统的组件,而瓶口、瓶壁、瓶底又可以看成瓶体子系统的组件。而摆放矿泉水瓶的桌子、瓶里的水、瓶外的空气都可以看成矿泉水瓶所在超系统的组件。

2. 相互作用

系统中的组件不可能是完全孤立的,相互之间一定有接触,这种组件间的接触就叫相互作用。

接触可以是物体与物体间直接的、显性的接触,也可以是物体与场之间的隐性接触。例如矿泉水瓶的标签和人眼之间并没有直接的接触,但是标签借助可见光场可向人眼传递商品信息,即标签与光有相互作用,同时人眼也与光有相互作用,如图 3.1.2 所示。

图 3.1.1
动画

图 3.1.2
动画

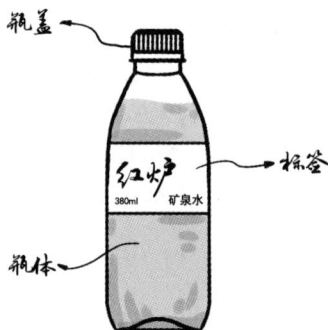

图 3.1.1　矿泉水瓶技术系统　　　　图 3.1.2　标签和人眼

3. 功能

TRIZ 理论中对功能的定义:功能是指一个组件改变、保持或测量另一个组件的某个参数的行为。

首先,功能与相互作用不同,其具有方向性,功能的发出者叫作功能载体,接受者叫作功能对象。换言之,功能表达了组件之间一种有方向性的关系。

其次,TRIZ 定义的功能与一般理解的产品功能、作用有很大的区别,TRIZ 中功能存在必须满足以下几个条件:

(1)功能载体和功能对象必须都是组件(物质或场);

(2)功能载体与功能对象之间必须存在相互作用;

(3)功能载体的行为必须导致功能对象的某个参数被改变、保持或测量。

例如,提到红酒杯想到它的功能是"喝酒",但是从技术系统的角度酒杯是无法做出"喝"的动作的。所以,TRIZ 中描述红酒杯的功能应该是保持红酒的位置和味道。其中"保持"是红酒杯这个功能载体发出的动作,"红酒"是动作的对象,而"位置""味道"是功能对象的参数。

TRIZ 中对功能的描述一般采用 V+O 或者 V+O+P 的方式(VO 范式)。其中 V 是 verb(动词)的首字母,即为功能对象发出的动作;O 是 object(物体)的首字母,即为功能对象;P 是 parameter(参数)的首字母,代表功能对象的某个参数。相比生活中对产品功能的描述,TRIZ 这种描述方式更容易让我们关注到功能的本质,也更有利于后续采用 FOS(功能导向搜索)等工具来解决创新问题。例如,

牙刷的功能 = 移除(V)+ 污垢(O)

钢盔的功能 = 阻挡(V)+ 子弹(O)+ 方向(P)

按照这样的描述方式,对牙刷和钢盔进行改进创新,将问题聚焦于如何提升牙刷移除污垢的效果,如何提高钢盔阻挡子弹的效果,这才是技术系统被设计出来的本质用意。

4. 功能分析

功能分析是识别系统和超系统组件的功能及其有效性,评价其功能水平以及实现成本的分析问题工具。它是 TRIZ 中大多数工具(因果链分析、剪裁、标准解、ARIZ 等)的基础,也是在世界知名企业中应用最为广泛、最为有效的 TRIZ 工具之一。

事实上,人们并不需要产品,而是需要产品所具有的功能。例如房间中都会安装灯具,但我们真的需要灯吗?还是需要发出光以提高房间照度的功能?功能分析之所以有效,就是因为它不局限于传统的组件间的结构分析,而是从结构关系出发探究更本质的功能关系。在功能视角下,技术系统组件的缺陷或不足会得以清晰的呈现。

3.1.2　功能分析的目的

功能分析会对技术系统中的所有组件以及和系统发生作用的超系统组件进行细致全面地梳理,功能分析的过程和最终的分析结果可以实现以下几点:

(1)明确技术系统边界,建立技术系统的功能表达——功能模型。

(2)识别、聚焦技术系统组件的功能缺陷问题——功能缺陷列表。

(3)分析组件价值,为后续剪裁等工具的应用提供依据——功能成本图。

需要说明一点：功能分析虽然简单，但却是现代 TRIZ 理论中问题识别阶段最基础的分析工具，通过梳理组件关系、建立功能模型，将问题描述语言统一为功能语言，为后续很多创新工具的使用提供便利。因此，即使是矿泉水瓶这样极为简单的技术系统，也建议首先对其进行功能分析。

3.2 功能分析流程

技术系统的功能分析可以分成组件分析、相互作用分析、功能建模三个步骤进行，最终得到技术系统的功能模型，如图 3.2.1 所示。

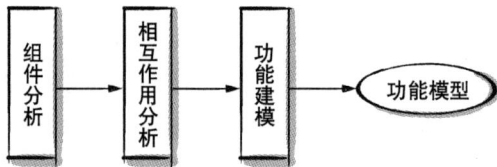

图 3.2.1 功能分析流程

3.2.1 组件分析

组件分析是功能分析的第一步，用于识别构成技术系统的所有组件以及与其存在相互作用的超系统组件，其结果用组件列表呈现。通过组件分析，明确哪些是系统内的组件，哪些是系统外也就是超系统的组件，从而初步确定问题的边界。

对技术系统进行组件分析时，需要注意以下几个问题。

1. 确定组件层级

组件是一个相对概念，技术系统、子系统、超系统均可由组件构成，所以在一个技术系统中组件是有层级关系的。例如，一个行李箱可分为拉杆、箱体、滚轮组等几个组件，而箱体子系统又可分为外壳、内衬、衬板、拉链、密码锁等几个组件，如图 3.2.2 所示。因此在进行组件分析的时候，首先应该根据项目目标选择合适的组件层级。

层级选择越高，组件数量会越少，分析会越容易，但相应的更容易遗漏细节；反之，层级选择越低，组件数量会越多，这会导致分析工作量过大，有时甚至难以分析。一般应该根据项目的研究目标和限制条件选择组件层级。例如要解决行李箱轮子掉落问题，关注点自然在滚轮组与箱体的连接上，此时可以将轮子、箱体列为组件。但是如果要解决行李箱轮子磨损或者轮轴变形问题，则应该向下一层选择构成滚轮组的组件。

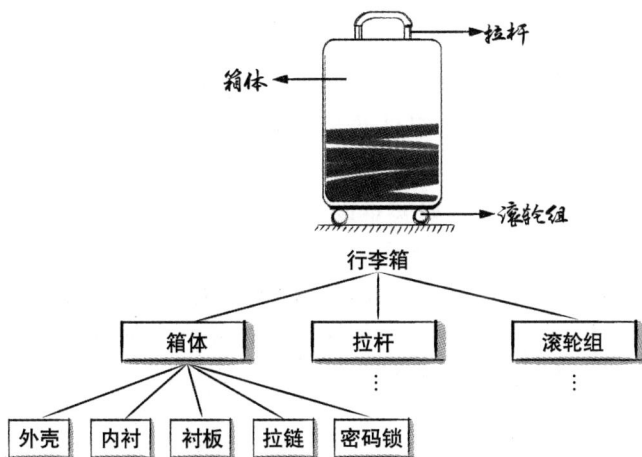

图 3.2.2　行李箱组件层级

　　另外,在选择组件时应该选择同一层级的组件,如果已经将行李箱箱体列为组件,就不要再将箱体的外壳、内衬、衬板、拉链、密码锁等列为组件。

　　2. 物质组件和场组件

　　根据组件的定义,组件可以是看得见的物质,也可以是看不见的场,或者二者的组合。进行组件分析时,物质组件一般不容易被遗漏,场组件因为其无静质量、看不见、摸不着的特性往往容易被忽视。当研究目标与某些场密切相关时,忽略掉这些场组件将会使问题难以分析。例如,研究坠落问题时的重力场、研究可见性问题时的光场、研究用电设备时的电场、研究发热问题时的热场等。

　　3. 多个相同组件

　　如果技术系统中存在多个相同的组件,例如行李箱的四个轮子,可将其视为一个组件,以减少分析工作量。但是需要注意,这里所说的"相同组件",并非外观上的相似,而是功能上的相同。同样是四个轮子,行李箱的四个滚轮因为功能一致,可以视为一个组件,而汽车的四个轮子,前轮具有导向功能而后轮具有驱动功能,因此多数情况下不能视为相同组件,而应该将其区分为前轮和后轮。

　　4. 超系统组件

　　超系统组件虽然不在被研究的技术系统内,但如果与被研究技术系统存在相互作用,则应该纳入组件分析中。对于行李箱而言,路面、人因为与其直接作用,应该被纳入组件列表。空气会导致行李箱金属部件生锈腐蚀,还可能影响行李箱内存放的物品(如衣物受潮),如果研究目标与之相关,也应该纳入组件列表。

5. 组件数量

因为结构复杂度差异,技术系统的组件数量差别巨大。在进行组件分析时,建议通过层级选择将组件数量控制在 10 个以内,至多不要超过 20 个,否则后续的相互作用分析和功能建模将会变得过于复杂。对于某些复杂技术系统,如果组件数量确实难以控制在 20 个以内,可以考虑将其拆分成几个子系统分别进行组件分析。

最终,组件分析的结果可以通过组件列表来呈现,例如表 3.2.1 就分类列出了对行李箱进行组件分析后所发现的系统组件、超系统组件及目标组件。其中目标组件的概念将在 3.2.3 节进行介绍。

表 3.2.1　行李箱的组件列表

技术系统	行李箱
系统组件	箱体、拉杆、滚轮组
超系统组件	行李、路面、空气、手
目标组件	行李

3.2.2　相互作用分析

相互作用分析是功能分析的第二步,对组件分析得到的系统及超系统组件两两进行分析,确定是否存在相互作用,其结果用相互作用矩阵呈现。同时,因为组件间存在相互作用是实现功能的前提,所以相互作用分析也是后续定义组件功能,完成功能建模的基础。

相互作用分析可按如下步骤进行。

1. 建立相互作用矩阵框架

将组件分析得到的所有系统、超系统组件依次写入相互作用矩阵的第一行和第一列,组件排列顺序应该保持一致。行李箱的相互作用矩阵框架如表 3.2.2 所示。

表 3.2.2　行李箱的相互作用矩阵框架

	箱体	拉杆	滚轮组	行李	路面	空气	人
箱体							
拉杆							
滚轮组							

续表

	箱体	拉杆	滚轮组	行李	路面	空气	人
行李							
路面							
空气							
人							

2. 分析组件间的相互作用

相互作用矩阵中除对角线以外的格子均代表两个组件之间的关系,如果存在相互作用则填入"+"号,否则填入"-"号。对所有组件逐对进行分析,直至相互作用矩阵填满。分析完成的行李箱相互作用矩阵如表 3.2.3 所示。

表 3.2.3　行李箱的相互作用矩阵

	箱体	拉杆	滚轮组	行李	路面	空气	手
箱体		+	+	+	-	+	-
拉杆	+		-	-	-	+	+
滚轮组	+	-		-	+	+	
行李	+					+	
路面	-	-	+	-		+	-
空气	+	+	+	+	+		+
手	-	+				+	

3. 检查确认

相互作用表示组件间存在接触,而这种接触并没有方向性,即组件 1 对组件 2 有作用,则组件 2 对组件 1 也有作用。因此,相互作用矩阵是一个关于对角线对称的矩阵,可据此进行检查。另外,如果经检查确认某个组件与其他组件均无相互作用(一般可能是无关的超系统组件),说明这个组件在该技术系统中并不承担任何功能,可将其去除。

另外,在进行相互作用分析时,一定要逐个格子进行,避免想当然地跳过或遗漏。

3.2.3　功能建模

功能建模是功能分析的第三步,对相互作用分析中存在相互作用的组件进一步判断是否存在功能,并评价其功能等级、性能水平,最终建立技术系统的功能表达,即功能模型。

1. 相关术语

在进行功能建模前,先明确几个与技术系统或组件功能相关的术语。

（1）主要功能

对于任何一个技术系统,其功能都不是单一的,例如一枚最简单的曲别针,能说出它有多少种功能吗?

技术系统最初被设计出来可能只是用来完成一个或少数几个功能,这就是技术系统的主要功能。例如,行李箱可以用来搬运物品,如果足够结实还可以骑行载人,有些孩子会把行李箱当成玩具,但行李箱最初的设计目的一定是为了在旅行时方便盛放和移动行李,这就是它的主要功能。

需要注意:第一,主要功能是针对技术系统而非组件;第二,一个技术系统的主要功能可能是非唯一的。例如,行李箱的主要功能盛装行李和移动行李就是两个功能。

（2）目标组件

主要功能的功能对象就是目标组件。对于行李箱而言,盛放于内部的行李物品就是其目标组件,如图 3.2.3 所示。从此概念也可以看出,目标组件应不属于技术系统组件,而一定是超系统组件。任何有价值的技术系统都不可能只服务于自身。

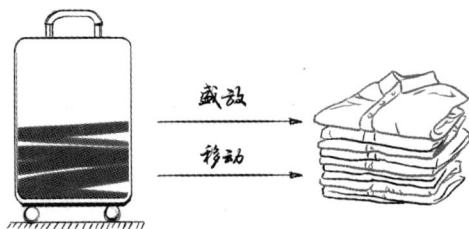

图 3.2.3
动画

图 3.2.3　行李箱和行李

另外,判断目标组件还有一个标准,就是它的某个参数一定要被技术系统的主要功能改变或保持。例如行李箱的盛放行李功能保持了行李的形状参数,而移动行李功能改变了行李的位置参数。

（3）功能的分类

根据功能表现出的作用,如果起到的是正面的、有益的作用,则该功能是有用功能;反之,如果一个功能起到的是负面的、有害的作用,则称其为有害功能（H）。但是需要注意,有用或者有害并非绝对,往往与研究目标相

关。例如,行李箱的轮子具有移动箱体的功能,如果研究的目标是为了行李
箱移动得更加流畅,则此功能是有用功能,如果研究的目标是让行李箱放置
更稳定,则此功能是有害功能。

对于有用功能,按照其性能水平又可以分为正常的功能(N)、不足的功
能(I)和过度的功能(E)。如果一个功能能够达到设计预期,就称其为正常
的功能;如果一个功能未达到设计预期,则称其为不足的功能;而如果一个
功能超过了设计预期且表现出了负面效果,就称其为过度的功能。除正常
的功能外,不足的功能、过度的功能以及有害功能都属于技术系统的功能缺
陷,后续可以运用 TRIZ 工具加以改进或解决。

(4)功能的等级

对于技术系统组件的有用功能,还可以根据其功能对象的不同分为基
本功能(B)、附加功能(Ad)和辅助功能(Ax)三个等级。

如图 3.2.4 所示,组件 1 的一个功能对象是技术系统的目标组件,则这
个功能属于基本功能,显然其重要性最高,因此在功能评分时记为 3 分。组
件 1 的另一个功能对象是除了目标组件以外的其他超系统组件,这个功
能属于附加功能,其重要性低于基本功能,记为 2 分。图中组件 2 的功能
对象是技术系统内的组件 1,这个功能属于辅助功能,其重要性最低,记为
1 分。

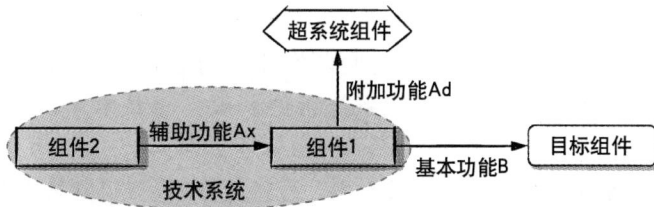

图 3.2.4　功能等级示意图

在行李箱的例子中,技术系统的目标组件是内部的行李物品,箱体盛放
物品的功能就是基本功能。同时,箱体还能阻挡灰尘,而灰尘属于超系统组
件,因此阻挡灰尘属于附加功能。另外,箱体还有固定拉杆的功能,拉杆是
技术系统内组件,因此固定拉杆属于辅助功能。

2. 功能建模的步骤

技术系统的功能表达即功能模型有两种形式,一种是功能模型列表,另
一种是功能模型图。在组件分析和相互作用分析的基础上,按照如下 5 个
步骤即可得到如表 3.2.4 所示的技术系统功能模型列表。

表 3.2.4 技术系统功能模型列表

功能	评级	性能水平	得分
功能载体（组件）1			功能得分
动作 / 对象 X	B, Ad, Ax, H	I, E, N	3,2,1,0
动作 / 对象 Y	B, Ad, Ax, H	I, E, N	3,2,1,0
功能载体（组件）2			功能得分
动作 / 对象 X	B, Ad, Ax, H	I, E, N	3,2,1,0
动作 / 对象 Z	B, Ad, Ax, H	I, E, N	3,2,1,0

（1）对相互作用矩阵中的每个"+"号进行分析。建议按照组件顺序逐行进行，依次判断有无功能并识别功能载体与功能对象，然后将功能载体（组件）的功能用 VO 范式填入功能模型列表的第一列。

（2）对上一步分析出的所有功能，判断是有用功能还是有害功能。对有害功能，直接填入列表第二列；对有用功能，进一步判断其功能等级是基本功能、附加功能或辅助功能，然后填入列表第二列。

（3）对上述不同功能等级的功能进行评分，按照基本功能 3 分、附加功能 2 分、辅助功能 1 分、有害功能 0 分的规则，填入列表第四列。

（4）对所有有用功能判断其性能水平是正常的功能、不足的功能或者过度的功能，填入列表第三列。

（5）超系统组件的功能只需判断有用或有害即可，不必进行功能等级评分和性能水平评价，因为超系统组件一般属于技术系统外的不可控部分。

对行李箱相互作用矩阵的每个"+"号进行分析后，得到表 3.2.5 所示的行李箱的功能模型列表。

表 3.2.5 行李箱功能模型列表

功能	评级	性能水平	得分
箱体			7
固定拉杆	Ax	N	1
固定滚轮组	Ax	N	1
保持行李	B	N	3
阻止空气	Ad	N	2

功能	评级	性能水平	得分
拉杆			1
导向箱体	Ax	N	1
滚轮组			4
支撑箱体	Ax	N	1
移动箱体	Ax	N	1
摩擦路面	Ad	N	2
路面			
支撑滚轮组	Ax		
磨损滚轮组	H		
空气			
腐蚀拉杆	H		
污染行李	H		
手			
把持拉杆	Ax		

注：1. 虽然组件间的相互作用是双向的，如滚轮摩擦路面，路面也摩擦滚轮，但在记录功能时，只考虑两者中主要的或者对改进技术系统有益的一方。

2. 对于超系统组件，可以只考虑对技术系统有直接影响或者与研究目标有较高相关性的功能。例如，空气腐蚀拉杆会影响到行李箱的使用寿命，因此要加以考虑。而空气一定也会腐蚀箱体或滚轮，但大多数情况下其影响微乎其微，所以不加以考虑。如果实际项目场景中存在对箱体或滚轮影响较大的腐蚀性气体时，则应加以考虑。

3. 功能模型图

相比于表格，功能模型图是一种更直观的技术系统功能表达方式。功能模型图中包含两种组件，图框和箭头，不同形状的图框用来表示不同的组件，而不同形状的箭头则用来表示不同的功能，如图 3.2.5 所示。

本书中的约定：

（1）技术系统组件用矩形框表示；

（2）目标组件用圆角矩形框表示；

（3）目标组件外的其他超系统组件用菱形框或扁六边形框表示；

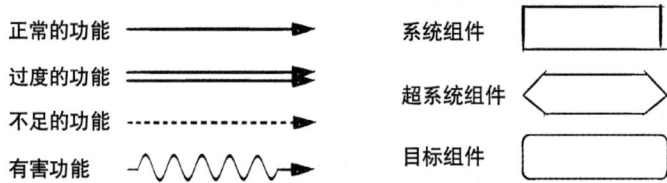

图 3.2.5　功能模型图图例

（4）有害功能用波浪线箭头表示；

（5）有用功能中，正常的功能用单箭头表示，过度的功能用双线箭头表示，不足的功能用虚线箭头表示。

据此约定，画出表 3.2.5 中行李箱所有功能载体的功能模型，整合后得到行李箱技术系统的功能模型图，如图 3.2.6 所示。

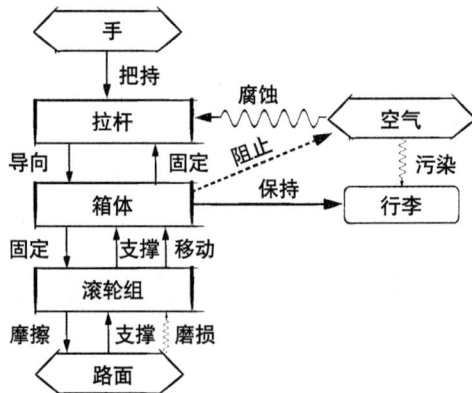

图 3.2.6　行李箱功能模型图

功能模型列表与功能模型图都是技术系统的功能表达，前者数据清晰，有利于后续定量分析；后者表达直观，方便后续定性分析。两者之间虽然不存在前后逻辑关系，但为了避免功能的遗漏，建议先建立功能模型列表，再依据列表建立功能模型图。

3.3　功能模型的应用

功能模型列表和功能模型图只是技术系统的功能表达，并非功能分析的最终目标。可以应用功能模型对技术系统做进一步分析，发现存在的功能缺陷，评价组件在技术系统中的价值。

3.3.1　功能缺陷（缺点）列表

如上节所述,技术系统组件的功能分为有用功能和有害功能,其中有用功能按性能水平又可分为正常的功能、不足的功能和过度的功能。除正常的功能外,不足的功能、过度的功能以及有害功能均属于技术系统的功能缺陷。

从技术系统的功能模型列表或者功能模型图中,很容易发现其中的功能缺陷。将这些功能缺陷以表格形式列出,就得到了技术系统的功能缺陷列表。列表中的功能缺陷就是后期进行创新设计的问题起点。换言之,功能分析或者功能缺陷列表能够帮助发现系统的功能问题。

根据行李箱的功能模型,可以得到其功能缺陷列表,如表 3.3.1 所示。

表 3.3.1　行李箱功能缺陷列表

序号	功能缺陷
1	箱体阻止空气不足
2	空气污染行李
3	路面磨损滚轮组

列表中得到的这些功能缺陷问题,可以直接运用发明原理等解决问题工具加以解决（不鼓励）,也可以继续运用因果链分析等分析问题工具进一步挖掘造成功能缺陷的深层次原因,还可以将功能缺陷组件作为剪裁对象,后期通过剪裁的方式消除功能缺陷。总之,功能缺陷列表既是功能分析的最终输出之一,也是后续使用其他创新工具的输入（起点）。

3.3.2　功能 – 成本分析

功能 – 成本分析是将价值工程相关概念引入 TRIZ 功能分析的结果。对于一件产品而言,除了考虑技术因素外,还必须考虑成本因素。

在功能模型列表中,已经对每一个组件的每一个功能进行了评分,将一个组件的所有功能得分相加,就是该组件的功能得分。分值越高,说明组件功能性越强,从技术角度而言就越重要。

产品的每一个组件都具有一定的成本。对于商品而言,一般可通过组件价格来表示其成本。对于那些非商品类的其他系统,也可以将其实现代价视为组件成本,如时间成本、人力成本等。

在此引入一个新的概念"价值",它等于组件功能得分与其成本的比值,即

$$价值 = \frac{功能（得分）}{成本}$$

一个组件功能评分高而成本低,就是一个高价值组件;反之,一个组件功能评分低但成本高,就是一个低价值组件。

以成本为横轴、功能为纵轴建立一个直角坐标系,技术系统中的每个组件都可以依据其功能得分和成本在此坐标系中对应一个点,这就是技术系统的功能 – 成本图。其中,每个点的斜率就是这个点对应组件的价值。继续以行李箱为例,假设其各个组件的成本如表 3.3.2 所示,再依据行李箱功能模型列表(表 3.2.5)中各个组件的功能得分,即可得到行李箱的功能 – 成本图,如图 3.3.1 所示。

表 3.3.2　行李箱各组件成本

组件	成本
箱体	80 元
拉杆	30 元
滚轮组	20 元

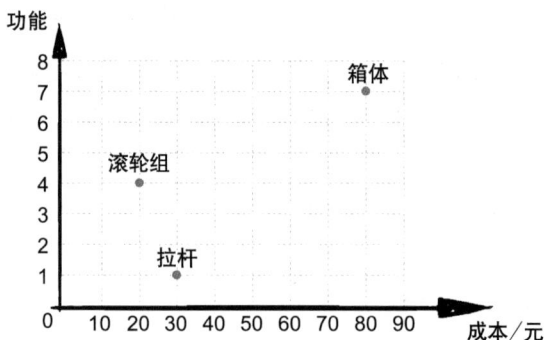

图 3.3.1　行李箱功能 – 成本图

对技术系统的功能 – 成本图可以进行以下两种分析。

1. 斜率分析

如果从功能 – 成本图的坐标原点出发画一条斜线,使图中组件的对应点尽量均匀地分布在斜线两侧,如图 3.3.2 所示。斜线上方组件对应点的斜率均大于斜线的斜率,因此属于系统中的高价值组件,而斜线下方的组件就是低价值组件,据此可以判断哪些组件应该先被改进。

2. 四区分析

将功能 – 成本图相对均匀地划分成四个分区并编号,如图 3.3.3 所示,可以对处于不同分区的组件采取不同的改进策略。

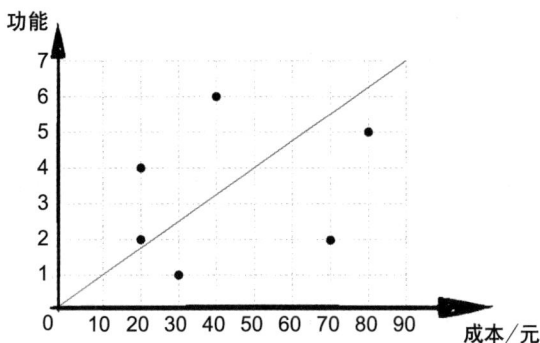

图 3.3.2　斜率分析

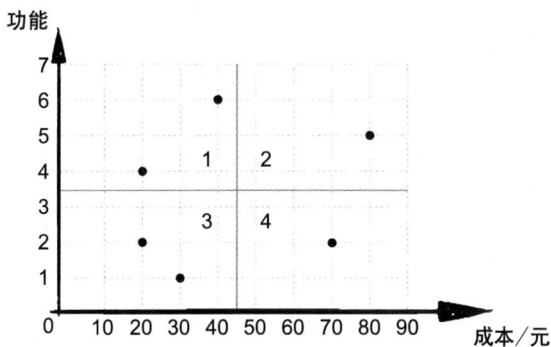

图 3.3.3　四区分析

图中 1 区组件功能得分较高而成本较低,显然属于理想组件;2 区组件功能得分较高同时成本也较高,后期采用一些降低成本的方法就可以使其转化为理想组件;3 区组件功能得分较低同时成本也较低,可以通过一些创新方法使其执行更多的有用功能,从而提高其功能得分,使其转化为理想组件;4 区组件功能得分较低而成本又较高,所以价值很低,后期可以通过剪裁等工具将其去除,同时将其有用功能传递给其他组件(如 3 区组件)。

3.4　功能分析案例

本章前三节完整地介绍了 TRIZ 中功能分析的相关概念及分析流程,并且以行李箱技术系统为例进行了说明。本节以另一个生活中常见的物品——矿泉水瓶为例,完整地应用 TRIZ 功能分析工具对其进行分析,力求使读者深刻体会功能分析的实施效果,从而更好地理解功能分析的本质用意。

问题情境:某品牌矿泉水在运输过程中破损率较高,企业希望在不过多增加成本的情况下解决此问题。下面先从功能分析入手。

3.4.1 矿泉水瓶组件分析

按照 3.2 节所述功能分析步骤,首先对矿泉水瓶进行组件分析。

在此问题情境中,矿泉水瓶整齐码放在车辆货箱中,如图 3.4.1 所示。单个矿泉水瓶是研究的目标,将其定义为技术系统,其系统组件包括瓶盖、瓶体和标签,超系统组件包括车厢、空气,目标组件为水。由此可以得到矿泉水瓶的组件列表,如表 3.4.1 所示。

图 3.4.1
动画

图 3.4.1 码放在车厢中的矿泉水

表 3.4.1 矿泉水瓶组件列表

技术系统	矿泉水瓶
系统组件	瓶盖、瓶体、标签
超系统组件	车厢、空气
目标组件	水

3.4.2 矿泉水瓶相互作用分析

在组件分析的基础上,继续对矿泉水瓶进行相互作用分析。首先按照组件列表得到的系统和超系统组件,列出相互作用矩阵框架,如表 3.4.2 所示。

表 3.4.2 矿泉水瓶相互作用矩阵框架

	瓶盖	瓶体	标签	车厢	空气	水
瓶盖						
瓶体						
标签						
车厢						
空气						
水						

然后对矩阵中的格子进行逐一分析。瓶盖与瓶体、空气、水有相互作用,故在相应的格子内填入"+"号,与其他组件无相互作用,相应的格子内

填入"−"号。分析得到矿泉水瓶的相互作用矩阵,如表 3.4.3 所示。

表 3.4.3　矿泉水瓶相互作用矩阵

	瓶盖	瓶体	标签	车厢	空气	水
瓶盖		+	−	−	+	+
瓶体	+		+	+	+	+
标签	−	+		−	+	−
车厢	−	+			+	
空气	+	+	+	+		+
水	+	+	−	−	+	

3.4.3　矿泉水瓶功能建模

完成相互作用分析后,对矿泉水瓶技术系统进行功能建模。具体操作时,建议先建立技术系统的功能模型列表框架,如表 3.4.4 所示。然后逐个分析相互作用矩阵中的每一个"+"号,检查是否存在功能。若存在,判断该组件是功能的发出者(功能载体)还是功能的接受者(功能对象),将功能载体的功能以 VO 范式填入功能模型列表第一列。

表 3.4.4　矿泉水瓶功能模型列表框架

功能	评级	性能水平	得分
	瓶体		
	瓶盖		
	标签		
	车厢		
	空气		
	水		

表 3.4.3 的相互作用矩阵中,瓶盖所在行的第一个"+"号表明瓶盖与瓶体有相互作用,两者之间存在"固定"功能。但习惯认为是瓶体固定了瓶盖,因此瓶盖是该功能的接受者,不需要将其填入瓶盖的功能列。第二个"+"号表明瓶盖与空气有相互作用,存在"阻止空气(进入瓶内)"的功能,因此将其填入瓶盖的功能列。第三个"+"号表明瓶盖与水有相互作用,存在"阻止水(流出)"的功能,因此将其填入瓶盖的功能列。依此方法继续分析瓶体、标签等组件的功能,完成后的矿泉水瓶功能模型列表 1 如表 3.4.5 所示。

表 3.4.5 矿泉水瓶功能模型列表 1

功能	评级	性能水平	得分
瓶盖			
阻止空气			
阻止水			
瓶体			
固定瓶盖			
固定标签			
阻止空气			
保持水			
标签			
车厢			
支撑瓶体			
空气			
水			

注:表中标签、空气、水三个组件未填写功能,原因一,存在相互作用,但它们是功能对象而非功能载体;原因二,存在功能,但与研究目标无关,例如标签"知会人"的功能。

对于表 3.4.5 中列出的所有系统组件的功能,继续分析其功能等级并评分,之后分别填入功能模型列表的第二列和第四列。对于不存在功能的组件,可将其在列表中删除。

空气属于目标组件以外的其他超系统组件,因此瓶盖的"阻止空气"功能为附加功能(Ad),得 2 分;"阻止水"功能的功能对象"水"是目标组件,因此该功能属于基本功能(B),得 3 分。对所有功能载体的各项功能均按此方法分析功能等级并评分,得到矿泉水瓶的功能模型列表 2,如表 3.4.6 所示。其中车厢是超系统组件,可以不对其功能进行评分。

表 3.4.6 ▸ 矿泉水瓶功能模型列表 2

功能	评级	性能水平	得分
瓶盖			5
阻止空气	Ad		2
阻止水	B		3
瓶体			7
固定瓶盖	Ax		1
固定标签	Ax		1
阻止空气	Ad		2
保持水	B		3
车厢			
支撑瓶体	Ax		

在表 3.4.6 的基础上,再对各项功能的性能水平进行评价,依次填入功能模型列表第三列,即可得到矿泉水瓶的完整功能模型列表,如表 3.4.7 所示。因为问题情境中的矿泉水瓶存在易破损的问题,说明其瓶体"保持水"的功能是不足的。同理,如果研究的问题是矿泉水瓶瓶盖难以打开,则说明瓶体"固定瓶盖"的功能是过度的。

表 3.4.7　矿泉水瓶完整功能模型列表

功能	评级	性能水平	得分
瓶盖			5
阻止空气	Ad	N	2
阻止水	B	N	3
瓶体			7
固定瓶盖	Ax	E	1

功能	评级	性能水平	得分
固定标签	Ax	N	1
阻止空气	Ad	N	2
保持水	B	I	3
车厢			
支撑瓶体	Ax	N	

功能模型列表建立完成后,可先将列表中的各个功能载体按照类别(系统组件、超系统组件、目标组件)用相应的图框画出,然后再将列表中各功能载体的功能用相应的箭头画出,并连接至功能对象,即可完成矿泉水瓶的功能模型图,如图 3.4.2 所示。

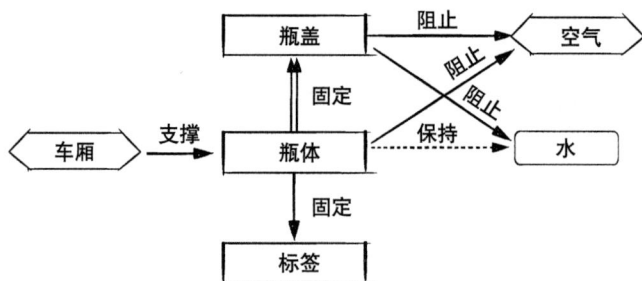

图 3.4.2　矿泉水瓶功能模型图

3.4.4　矿泉水瓶功能缺陷列表

从矿泉水瓶的功能模型图中可以直接找到一个虚线箭头(不足功能)和一个双线箭头(过度功能),因此矿泉水瓶存在两个功能缺陷,其功能缺陷列表如表 3.4.8 所示。

表 3.4.8　矿泉水瓶的功能缺陷列表

序号	功能缺陷
1	瓶体易破损,保持水的功能不足
2	瓶体固定瓶盖功能过度

通过以上流程相对完整的功能分析,最初模糊的问题描述"矿泉水瓶破损率较高"被聚焦到瓶体这个具体的组件和它的"保持水"功能的不足。聚焦问题,是功能分析最重要的目标之一。读者可以自行体会哪种描述方式更有利于问题的解决。

3.5　特性传递和功能导向搜索

本章前四节详细介绍了 TRIZ 功能分析的相关内容,但功能作为现代 TRIZ 理论的重要概念之一,其作用不仅仅局限于功能分析之中。本节将要介绍的两种工具——特性传递和功能导向搜索(前者属于分析问题工具,后者属于解决问题工具),都依托于功能这一核心概念。

3.5.1　特性传递

世界上是否存在完美的技术系统?答案显而易见:任何一个技术系统都是优、缺点共存的。那么两个执行相同或相近功能的技术系统,很可能会存在优、缺点互补的情况。如果能通过一定方法将一个技术系统的优点传递到另一个技术系统中,就可以弥补或改进后者原有的缺点,特性传递这一TRIZ 工具正是基于此目的而出现的。

举一个简单的例子。前面讨论的矿泉水瓶,其主要功能是储存水,而生活中用于储存水的技术系统有很多,如水壶、水桶,甚至漱口杯,都具有储存水的功能。矿泉水瓶有盖但通常没有把手,所以能保持水但却不容易握持。而很多漱口杯刚好相反,没有盖但带有把手,它的优、缺点与矿泉水瓶刚好相反。如果将两者各自的优点转移给对方,是不是就能克服那些缺点呢?

1. 特性传递相关概念

特性传递是现代 TRIZ 理论中的一个分析问题工具,借助它可以将具备相似功能技术系统的部分特性传递给研究的目标技术系统,以克服目标技术系统的某些不足或解决某些问题。必须强调一点,传递的是技术系统的优良特性而非组件,虽然有些时候不得不依赖部分组件来承载这些优良特性,但理想的情况是借助技术系统现有组件和资源来实现优良特性的传递。

既然提到了传递,那么必然会涉及方向问题,即从谁向谁传递。这里就涉及了另外一组概念。

（1）基础技术系统 存在某些缺点的技术系统,也就是研究的目标,简称为基础系统。例如要改进矿泉水瓶,那矿泉水瓶就是当前的基础技术系统。

（2）竞争技术系统 与基础技术系统主要功能相同或相似的技术系统,简称为竞争系统。例如漱口杯、暖壶、水瓶、暖水袋,甚至洒水车、鱼塘都可以作为矿泉水瓶的竞争技术系统,因为它们都具备储存水的功能。

（3）备选技术系统 与基础技术系统具有相同或类似的主要功能,但优、缺点相反的技术系统,简称为备选系统。因为备选系统与基础系统优、缺点互补,有时也称为互补技术系统。例如前面提到的漱口杯,就可以作为提高矿泉水瓶握持特性的备选技术系统。

（4）特性来源技术系统 综合考虑项目目标和各种客观约束后,从备选技术系统中最终确定的优良特性的来源系统,简称为特性来源系统。例如要将漱口杯方便握持的特性传递给矿泉水瓶,那么漱口杯就是特性来源技术系统。

从上面的论述也可以看出,在一个具备相同或相似主要功能的技术系统集合中,竞争系统是基础系统的补集,备选系统是竞争系统的子集,而特性来源系统又是备选系统的子集。

2. 特性传递的流程

当运用功能分析、流分析、因果链分析等 TRIZ 分析问题工具发现了现有技术系统的缺陷后,可以运用发明原理等解决问题工具进行改进。但特性传递提供了另外一种思路,就是找到一个具备所需特性的技术系统,那么问题就从怎样改进一个具体的缺陷转换为怎样传递一种特性。这种转换问题的思路在现代 TRIZ 理论中被广泛应用。

以改进技术系统的缺点为目的的特性传递可以按照以下流程进行,如图 3.5.1 所示。

（1）前期工作 确定基础系统（即研究目标系统）,识别主要功能,并通过功能分析、流分析、因果链分析等工具明确待改进的技术系统缺陷。

（2）确定竞争技术系统 根据基础系统的主要功能,找到与其具有相同或相似功能的竞争系统。

（3）确定备选技术系统 在竞争技术系统中找到与基础系统具有相反特性的备选技术系统。

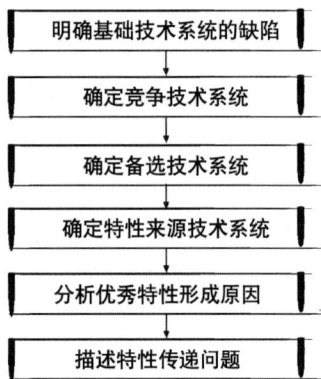

图 3.5.1 特性传递流程 1

（4）确定特性来源技术系统　在备选技术系统中，综合考虑项目目标和约束条件，确定一个相对最优的特性来源技术系统。

（5）分析优秀特性形成原因　运用因果链分析识别特性来源技术系统中优秀特性的形成原因。

（6）描述特性传递问题　描述将优秀特性传递到基础技术系统需要解决的问题。

除了上述情况，运用特性传递也可能是为了在现有几个功能相似的技术系统基础上集成各个系统的优点，开发一个更优秀的新系统。这种情况实际上并没有明确的基础技术系统，那么特性传递可以按照图 3.5.2 所示流程进行。

流程 2 与流程 1 步骤是一致的，只是调整了顺序，所以不再展开。只是在确定基础系统时，一般倾向于选择成本较低或者较为简单的技术系统，因为成本低本身也是优秀特性，而且很难单纯通过技术手段获取。当然，这只是一种建议，具体还要根据项目目标本身来决定。

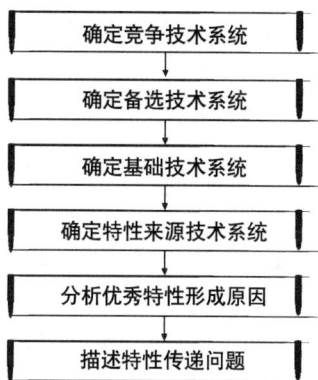

图 3.5.2　特性传递流程 2

3. 特性传递案例

下面以改进矿泉水瓶的握持特性（缺点）为例，来具体说明应用特性传递的步骤和流程。

项目问题描述：在维持成本的前提下，设计一种更方便握持的矿泉水瓶。

实施步骤：

（1）前期工作

矿泉水瓶是这个问题中要研究的基础技术系统，虽然前面已经对它做了功能分析，但当时的问题情境并不包含握持问题，所以没有发现这个功能缺陷。这也再次说明了，功能分析一定要紧扣问题情境才能够识别出真正待解决的问题。

通过前面的功能分析可以发现，对现有的矿泉水瓶来说，所谓不方便握持用功能语言描述应该是"手握持瓶体的功能不足"，这就是要改进的技术系统缺陷。

（2）确定竞争技术系统

矿泉水瓶的主要功能是储存水，具有相同或类似功能的技术系统包括但不限于漱口杯、暖壶、水桶、暖水袋、洒水车、鱼塘等，因为这些技术系统的主要功能都包括储存水的功能。

（3）确定备选技术系统

矿泉水瓶的缺点是不方便握持，优点是密封好，能很好地储存水。在上述竞争系统中，漱口杯、暖壶、水桶都有方便握持的把手，但漱口杯和水桶都没有密封组件，不能很好地储存水，所以其优、缺点刚好与矿泉水瓶相反（如表 3.5.1 所示），可以作为备选系统。

表 3.5.1　基础系统与备选系统的优、缺点

技术系统	基础系统：矿泉水瓶	备选系统 1：漱口杯	备选系统 2：水桶
密封性	+	−	−
握持	−	+	+

（4）确定特性来源技术系统

虽然备选系统可能有很多，但每次只能从一个技术系统进行特性传递。如果有必要，也可以分为多次从多个技术系统分别进行特性传递。对于案例中的漱口杯和水桶两个备选系统，都可以作为特性传递的特性来源技术系统，从不同的系统向矿泉水瓶传递特性，这样就有可能得到不同的解决方案。此处选择漱口杯为特性来源技术系统进行后续的创新流程。作为练习，读者也可以选择水桶作为特性来源技术系统继续后面的流程。

另外，在一些更复杂的实际工程项目中，选择特性来源技术系统时还要考虑诸如成本、技术难度等多种因素。

（5）分析优秀特性形成原因

不进行优秀特性形成原因的深入分析而直接传递相关组件，有些时候也可以实现特性传递。在这个例子中，直接在矿泉水瓶上加装"把手"组件，就可以达到方便握持的目的，如图 3.5.3 所示。

显然，这样做会增加生产成本，因为给矿泉水瓶增加了一个实体组件。正如本节开始所述，特性传递的对象是优良特性而非组件，如果对漱口杯方便握持的原因进行分析，就有可能在获得所需特性的同时避免引入新组件带来成本的增加。

图 3.5.3 动画

为什么有把手的漱口杯方便握持呢？不难

图 3.5.3　带把手的矿泉水瓶

发现,是把手形状的原因。一是把手一般较细(相对于杯体或瓶体),比较接近人手握起时手心的空隙;二是把手具有一定的刚性,可以很好地传递力。由于在下一章才会介绍因果链,这里就不做更深入的分析了。但即使只有这么简单的一层因果分析,就可以发现形成"方便握持"这个特性的原因不是把手这个组件,而是形状和刚性这两个属性。因此,如果能在矿泉水瓶中找到具有一定刚性的组件,并适当改变它的形状,就有可能将"方便握持"的优良特性传递过来。

由此可以看出,在特性传递的所有步骤中,运用因果链等工具分析形成优秀特性的原因是十分重要的,也是十分必要的。

(6)描述特性传递问题

在上一步分析的基础上,可以很容易地描述特性传递时所要解决的问题,那就是找出矿泉水瓶中哪些组件具备刚性,同时又有可能改变形状,使之贴合人手握持时的形状。

至此发现,原本要解决矿泉水瓶不方便握持这样一个相对模糊和抽象的问题,经过特性传递变成了改变某个刚性组件形状这样一个非常清晰和具象的问题,解决方案也就呼之欲出了。例如,可以改变矿泉水瓶瓶体的形状,使其具备类似把手的功能,如图 3.5.4 所示。当然,这不是唯一方案,读者可以尝试思考其他特性传递方案。

图 3.5.4　带有握持部分的
矿泉水瓶

图 3.5.4
动画

3.5.2　功能导向搜索

功能导向搜索(function-oriented search,FOS)是另一个以功能概念为核心的 TRIZ 工具,与本章介绍的功能分析、特性传递不同,它是一个解决问题工具。

1. 为何应用功能导向搜索

现代社会是一个信息社会,每时每刻都有海量的信息蜂拥而来,因此搜索是现代人必备的一项生存技能,否则就会被淹没在信息的洪流中。无论是利用百度等互联网搜索引擎进行日常搜索,还是在学术期刊数据库中进行科技检索,最常用的一种检索方式是关键词检索。关键词检索的基本运作方式是,根据关键词,搜索引擎在信息库中进行比对和匹配,从而找到包含关键词的信息。这种方式对于解决日常问题或者已知问题(虽然你不知道)是十分高效的。例如,衣服上沾染了某种难以去除的污渍,如墨水,最好的方法可能就是去互联网上搜索"怎样洗掉衣服上的墨水",或者直接搜索"哪款洗衣液能够洗掉墨水"。搜索引擎会提供若干个其他人在网络上分享的经验或产品,只要依照搜索结果执行即可。但如果遇到的问题是一个创新问题,或者是第一次出现的问题呢?例如,你是第一个把墨水滴到衣服上的人或者滴上的是一种全新的液体污渍,这时关键词搜索的方式可能就失效了。面对创新问题时,关键词搜索是有局限性的。

再试想这样一个场景,当在某个领域内进行创新时,即使得到了一套全新的方案,但能够保证它的可行性或者能够预期它的各种风险吗?正是由于这套方案是全新的,没有太多背景经验,所以准确的判断和风险预期都会变得非常困难。基于这个原因,很多企业在实际的创新项目中更倾向于采用创新程度不高但更稳妥的方案,而不是风险较高的全新方案。实际上,或许存在这样一种方案,在当前领域内是全新的,但在另外一些领域已经非常成熟。如何找到这样既成熟又是全新的方案呢?采用关键词搜索是很难跨出当前领域的。如前面洗衣服的例子,如果搜索怎样"洗",得到的结果一定会被限定在清洁领域,这就是关键词搜索的第二个局限。

而功能导向搜索正是出于这样的目的,即在某个领域内需要创新时,并不是针对问题直接设计创新方案,而是依据所需功能,去其他领域内搜索类似功能的成熟方案,然后将其引入到本领域,从而形成创新方案。

2. 怎样进行功能导向搜索

功能导向搜索与关键词搜索在"搜索"这一步骤上并没有太多区别,但是由于 TRIZ 中对功能的定义比较严格,同时又与日常语言存在较大差别,所以在做"搜索"这个动作之前以及对搜索结果的操作会与关键词搜索存在一些差异。具体应用时可以按以下步骤执行:

(1)明确问题 运用各种 TRIZ 分析问题工具将待解决关键问题定义得越明确越好。这里需要强调一点,功能导向搜索是一个解决问题工具,而 TRIZ 中所有解决问题工具都不建议直接针对初始问题使用,而是先使用分析问题工具对问题进行识别并定义出关键问题后,再运用解决问题工具进行解决,功能导向搜索也不例外。

(2)描述问题 这里指的是用功能语言描述问题,即采用功能定义中论述过的 VO 范式对问题所需的功能进行描述。

(3)抽象功能 对上一步描述的功能向上抽象。可以将动作抽象,如将"洗"抽象为"去除";也可以将功能对象抽象,如将"墨水渍"抽象为"污物",甚至"微小颗粒物"等。这样做是因为将一个功能向上抽象后,会发现原本在不同领域的不同技术系统或不同工作可能借助了同一个功能。例如,清洁牙齿、清理化石、晶圆蚀刻、抛光金属这几个看上去完全不相关的工作,其实都是在使用"去除微小颗粒"这一抽象功能。这样在接下来的功能搜索中,就能够跳出当前领域,发现其他领域的相关技术。

（4）搜索功能　在软件知识库、企业自建知识库、全球专利库、TRIZ 科学效应库、互联网中搜索所需的抽象后的功能。

（5）选择技术　在搜索结果中选择那些在领先领域已经验证过的且适合当前问题情境的技术。领先领域是指对当前研究的功能问题要求更严格、作用更关键的领域。例如,研究"去除灰尘"功能,工业领域的无尘车间或者医疗领域的无菌手术室很可能比当前研究领域的要求高得多,而且已经投入了大量的人力、物力、财力。将这些领先领域的成熟技术引入比从头开发全新技术明智得多。领先领域可能是一个相对概念,即相对于当前功能问题的技术领域,但也有一些一般意义上的领先领域,如军工、航天、半导体、医疗卫生等。

（6）解决次级问题　功能导向搜索一般只能提供领先领域的技术方向,具体引入到当前领域后,很可能会产生一些次级问题,接下来可以运用其他 TRIZ 工具加以解决。

本章小结

本章引入了现代 TRIZ 理论中重要的核心概念之一——功能。详细介绍了功能分析流程,并通过矿泉水瓶的案例展示了功能分析的过程及其效果。在此基础上,还介绍了现代 TRIZ 理论中另外两个依托于功能概念的工具,一个是用于分析问题的特性传递,另一个是用于解决问题的功能导向搜索。

思考题

1. 尝试按照 TRIZ 的功能定义方式描述下列物品的主要功能及目标组件（功能对象）:（1）钢笔;（2）漏斗;（3）洗衣机。

2. 尝试对一件熟悉的生活物品进行功能分析,并回答以下问题（可参考附件 2 提供的模板）:

（1）该物品的主要功能和目标组件是什么？

（2）该物品目前存在什么缺点或不足（至少找到一个）；

（3）对该物品进行组件分析；

（4）对该物品进行相互作用分析；

（5）建立该物品的功能模型列表；

（6）画出该物品的功能模型图；

（7）进行功能分析后得到该物品的功能缺陷列表。

第4章　因果链分析

在上一章中,我们通过功能分析对问题进行了聚焦,将最初模糊的问题描述聚焦到个别组件及其不足、过度或有害的功能上。那么,聚焦后的问题是不是可以直接加以解决呢?

例如在3.4节矿泉水瓶的案例中,我们通过功能分析发现了瓶体保持水的功能不足这一缺陷,请思考后尝试给出几种解决方案。

从"瓶体容易破损,保持水的功能不足"这一功能缺陷出发,我们很容易想到是不是瓶体厚度不够? 那么得到的方案就是"增加瓶体厚度"。是不是缺少保护? 那么得到的方案就是"外层增加包装箱或包装膜"。是不是瓶体结构不合理? 那么得到的方案就是"把瓶体变矮变粗"。是不是瓶体材质不结实? 那么得到的方案就是"瓶体换高强度材料,如金属"。这些方案看起来都能够解决我们的问题,但又不可避免地带来一些次级问题(副作用)。加厚瓶体、增加包装、金属瓶体都会导致成本增加,而把瓶体变矮变粗虽可以解决瓶体侧向受力的问题,但底部面积增大又会增加底部破损的概率。显然,这些从初始功能缺陷出发,简单思考后得到的方案都不是最优解。

不过我们也从中发现了一件有趣的事情,那就是似乎每找到一个原因,就能给出一个相应的解决方案。那么是不是找到更多的原因,就可以发现更多的解题思路呢?

这就是因果链分析的目的之一:找到导致初始缺陷的更多原因,并从众多原因中发现有利于彻底解决问题的深层次的关键缺陷。上一章的功能分析帮助我们聚焦了问题,这一章的因果链分析则可以帮助我们深入问题。很多时候,只要解决了系统中的某一个或几个关键问题,就可以达到消除初始缺陷,改善技术系统的目的。

4.1 因果链分析及相关概念

4.1.1 因果关系

读者对因果关系应该并不陌生,它是存在于万事万物之间的最普遍的联系。其中,原因是产生某一现象并先于某一现象的现象,而结果是原因发生作用的后果和引起的现象。一般来说,结果是更容易直接观测或感知到的现象,而导致这种结果背后的原因则需要深入挖掘。例如,对于行李箱来说,拉杆断裂是可以直接观察到的现象,是结果。导致拉杆断裂的原因可能有很多,例如受力过大、拉杆不结实、行李过重、路面颠簸等,这些原因中有些是直接原因,有些是间接原因,有些是系统内的可控因素,有些是系统外的不可控因素。但具体是哪个或者哪几个原因导致了拉杆断裂的结果,则并不容易直接判断。

常见的因果关系包括异因同果、同因异果、互为因果三种。异因同果是指不同的原因会导致相同的结果,例如拉杆受力大、拉杆不结实都会导致"拉杆断裂"这一结果。同因异果是指同一个原因导致了多种可能的结果,例如路面颠簸可能会导致拉杆断裂、滚轮损坏等多种结果。互为因果则是指原因和结果相互联系,可相互转化,例如鸡生蛋、蛋生鸡就是典型的互为因果问题。

4.1.2 因果链和因果链分析

1. 因果链

正如前文所说,我们看到的那些结果(如技术系统的缺陷或问题)的背后一定存在导致这一结果出现的原因,而这些原因的背后也一定潜藏着更深层次的原因。从这个意义上看,原因和结果其实是对立统一的,一个原因可能是后一个结果的原因,也可能是前一个原因的结果,如同一根链条环环相扣,这个链条就是因果链,如图 4.1.1 所示。

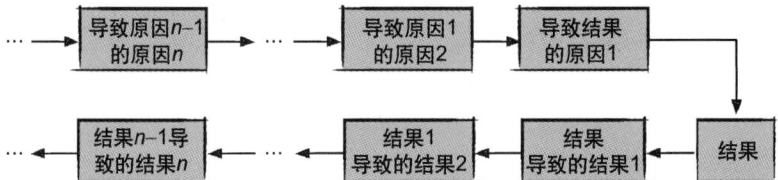

图 4.1.1 因果链

　　理论上,这条因果链向前向后均可以无限延伸,即既可以向前一直追问原因,又可以向后一直推理结果,而当前问题只是这个因果链条上处于某个位置的一个节点。过去习惯直接针对节点来解决问题,但有了因果链之后发现,如果当前问题前面的原因中任意一个能够解决,其实问题(也就是结果)就不会出现了。找到的因果关系越多,潜在的解决问题的机会就越大,因果链的价值就在于此。

　　2. 因果链分析

　　因果链分析是现代 TRIZ 理论中一个重要的分析问题工具,用于识别技术系统的关键缺陷(关键问题)。通过建立初始问题或初始缺陷的多层次因果链,既能帮助我们深入问题本质,找到技术系统问题背后的深层原因,在更深的层面上彻底解决问题;又能发现更多解决问题的突破点,进而从中寻找到知识、技术、时间、成本较小的"最优"突破点。由此也可以看出,现代 TRIZ 理论中的因果链分析其实是从结果出发对其形成原因进行倒推,即由果及因的过程。

　　上一章讲授的功能分析揭示了技术系统的功能缺陷,其分析结果(功能缺陷列表)可以作为因果链分析的输入。从初始缺陷出发,不断地追问为什么会造成这个缺陷,就可以发现更多的中间缺陷,直到找到末端缺陷,建立问题的完整因果链模型。之后,可以在因果链上确定那些有利于彻底解决问题的关键缺陷,这就是因果链分析要做的事情。因果链分析的具体流程将在 4.2 节讨论,在此之前,需要先明确一组概念。

　　图 4.1.1 所示因果链是一种极端状态下的单链条结构,而事实上,造成一个结果的原因往往不止一个,因此实际的因果链更多是一种带有分支的多链条结构。那么,同一层节点之间就可能存在两种关系,"与"和"或",可以用 AND 和 OR 关系符表示。

　　(1)"与"关系。

　　"与"关系指的是多个原因必须共同作用才能产生一个结果,缺一不可。例如行李箱推拉过程中拉杆发生断裂,一定是外部受力和自身强度不足两个原因共同作用的结果,所以两者之间就是"与"的关系,用 AND 关系符表示,如图 4.1.2 所示。

　　(2)"或"关系。

　　"或"关系指的是多个原因其中之一就可以导致最终的结果。例如拉杆强度问题可能是结构问题引起的,也可能是材料问题引起的,任何一方面的缺陷都会导致拉杆强度不足,所以两者之间就是"或"的关系,用 OR 关系符表示,如图 4.1.3 所示。

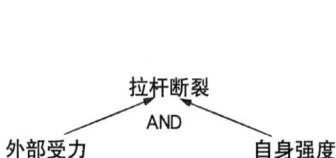

图 4.1.2　拉杆断裂的原因

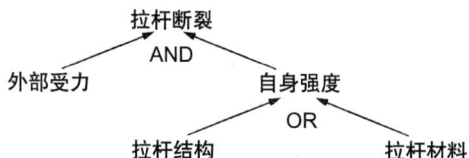

图 4.1.3　拉杆强度不足的原因

4.2　因果链分析的流程

现代 TRIZ 理论中因果链分析的过程,就是从技术系统初始缺陷出发,尽可能地寻找中间缺陷,直至找到末端缺陷,建立问题的因果链模型,并从中确定关键问题的过程。进行因果链分析的方法和工具有很多,如鱼骨图法、三轴分析法、5WHY 法等。本节将围绕因果链分析中最常用的 5WHY(5 个为什么)法,介绍因果链分析流程。

所谓 5WHY,简单来说就是针对出现的问题不断地、一层层地询问为什么。通过这种多次询问为什么的方式,逐步获得隐藏在表面问题背后的深层原因。该方法起源于日本丰田汽车公司。

有一次,丰田汽车公司前副社长大野耐一先生发现一条生产线上的机器总是停转,虽然修过多次但仍不见好转。于是,大野耐一与工人进行了以下的问答:

一问:“为什么机器停了?”

答:“因为超过负荷,保险丝就断了。”

二问:“为什么超负荷呢?”

答:“因为轴承的润滑不够。”

三问:“为什么润滑不够?”

答:“因为润滑泵吸不上油来。”

四问:“为什么吸不上油来?”

答:“因为油泵轴磨损、松动了。”

五问:“为什么磨损了呢?”

答:“因为,没有安装过滤器,混进了铁屑等杂质。”

通过不断地问“为什么”,找到了问题的真正原因和解决方法,即在油泵轴上安装过滤器。如果没有这种刨根问底的精神,只是换根保险丝草草了事,真正的问题就得不到彻底的解决。

4.2.1 5WHY 法因果链分析的步骤

采用 5WHY 法进行因果链分析,可以按照以下步骤进行:

（1）列出初始缺陷;

（2）逐层寻找中间缺陷,注意判别同级缺陷间的关系（"与"和"或"）;

（3）找到末端缺陷,建立因果链模型;

（4）根据项目情况确定关键缺陷;

（5）将关键缺陷转化为关键问题;

（6）针对关键问题寻找可能的解决方案;

（7）挖掘关键问题中可能存在的技术矛盾或物理矛盾。

其中（6）、（7）两步为因果链分析的后续步骤,可结合 TRIZ 中的发明原理、矛盾矩阵、分离原理等解决问题工具得到具体的解决方案（矛盾矩阵和分离原理将在后续章节介绍）。而因果链分析的输出实际上就是第（3）步得到的问题的因果链模型,以及第（5）步得到的关键问题列表。下面将对因果链分析中几个重要的步骤详细说明。

4.2.2 如何确定初始缺陷

初始缺陷就是存在于表面,容易被直接发现的表面缺点。在实际项目中,初始缺陷一般就是研究目标的反面。如果研究目标是怎样使行李箱的拉杆不容易断裂,那么拉杆断裂就是初始缺陷;如果研究目标是怎样使矿泉水瓶不易破损,那么矿泉水瓶破损就是初始缺陷。

一个技术系统或者一个工程项目,初始缺陷可能不止一个。但需要注意的是,因果链分析一般一次只针对一个初始缺陷展开。如果确实存在多个初始缺陷,可以分多次进行因果链分析。

4.2.3 如何寻找中间缺陷

中间缺陷既是上层缺陷的原因,又是下层缺陷的结果,采用 5WHY 法寻找中间缺陷就是不断提问"为什么"的过程,即"为什么会出现某个缺陷"。例如,拉杆断裂的初始缺陷,那么就要提问"为什么拉杆会断裂",进而找到导致拉杆断裂的直接原因,这就是拉杆断裂这个初始问题的第一层中间缺陷。

寻找中间缺陷的过程并没有严格的规则限制,但是有一些有益的建议,需要引起重视。

（1）针对每次提问的"为什么",尽可能寻找问题的直接原因,避免跳跃或漏过某些层级。例如提问"为什么运动鞋会引起脚臭？"很多人会想当然地认为是因为鞋子"不透气"或者鞋子"捂脚"。事实上，脚臭是与脚部皮肤的微生物或细菌滋生直接相关，而所谓鞋子"不透气""捂脚"只是微生物或细菌滋生的条件，也就是下一层的原因。之所以强调避免跳过某些层级，是因为因果链分析的目的就是要发现更多产生问题的原因，多发现一个或一层原因，就会有更多解决问题的方法。

（2）回答每个"为什么"得到的原因多于1个时，注意原因之间的"与""或"关系，这会影响到后续识别关键问题的策略。因为"与"关系意味着只要消除其中一个缺陷，就可以解决最初的问题，而"或"关系意味着要消除所有缺陷，才可以解决最初的问题。

（3）上层的中间缺陷可能来源于功能分析、流分析等问题分析工具得到的缺陷列表。这就说明，针对初始缺陷分析较上层的中间缺陷时，可以借助功能分析得到的缺陷列表。反过来，如果缺陷列表中的某些功能缺陷并未出现在因果链中，则需要重新审视因果链是否存在遗漏，除非该功能缺陷确实与问题无关。

（4）分析深层的中间缺陷不能只依靠经验或猜测，而应该借助科学知识、经验公式，咨询相关专家或查阅有关文献，尤其对于那些不熟悉的领域。例如，"为什么触摸金属门把手时会有电流？"按照电学知识，形成电流要有两个条件，一是两点之间存在电势差（电压），二是要存在导电回路，这就是上述问题的直接原因。如果对电学知识不熟悉，分析此问题时就需要求助专家或查阅文献。

4.2.4　如何判断末端缺陷

5WHY法并非只是问5次"为什么"，理论上来说，因果链是可以一直延续下去的。但是对于实际项目或问题而言，某些情况下继续追问会变得毫无意义，此时就应该终止因果链，也就是确定了末端缺陷。判断是否到达末端缺陷的条件就是看问题是否还在"可控"范围之内，如果分析出的缺陷触及以下内容时，一般可以认为到达了末端缺陷：

（1）触及自然现象或科学（物理、化学、生物、几何……）极限时；

（2）触及法律、法规或国家、行业标准时；

（3）触及成本（技术、物质、经济）底线时。

除此之外，在项目的各种现实约束条件下确实已经找不到更深层次的原因时，也可以适时终止因果链。至此，针对初始缺陷的相对完整的因果链模型就建立完成了，如图4.2.1所示。

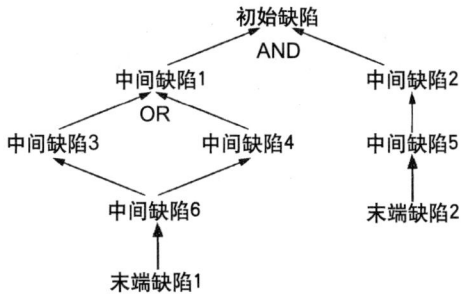

图 4.2.1　因果链模型

4.2.5　如何识别关键缺陷

　　显而易见，从因果链模型越深的层次着手，就越能够彻底地解决问题。但现实情况下，最底层的末端缺陷往往不容易解决，因为它们可能触及了科学、技术或成本的极限。此时，在因果链中选择那些既能够较好地解决初始问题，又具有较好的技术和经济可行性的中间缺陷，或许是更明智的选择。这些能够从根本上解决初始问题的最优（知识、技术、时间、成本）突破点，就是因果链分析得到的关键缺陷。

　　因为关键缺陷与项目的现实条件直接相关，所以识别关键缺陷没有统一的硬性规则，但同样存在一些有益的建议：

　　（1）不能选择系统外不可控制的问题；

　　（2）不要选择无意义的散点问题；

　　（3）不要选择抽象问题；

　　（4）不要选择本来已了解透彻的问题；

　　（5）不要选择表象问题；

　　（6）注意缺陷间的关系，AND 关系尽量选择下层，OR 关系尽量选择上层。

4.2.6　如何将关键缺陷转化为关键问题

　　关键缺陷与关键问题本质上是同一件事情的两种不同描述方式。关键缺陷是以陈述方式描述存在的缺陷，而关键问题是以疑问的方式描述如何消除存在的缺陷。例如，拉杆断裂问题的关键缺陷是"两节拉杆间接头接触面积小"，那么关键问题就是"怎样增加接头处的接触面积？"

　　至此，通过因果链分析可以发现若干个关键缺陷和关键问题，形成关键问题列表，如表 4.2.1 所示。这些关键问题就是后续解决问题工具的输入。

表 4.2.1 关键问题列表

序号	关键缺陷	关键问题	可能的解决方案	矛盾描述

下一节将通过一个实例来展示,如何应用因果链分析得到因果链模型和关键问题列表。

4.3 因果链分析案例

对于矿泉水瓶在仓储和运输过程中容易破损的案例,本章最开始初步构思了几种解决方案。接下来,按照 TRIZ 因果链分析的流程再次对这个问题进行深入研究,看看是否能够得到更多或更优的解决方案。

1. 矿泉水瓶项目的初始缺陷

项目目标是提高矿泉水瓶在仓储和运输过程中的可靠性,面临的初始缺陷也就是项目目标的反面,矿泉水瓶易破损。

2. 寻找中间缺陷

按照 5WHY 法提问:"为什么矿泉水瓶破损?"

回顾在功能分析中得到的功能缺陷列表很容易发现,所谓"矿泉水瓶破损"并不是一个准确的描述,其实是瓶体这个组件容易破损导致保持水的功能不足,而与其他组件没有直接的关系。功能分析把第一层的中间缺陷聚焦到瓶体这一组件。由此建立第一层因果链模型,如图 4.3.1 所示。

接下来继续提问:"为什么瓶体易破损?"

造成瓶体破损的直接原因可能有两个,一个是瓶体强度不足,另一个是瓶体受力大。而这两个原因需要共同作用才会导致瓶体破损这个结果,所以两者之间是"与"的关系,用 AND 关系符连接,如图 4.3.2 所示。

图 4.3.1 第一层因果链　　　　图 4.3.2 第二层因果链

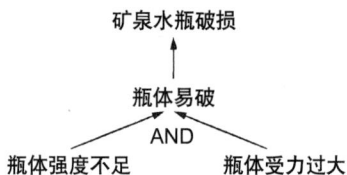

针对瓶体强度差这个缺陷,可以追问:"为什么瓶体强度不足?"

瓶体强度不足可能的原因包括瓶体太薄、材料强度低、结构不合理等,这些原因中任意一个都会导致瓶体强度不足,因此它们之间是"或"关系,用 OR 关系符连接,如图 4.3.3 所示。

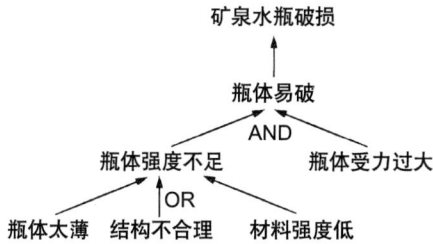

矿泉水瓶破损

瓶体易破

AND

瓶体强度不足　　瓶体受力过大

OR

瓶体太薄　结构不合理　材料强度低

图 4.3.3　第三层因果链

针对瓶体太薄,可以追问:"为什么瓶体这么薄?"

对于矿泉水瓶生产企业来说,把瓶体变厚不存在技术困难,因此主要原因是成本受限。

针对瓶体结构不合理,可以追问:"为什么瓶体结构不合理?"

原因可能是瓶体较为细长,侧向受力时容易变形。

同样的,针对材料强度低的问题也可以继续追问:"为什么材料强度低?"限于篇幅,这里就不深入讨论了。如果读者具备材料学相关知识,可以自行分析,也可以查阅相关资料继续分析。

至此,针对瓶体强度差这一因果链分支上的中间缺陷已经分析到了第四层,如图 4.3.4 所示。

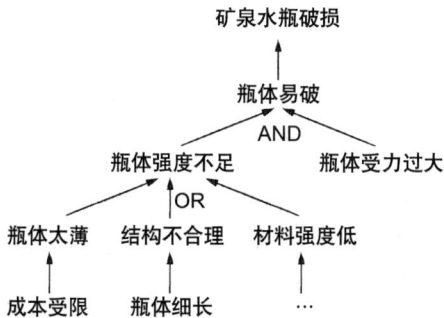

矿泉水瓶破损

瓶体易破

AND

瓶体强度不足　　瓶体受力过大

OR

瓶体太薄　结构不合理　材料强度低

成本受限　瓶体细长　……

图 4.3.4　第四层因果链

显然,这个因果链分支还可以继续分析到第五层、第六层……,这里只是说明因果链分析工具的应用流程,就不继续深入。接下来看此因果链的另一个分支。

针对瓶体受力大这个缺陷,可以提问:"为什么瓶体受力大?"

可能的原因,一是缺少外部保护,二是作用在瓶体上的内、外力不平衡,这两个原因之间是"与"关系。

针对作用在瓶体上的内、外力不平衡这一缺陷,又可以追问:"为什么瓶体承受的内、外力不平衡?"

可能的原因,一是外力太大,二是内力太小,两者之间同样是"与"关系。

至此,因果链第二个分支也分析到了第四层,相对完整的因果链模型如图4.3.5 所示。

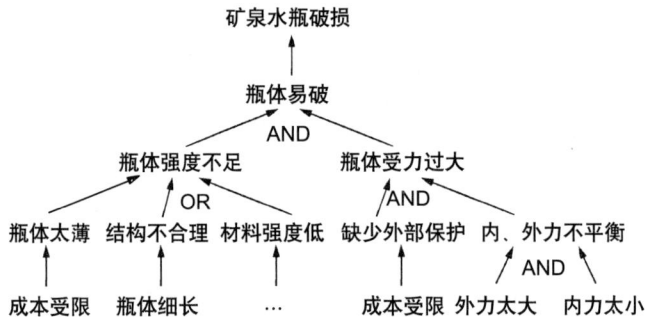

图 4.3.5　矿泉水瓶破损问题的因果链模型

3. 找到末端缺陷

关注上述因果链模型中最下层的那些缺陷,其中瓶体太薄的原因是受到生产成本的限制,此时问题已经超出了技术人员的控制范围,因此"成本受限"可以判定为一个末端节点,该因果链分支结束。

依此类推,瓶体受到的外力可能来自其他水瓶的挤压,可能来自运输过程中的颠簸,甚至可能来自于从货架上跌落,这些均属于超系统问题或者一些偶发因素,也超出了技术人员的控制范围,因此该节点也可以判定为末端节点。

需要注意的是,对于所有的底层的缺陷还可以继续追问为什么,因果链分析也可以一直延续下去,但判断末端节点,即因果链终止的条件应根据具体情况确定。因果链分析进行的越深入,找到的原因越多,则解决问题的着手点或思路会越多,如果认为当前分析的原因已经足够形成解决初始问题的方案,则应适时结束因果链分析。

4. 确定关键缺陷

在图 4.3.5 所示矿泉水瓶破损问题的四层因果链模型中,哪些缺陷可以作为关键缺陷呢?

按照上一节给出的建议,第一层和第二层缺陷(矿泉水瓶破损、瓶体易

破）属于表象问题；第三层缺陷（瓶体强度不足、瓶体受力过大）属于抽象
问题，均不适合作为关键缺陷。第四层缺陷中，结构不合理，内、外力不平
衡同样比较抽象，如果将瓶体太薄、材料强度低、缺少外部保护作为关键缺
陷，则很容易得到一些解决方案。如，增加瓶体厚度、更换高强度材料、增加
外保护层等，但这些方案显然会引起成本的大幅上升，因此并不是理想的解
决方案。第五层缺陷中，成本、外力超出了可控范围，均属于不可控问题，
不适合作为关键缺陷，因此另外两个缺陷，瓶体细长和内部压力小则可以作
为关键缺陷。如果再深究，瓶体细长这一缺陷处于因果链左侧"或"（OR）
关系的一个分支中，即使消除了，也很难彻底解决初始问题。例如，将瓶体
设计成扁圆柱形，侧面受力情况得到改善，但底部面积增加又会面临容易
破损的问题。内部压力小这个缺陷则处于右侧"与"（AND）关系分支上，
如果解决了这个问题，初始缺陷自然能够消除。因此，在这个案例中，解决
初始问题的最优突破点，即关键缺陷选择"内力太小"最为合适，如图 4.3.6
所示。

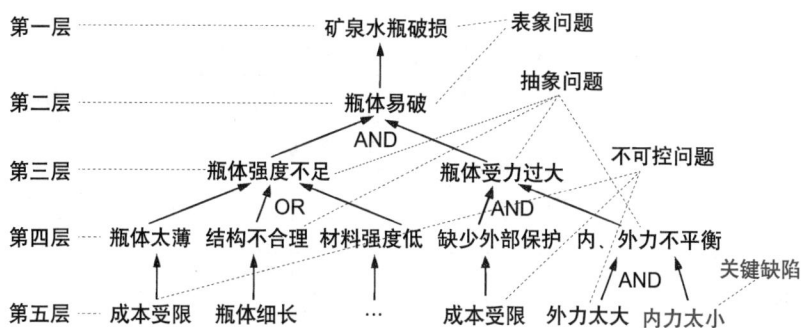

图 4.3.6　矿泉水瓶破损的关键缺陷

　　虽然本案例中最终只确定了一个关键缺陷，但实际问题的因果链模型
中，关键缺陷可能不止一个。在选择关键缺陷时，在条件允许的情况下建议
多选几个，这样可以得到更多的解决方案。

　　5. 将关键缺陷转化为关键问题

　　最终选择的关键缺陷是"内部压力小"，要怎样克服这个缺陷呢？相应
的关键问题就是"怎样增加瓶内压力？"

　　6. 可能的解决方案

　　从这一步开始属于因果链分析的后续步骤，为了让读者能够体会到因
果链分析的作用和效果，下面继续进行介绍。

　　怎样增加矿泉水瓶的内部压力呢？这个时候需要用到前面介绍过的资

源分析,首先思考水瓶内有哪些显性的或隐性的可用资源。显然,矿泉水瓶中的水是一个可以增加瓶内压力的可用资源,另外不要忽略了瓶中另一个隐性的物质资源就是空气。找到可用资源后,方案就呼之欲出了。

方案 1:向瓶内充气,增加瓶内压力。

方案 2:瓶内充满水,增加瓶内压力。

7. 可能存在的技术矛盾或物理矛盾

物理矛盾将在第 7 章中讲到,这里先做一简单的介绍。对于得到的方案 2,即瓶内充满水,在实施的时候可能会遇到这样一对矛盾问题:一方面,希望瓶内的水满一些,可以有效地增加瓶内压力,从而防止瓶体破损;另一方面,水太满可能会洒出。这种对于技术系统一个参数(水的体积)同时存在正、反两个方面的合理需求(既希望满又希望不满),就是物理矛盾。对于物理矛盾,第 7 章将会详细地介绍,这里暂且留作读者扩展思考的一个问题。

对于矿泉水瓶破损这个问题的因果链分析,得到了该问题的因果链模型。同时,还可以将分析出的关键缺陷和关键问题填入列表,如表 4.3.1 所示,以便后续运用 TRIZ 解决问题工具加以处理。

表 4.3.1　矿泉水瓶破损的关键问题列表

序号	关键缺陷	关键问题	可能的解决方案	矛盾描述
1	瓶内压力小	怎样增加瓶内压力	(1) 充气加压	无
			(2) 充满水	物理矛盾:水既希望满又希望不满
2	瓶体太薄		增加瓶体厚度,但会引起成本上升	
3	瓶体细长		将瓶体形状变为扁圆柱,但增加了底部破损的风险	
4	材料强度低		改用高强度材料,如金属,但会引起成本上升	
5	缺少外部保护		增加包装膜或包装箱,但会引起成本上升	
⋮	⋮	⋮	⋮	⋮

注:表中字体未加粗部分均不是确定的关键缺陷和关键问题,但是为了展示因果链分析的效果(找到的原因越多,可能的解决方案就越多),也列入了表中。

　　读者可以按照因果链分析的步骤,对功能分析中发现的矿泉水瓶的另一个功能缺陷,即"瓶体固定瓶盖功能过度,导致瓶盖难以打开"进行分析,尝试找到解决这一问题的新角度和新思路。

本 章 小 结

　　本章详细介绍了深入分析问题的 TRIZ 工具——因果链分析,包括相关概念及应用流程,并通过矿泉水瓶案例展示了因果链分析的完整过程和最终结果。因果链分析是十分强大而有效的分析问题工具,不仅可以帮助我们找到表面问题背后的深层原因,还能够发现更多解决问题的角度和思路。

思 考 题

　　1. 为什么不建议针对初始问题或表面问题寻求解决办法?

　　2. 尝试对第 3 章思考题 2 中选择的物品进行因果链分析(可参考附件 3 提供的模板):

　　(1)存在的初始缺陷是什么?

　　(2)尽可能寻找更多的中间缺陷,并注意缺陷之间的关系;

　　(3)建立该问题或缺陷的因果链模型;

　　(4)确定关键缺陷并填写关键问题列表。

第 5 章 剪　　裁

虽然通过功能分析可以发现技术系统存在的功能缺陷,但第 4 章的因果链分析告诉我们,这些功能缺陷往往是表面缺陷,只有通过深入的因果链分析找到更深层的关键缺陷,才能更彻底地解决问题。这是现代 TRIZ 理论中一条重要的常规解题路线。那么,在面对功能缺陷或问题的时候,除了这条常规路线外还有没有其他解决问题的思路呢?

联想生活中一个非常普遍的场景,车胎被扎破了。如果只是一个不太严重的小洞,可能绝大多数人的选择是去补胎,也就是通过修补的方式来消除漏气这个缺陷。但如果车胎破损严重已经无法修补,那么也并非束手无策,直接更换一个新的车胎即可。这时虽然没有修补漏洞,但是同样甚至是更彻底地解决了问题。从中受到启发,对于一些缺陷或者问题,完全可以通过去除问题载体并找到替代的方式来解决。这种抛弃一个组件(破旧车胎)并用其他组件(新车胎)代替执行原有功能的方式,就是 TRIZ 理论中的"剪裁"。

5.1　剪裁及相关概念

5.1.1　剪裁及其基本思想

剪裁是现代 TRIZ 理论中一种分析问题的工具。它利用系统或超系统中其他组件代替被剪裁组件执行有用功能,将问题进行了转化。剪裁就是在不损失功能的前提下去除问题组件。

面对各种缺陷或者问题,常规的工程思路是通过修复问题组件来解决问题,而剪裁的基本思想则是通过直接去除组件来达到消除缺陷的目的。当然这也会带来新的问题,即由谁来代替被剪裁组件执行原本的有用功能。这个新的问题被称为剪裁问题,在剪裁之后,原来待解决的技术问题就转化成了剪裁问题。因此,剪裁实际上起到了转化问题的作用。如果利用分析工具找到的问题受条件限制暂时难以解决,就可以考虑利用剪裁工具将问题转化后再进行解决。

例如,在行李箱因果链分析中,如果将"拉杆容易断裂"的问题归因为材料问题,且受限于成本或市场需求又不能更换高强度材料,此时如果能够用行李箱或者其超系统内的某个组件代替拉杆执行"导向箱体"的有用功能,那么拉杆就可以被剪裁掉了。拉杆被剪裁掉后,最初"拉杆容易断裂"的问题自然就不存在了,伴随出现的剪裁问题则是"哪个组件怎样代替拉杆执行'导向箱体'的功能?"

5.1.2 剪裁的目的

剪裁是现代 TRIZ 理论中应用非常广泛的问题分析工具之一,同时也是 TRIZ 理论的进化趋势。应用剪裁的主要目的:

(1)转化问题 对于技术系统中的顽固缺陷或问题,直接解决可能存在相当大的难度,而利用剪裁工具可以将这些问题转化为剪裁问题,带来了新的解题机会。

(2)消除缺陷 对于技术系统中存在功能缺陷、流缺陷和关键缺陷的组件,通过剪裁可以消除它们的有害作用。

(3)简化系统 剪裁可以在保留原有功能的同时去除技术系统中的部分组件,可以实现简化技术系统,降低系统复杂度的目的。

(4)降低成本 剪裁去除了部分组件,技术系统的成本有可能降低。很多以降成本为目的的技术改造项目中会使用剪裁工具。当然,去除组件并不意味着成本一定降低,因为有些时候为了让其他组件代替剪裁对象执行功能可能会付出更高的代价。

(5)产生创新 如果能够解决剪裁后出现的剪裁问题,就意味系统实现了创新。在此过程中,剪裁越激进产生的方案创新程度就越高。因此,很多颠覆式的创新项目中也会用到剪裁工具。

除此之外,剪裁也是一种行之有效的专利规避方法。专利规避和知识产权保护不属于本书的讲授范围,这里不再赘述。

5.2 剪裁的流程

剪裁可以按照如图 5.2.1 所示的步骤进行,在必要的情况下,也可以多次循环执行剪裁。

首先需要依据项目目标选择合适的待剪裁对象,即确定先剪裁哪些组件;然后应用剪裁规则判断能否剪裁;再依据功能再分配条件依次判断能否

```
┌──────────────────────────────┐
│        选择剪裁对象           │
├──────────────────────────────┤
│        应用剪裁规则           │
├──────────────────────────────┤
│        功能再分配             │
├──────────────────────────────┤
│        建立剪裁模型           │
└──────────────────────────────┘
是          ◇ 继续剪裁 ◇
            否
┌──────────────────────────────────────┐
│ 运用TRIZ解决问题工具解决剪裁问题      │
└──────────────────────────────────────┘
```

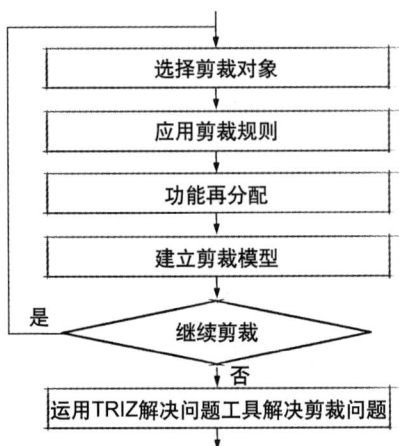

图 5.2.1 剪裁的流程

剪裁以及剪裁后由谁来替代被剪裁组件；最后将剪裁过程及生成的剪裁问题填入剪裁方案列表，并建立剪裁后的技术系统功能模型（剪裁模型）。剪裁后，剪裁问题就是新的关键问题，后续可以运用 TRIZ 解决问题工具进行解决。上述剪裁过程可以依据项目实际情况多次循环执行。

下面将对以上步骤进行详细介绍。

5.2.1 选择剪裁对象

理论上来说，只要能够找到替代执行功能的新组件，技术系统中的任何组件都可以被剪裁。在实际创新项目中，一般会依据项目目标和各种客观约束条件，挑选出优先被剪裁的组件。关于剪裁对象的选择可以参考以下建议：

（1）优先剪裁那些通过问题分析工具发现的存在较多缺陷的组件，包括功能分析得到的功能缺陷，流分析得到的流缺陷，因果链分析得到的关键缺陷等。剪裁掉这些缺陷组件，往往能够最大限度地提升技术系统性能，改善技术系统问题。

（2）优先剪裁"功能 – 成本"分析得到的低价值组件，尤其是图 3.3.3 中的 4 区组件。剪裁这些组件，一方面其功能性较低，容易找到替代组件，另一方面其成本较高，去除后可以有效降低技术系统成本。

除以上两类可以优先剪裁的组件外，还可依据项目目标剪裁其他组件。但是，如果在技术系统或超系统中找不到替代组件时，则不能执行剪裁。

例如，在行李箱的功能 – 成本分析中，发现拉杆相对属于低价值组件

（图 3.3.1）且存在易断裂的问题，只要能够找到替代拉杆执行"导向箱体"功能的组件，就可以考虑优先剪裁拉杆。如果未找到，则不能执行剪裁。

5.2.2　剪裁规则

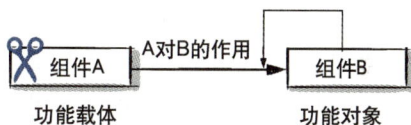

与剪裁服装时需要在布料上划线类似，当确定了剪裁对象准备实施剪裁时，同样需要依据一定的规则。TRIZ 中的剪裁规则有三条：

剪裁规则 1　如果功能对象不存在了，则其功能载体可以被剪裁，如图 5.2.2 所示。

例如，行李箱的功能是装载和移动行李，功能对象是行李，如果我们外出不带行李，则行李箱就失去了发挥其功能的意义，因此可以被剪裁掉。

剪裁规则 2　如果功能对象能够自己执行该有用功能，则其功能载体可以被剪裁，如图 5.2.3 所示。

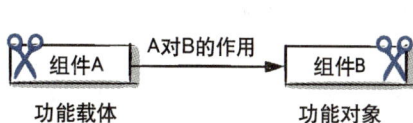

图 5.2.2　剪裁规则 1　　　　　图 5.2.3　剪裁规则 2

例如，行李箱的滚轮组可以支撑、移动箱体，其功能对象是箱体，如果箱体能够支撑并移动自身的话，滚轮组也是可以被剪裁的。现有的大多数行李箱都具有硬质箱体，本身就可以支撑自己，但不具备移动的功能，可以考虑的方案之一是将箱体设计成圆柱形，如图 5.2.4 所示。

图 5.2.4　圆柱形行李箱

图 5.2.4
动画

剪裁规则 3　如果其他组件能够执行该有用功能，则其功能载体可以被剪裁，如图 5.2.5 所示。

例如，行李箱拉杆的功能是导向箱体，如果能够从行李箱其他组件或者超系统组件中找到替代拉杆执行导向功能的组件，则拉杆可以被剪裁。一

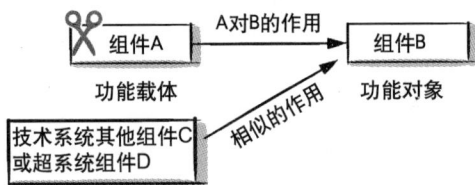

图 5.2.5　剪裁规则 3

种生活中常见的情况是,当拉杆损坏时,我们不得不用手推着箱子或者找一根绳子用来拉拽箱子,其中手或者绳子就是代替拉杆执行导向箱体功能的替代者。

　　需要说明的是,三条剪裁规则中剪裁规则 1 是最激进的,因为它同时剪裁了功能载体和功能对象两个组件;剪裁规则 2 实现的技术难度是最高的,因为并不是所有组件和功能都能实现自服务;剪裁规则 3 是应用频率最高的,因为在技术系统或超系统中寻找替代组件是最容易实现的。

　　通过以上三条剪裁规则,就可以判断上一步选择的剪裁对象能否被剪裁。如果可以,则接下来需要为被剪裁组件寻找功能替代者。

5.2.3　功能再分配条件

　　按照剪裁的定义,无论在上一步运用了哪条剪裁规则,都需要为剪裁对象的有用功能寻找新的功能载体。

　　运用剪裁规则 1 时,由于功能载体和功能对象都被剪裁掉了,两者之间的功能也就没有存在的必要了。但如果这两个组件在技术系统中承担着其他有用功能,则需要找到能够执行这些功能的替代组件。运用剪裁规则 2 时,则需要由功能对象自己承担有用功能(自服务)。运用剪裁规则 3 时,要去寻找技术系统内的其他组件或者超系统组件来执行剪裁对象原来的有用功能。在此过程中,有四个功能再分配条件,可以帮助我们寻找这些替代组件:

　　功能再分配条件 1:一个对功能对象执行了相同或相似功能的组件,有可能成为被剪裁功能载体的替代组件,如图 5.2.6 所示。

　　由于组件 2 与被剪裁的功能载体(组件 1)功能类似,且作用对象相同,因此最有可能承担组件 1 的原有功能。例如,行李箱和旅行包,如果出门时发现行李箱坏了(类似被剪裁),那自然会想到用旅行包代替行李箱执行装载行李的功能。

　　功能再分配条件 2:如果另一个组件对另一个功能对象执行了相同或

相似的功能,那么它有可能替代被剪裁的功能载体对原功能对象执行类似的功能,如图 5.2.7 所示。

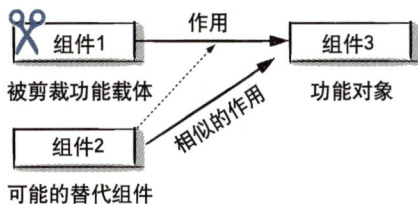

图 5.2.6　功能再分配条件 1　　　　图 5.2.7　功能再分配条件 2

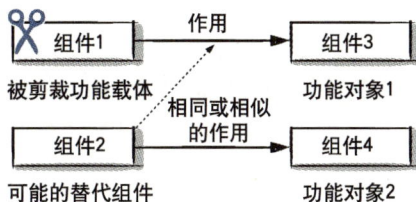

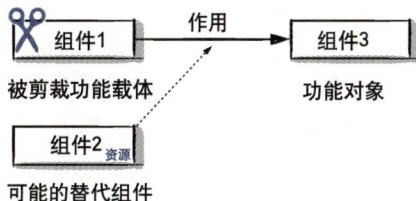

　　组件 2 与被剪裁的功能载体(组件 1)功能类似,只是原来的作用对象不同,如果能够让组件 2 为功能对象 1(组件 3)服务(执行功能),则它就可以替代组件 1。上例中如果行李箱和旅行包都不存在,那就可以考虑用书包、塑料袋、包装纸箱来替代。虽然它们原来的作用对象不是行李,但执行的功能都是装载,因此可以用来替代行李箱和旅行包。

　　功能再分配条件 3:如果一个组件与原功能对象有相互作用,那么它有可能替代被剪裁的功能载体,如图 5.2.8 所示。

　　在功能的定义中说过,组件间存在相互作用是存在功能的前提条件,因此若不存在与被剪裁组件相似功能的组件时,退而求其次,可以寻找那些与原功能对象有相互作用的组件来替代。例如,所有类似书包、塑料袋这样执行装载功能的组件都没有了,那可以看看要携带的衣物行李与什么物品有接触。衣物平时是和其他衣物一起放在衣橱里,那么有没有可能用其他衣物来装载要携带的衣物行李呢? 例如把旧衣物当成包袱。

　　功能再分配条件 4:如果一个组件具备执行原功能所需的资源,那么它有可能替代被剪裁的功能载体,如图 5.2.9 所示。

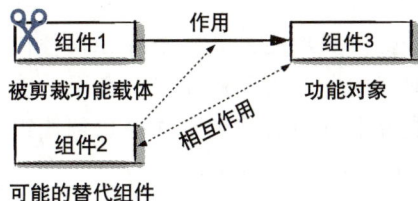

图 5.2.8　功能再分配条件 3　　　　图 5.2.9　功能再分配条件 4

　　如果满足前三个功能再分配条件的组件都不存在,那么最后可以考虑那些虽然与原来的功能对象没有相互作用(自然也不存在功能),但是具备要执行功能所需的各种资源的组件。例如,这次连多余的旧衣物都没有了,那么就要思考执行"装载"功能需要哪些资源。如需要一个易于封闭起来的空间（空间资源）来完成"装"的功能，还需要一定强度的材料（物质资源）来完成"载"的功能，可以用床单、方巾等作为替代组件。虽然这些物品平时与行李并没有相互作用，也不用来执行装载的功能，但它们具备装载所需的物质资源和空间资源，因此特殊情况下完全可以用来替代行李箱。

上述四个功能再分配条件是存在递进关系的，寻找替代组件时可以依次尝试。

5.2.4　如何建立剪裁模型

剪裁模型是剪裁最终的输出。剪裁是在原有功能模型的基础上删除部分组件，并将其有用功能分配给其他组件的过程，因此所谓剪裁模型并不是一个新的概念，而是指剪裁之后技术系统的功能模型。

需要注意的是，当选择不同的剪裁对象或者选用不同的剪裁规则会产生不同的剪裁模型。在实际工程项目中，往往需要做出一个剪裁的计划，即剪裁方案，表 5.2.1 为剪裁方案列表模板。

表 5.2.1　剪裁方案列表模板

剪裁对象	功能	剪裁规则	替代组件	剪裁问题
组件 1	功能 A	剪裁规则 1		
组件 2	功能 B	剪裁规则 2	组件 4（执行功能 B）	如何使组件 4 执行功能 B
组件 3	功能 C	剪裁规则 3	组件 5	如何使组件 5 执行功能 C
	功能 D	剪裁规则 3	组件 6	如何使组件 6 执行功能 D

按照此模板，依次填写选择的被剪裁组件及其执行的所有有用功能，选择应用的剪裁规则，除剪裁规则 1 之外需要按照功能再分配条件寻找替代执行功能的新载体，以及剪裁后出现的剪裁问题。对于存在多个有用功能的组件（如上表中组件 3），需要按照功能分别选择剪裁规则并寻找替代组件。每完成一个组件的剪裁方案，就可以建立相应的剪裁模型。

例如，当遇到行李箱"滚轮组易损坏"的问题，可以尝试运用剪裁工具，将滚轮组去除，即剪裁对象是滚轮组，其有用功能包括支撑箱体和移动箱体。选择运用剪裁规则 2，由箱体自己实现支撑和移动功能，产生的剪裁问题就是"如何使箱体支撑自己"以及"如何使箱体移动自己"，依次填入剪裁方案列表，如表 5.2.2 所示。

表 5.2.2 行李箱剪裁方案列表

剪裁对象	功能	剪裁规则	替代组件	剪裁问题
滚轮组	支撑箱体	剪裁规则 2	箱体	如何使箱体支撑自己
	移动箱体	剪裁规则 2	箱体	如何使箱体移动自己

　　按照此剪裁方案,建立剪裁后行李箱的功能模型,即剪裁模型,如图 5.2.10 所示。

　　本例并没有通过更换滚轮组材料、重新设计滚轮组结构等修复性方案来解决"滚轮组易损坏"的初始问题,而是以剪裁的方式将滚轮组从行李箱技术系统中去除,自然也就消除了初始问题。同时,剪裁滚轮组后还可能带来一些其他好处,如行李箱的成本降低,结构得到简化等。通过剪裁并没有形成真正的解决方案,而是把初始问题转化成剪裁问题,后续作为关键问题利用发明原理等工具进行解决,如本例中利用曲面化原理将箱体变为圆柱形。

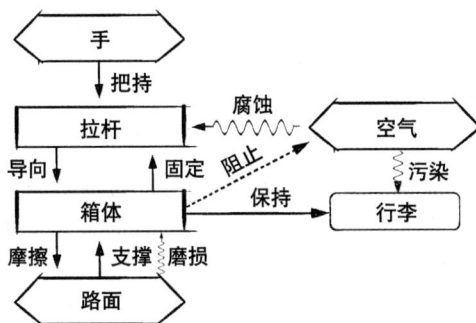

图 5.2.10 剪裁滚轮组后行李箱的剪裁模型

5.3 剪 裁 案 例

　　本节以矿泉水瓶为案例,相对完整地按照剪裁流程对其实施剪裁,以帮助读者理解 TRIZ 剪裁工具及其应用过程。

　　在剪裁之前,首先需要建立矿泉水瓶的功能模型。与 3.4.3 节简单的矿泉水瓶功能模型略有不同,为了更好地展示从温和到激进的剪裁过程,此处建立一个更加细化的矿泉水瓶功能模型,如图 5.3.1 所示。接下来根据不同的项目目标,可以尝试几套不同的剪裁方案。

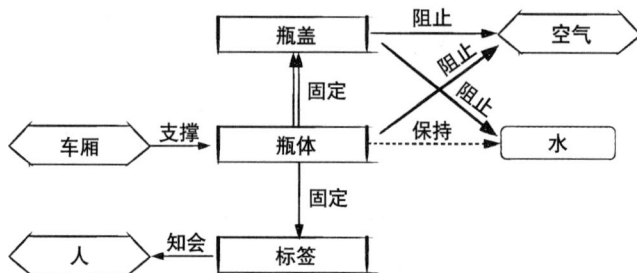

图 5.3.1 剪裁前的矿泉水瓶功能模型

5.3.1 降低成本为导向的剪裁方案

1. 选择剪裁对象

按照剪裁流程,首先需要选择剪裁对象。项目目标是降低成本,依据功能 – 成本分析,优先选择那些技术系统中的低价值组件。

造成组件价值低的原因可能是其功能性较弱,也可能是其成本较高,或者两者兼有。如果采用温和的剪裁思路,可以从功能性较弱的组件入手,因为功能弱意味着容易被取代,剪裁难度低;如果采用激进的剪裁思路,则可以从成本偏高的组件入手,但是当这些组件具备较强的功能性时,剪裁难度将会加大。

对于矿泉水瓶,如果要小幅降低成本,可以考虑从标签开始剪裁。虽然标签成本不高,但是它只有“知会人”(告知消费者详细的商品信息)这一个附加功能,剪裁相对容易实施。

2. 选择剪裁规则

选择不同的剪裁规则,同样会产生不同的剪裁方案。标签的功能是“知会人”,功能对象是人。

选择剪裁规则 1,如果人或者说是人对品牌、产品信息的需求不存在了(某些人在购买时并不关注品牌或者产品信息),那么标签也就没有存在的价值,可以被剪裁掉。

选择剪裁规则 2,如果人不通过标签就能自己获知商品信息,则标签可以被剪裁。而现实情况是消费者很难自我获知产品信息,因此剪裁规则 2在此处不适用。

选择剪裁规则 3,如果在技术系统内或超系统中有其他组件可以承担“知会人”的功能,则标签可以被剪裁。如技术系统内的瓶体、瓶盖,超系统中的车厢等。

综合考虑,剪裁规则 3 最符合当前项目的实际目标,因此暂定按照剪裁规则 3 实施剪裁。

3. 功能再分配

上一步选择了剪裁规则 3,意味着接下来要按照功能再分配条件,在系统剩余组件和超系统组件中选择至少一个来承担标签"知会人"的功能。

按照功能再分配条件 1,寻找矿泉水瓶技术系统或超系统中可以执行"知会人"功能的组件,如超系统货架上的标签。相应的剪裁问题就是如何用货架上的标签向人传递商品详细信息。

也可以按照功能再分配条件 3,寻找虽然目前没有知会功能但是与标签有相互作用的组件,如瓶体。相应的剪裁问题就是如何用瓶体告知消费者商品的信息。

同样,还可以按照功能再分配条件 4,寻找那些与标签没有相互作用,但是具备执行知会功能所需资源的组件,如瓶盖。相应的剪裁问题就是如何用瓶盖告知消费者商品的信息。

综合考虑项目实际情况,上述组件中瓶体是比较容易实现功能的替代组件。

4. 建立剪裁模型

把上述步骤依次填入剪裁方案列表,如表 5.3.1 所示。

表 5.3.1　矿泉水瓶剪裁方案列表 1

剪裁对象	功能	剪裁规则	替代组件	剪裁问题
标签	知会人	剪裁规则 3	瓶体	如何用瓶体执行"知会人"功能

按照此剪裁方案建立剪裁模型,如图 5.3.2 所示。对产生的如何用瓶体告知消费者商品信息这一剪裁问题,后续的解决方案应该是比较容易获得的。

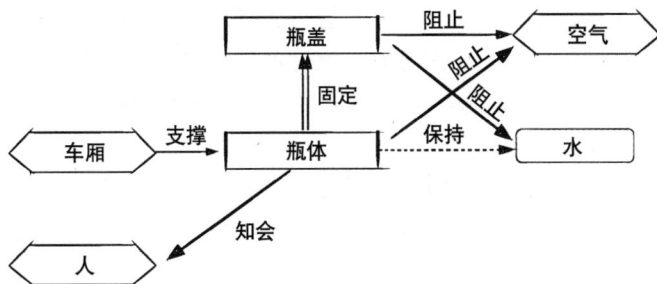

图 5.3.2　矿泉水瓶剪裁模型 1

如果选择瓶盖作为功能替代组件,相应的剪裁方案列表如表 5.3.2 所示。

表 5.3.2 矿泉水瓶剪裁方案列表 2

剪裁对象	功能	剪裁规则	替代组件	剪裁问题
标签	知会人	剪裁规则 3	瓶盖	如何用瓶盖执行"知会人"功能

按照此剪裁方案建立剪裁模型,如图 5.3.3 所示。如何用瓶盖告知消费者商品的信息呢? 最大的难点在于瓶盖上的空间有限,难以承载太多的文字信息。一种可行的方法是在瓶盖上印刷二维码,消费者可以通过扫码获取完整的商品信息。

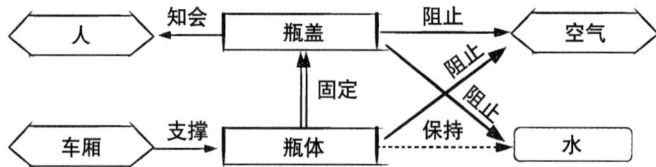

图 5.3.3 矿泉水瓶剪裁模型 2

5.3.2 消除缺陷为导向的剪裁方案

1. 选择剪裁对象

如果项目目标是消除技术系统缺陷,那么可以依据功能分析、流分析、因果链分析,选择存在较多缺陷问题的组件进行剪裁。例如,要解决矿泉水瓶瓶盖难以打开的问题,就可以选择瓶盖为剪裁对象。

2. 选择剪裁规则

瓶盖具有阻止水和阻止空气两个有用功能,因此要依次进行讨论。限于篇幅,不再逐条规则进行尝试,而是直接给出较符合项目实际情况的一种方案。

对于阻止水的功能,由于其属于基本功能,功能对象是技术系统的目标组件,因此剪裁规则 1 是不适用的。此时可以选择剪裁规则 2,让水自己阻止自己流出,如将水冻成冰。但考虑项目实际情况,选择剪裁规则 3,从其他组件中选择替代者更为合适。

对于阻止空气的功能,同样可以考虑选择剪裁规则 3,用其他组件来代替瓶盖执行此功能。

3. 功能再分配

在矿泉水瓶的其他组件中,瓶体原本就具有阻止空气和保持水的功能,因此它最有可能也最容易替代瓶盖。运用功能再分配条件1,可以选择瓶体作为替代瓶盖的新组件。相应产生的剪裁问题是如何用瓶体阻止空气和水。

4. 建立剪裁模型

将剪裁过程填入剪裁方案列表,如表5.3.3所示。按照此剪裁方案建立剪裁瓶盖后的剪裁模型,如图5.3.4所示。

对于得到的剪裁问题"如何用瓶体阻止空气和水",可以做进一步的思考。例如,装水后将瓶体封闭起来,并在瓶口处做易于掰断或撕开的预处理,这对于塑料材质的矿泉水瓶,实现起来并不困难。但是这样的方案可能会存在一些次级问题,如打开后如何再次密封?面对这些次级问题,依然可以使用 TRIZ 分析问题和解决问题的工具进行处理。例如,将这种全密封瓶体的方案用在小容量的矿泉水瓶上。

表 5.3.3　矿泉水瓶剪裁方案列表 3

剪裁对象	功能	剪裁规则	替代组件	剪裁问题
瓶盖	阻止水	剪裁规则 3	瓶体	如何使瓶体阻止水（不漏水）
	阻止空气	剪裁规则 3	瓶体	如何使瓶体阻止空气（不漏气）

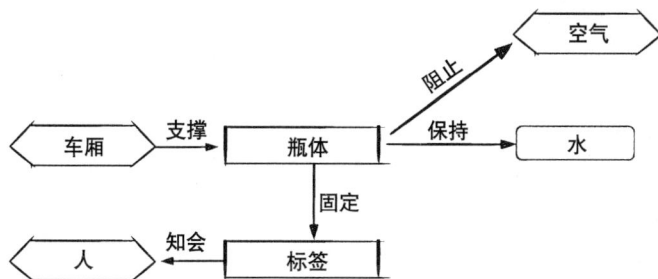

图 5.3.4　矿泉水瓶剪裁模型 3

5.3.3　激进的剪裁方案

在实际工程项目中,除了以降低成本和消除缺陷为导向进行剪裁外,有时也会采用激进的剪裁方式进行颠覆式创新设计。当一个技术系统中主要的组件被剪裁,其功能转由其他组件执行后,很可能会产生一个近乎全新的技术系统。

在矿泉水瓶剪裁案例中,如果已经执行了前文所述的剪裁方案 1 去除了标签组件,再执行剪裁方案 3 去除了瓶盖组件,那么此时技术系统只剩下瓶体一个组件了。如果此时继续剪裁,将瓶体也去除,那么只能去超系统寻找组件来代替瓶体。例如,在马拉松比赛中可以看到的补水海绵,既可以满足运动员少量多次补水的需求,又避免了丢弃的矿泉水瓶引发意外情况。

类似这种剪裁后技术系统只剩少量甚至一个组件的情况下,如果要继续剪裁,可以考虑将该组件作为一个技术系统拆分成更小的组件后再实施剪裁。例如,前文所述的全封闭式的矿泉水瓶只有瓶体一个组件,可以将其看作一个技术系统再次拆分成瓶口、瓶壁、瓶底三个组件,重新建立此系统的功能模型,如图 5.3.5 所示。

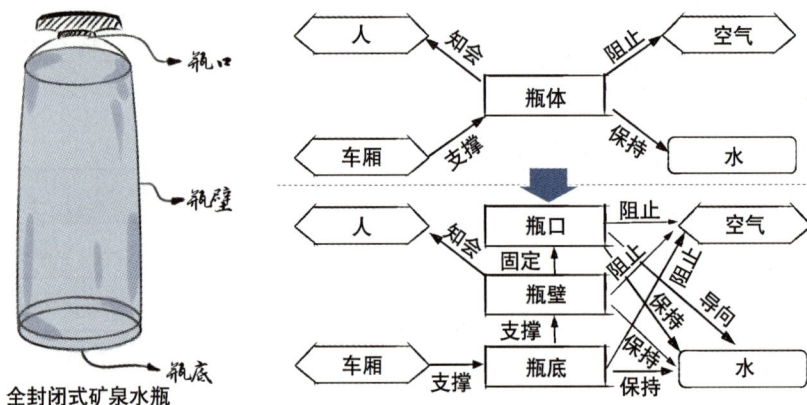

图 5.3.5 全封闭矿泉水瓶功能模型图

接下来按照剪裁流程,又可以对其中部分组件进行剪裁。例如,考虑最激进的剪裁方式,将瓶底和瓶口全部剪裁掉,此时矿泉水瓶只剩瓶壁一个组件,带来的剪裁问题是如何只用瓶壁完成原来瓶口、瓶壁、瓶体三个组件完成的保持水、阻止空气的功能,同时完成瓶口导向水的功能(即方便喝到水)。

对此可以设想一种大胆的方案——补水胶囊。利用可食用材料制作胶囊壁(瓶壁),内部装水,口渴时将其放入口中咬破即可,如图 5.3.6 所示。

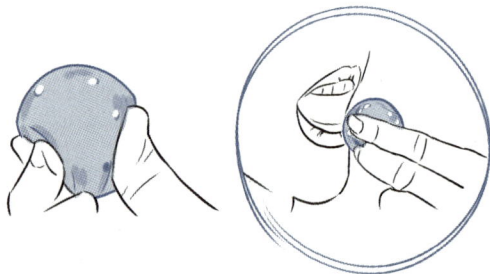

图 5.3.6
动画

图 5.3.6 补水胶囊

本 章 小 结

　　本章讲述了现代 TRIZ 理论中应用非常广泛的分析问题工具——剪裁，并详细介绍了剪裁流程及其中涉及的剪裁规则、功能再分配条件等内容。之后继续用案例讲解不同项目目标下剪裁的不同方案及结果。剪裁工具展示了一种与传统工程思维完全不同的新思路，就是不对缺陷或问题进行修补（修正），而是将其转化为其他问题。

思 考 题

　　1. 类似用新车胎更换旧车胎，举例说明你在生活中运用了剪裁思想的场景。

　　2. 尝试对一件你熟悉的生活物品进行剪裁创新（可参考附件 4 提供的模板）：

　　（1）按照功能分析步骤建立该物品的功能模型；

　　（2）你的剪裁目的是什么？（消除缺陷、降低成本……）

　　（3）选择你要剪裁的组件，按照剪裁步骤，填写剪裁方案列表；

　　（4）建立剪裁模型；

　　（5）继续尝试剪裁其余组件，同样填入剪裁方案列表，建立剪裁模型；

　　（6）针对产生的剪裁问题，尝试运用发明原理等工具形成初步解决方案。

第6章 技术矛盾及解决方法

矛盾是事物或状态之间相互抵触,互不相容的"对立"关系,它反映了事物之间相互作用、相互影响的一种特殊情况。矛盾无处不在,矛盾无时不有,工程实践中同样也存在矛盾。TRIZ 理论认为,发明问题的核心是解决矛盾,未解决矛盾的设计不是创新设计。解决技术系统中存在的矛盾,也就意味着技术系统的完善或者升级,这时往往会出现新的产品。然而,将隐藏在工程问题中的矛盾抽取出来,是一项复杂、困难但又无法回避的问题。经验丰富的 TRIZ 专家与一般的 TRIZ 使用者之间最大的差别,就是抽取和定义矛盾的能力。阿奇舒勒将工程领域中的矛盾分为技术矛盾和物理矛盾,解决这两种矛盾就解决了工程创新的本质问题,因此这两种矛盾是 TRIZ 理论的核心内容。本章主要介绍经典 TRIZ 理论中的技术矛盾及解决方法。

6.1 矛 盾 概 述

6.1.1 矛盾定义

矛盾不是事物,也不是实体,本质上属于事物的属性。这种属性是事物之间的一种特殊关系,这种特殊关系就是"对立",正是这种对立关系才能够构成矛盾,矛盾反映的是辩证法中的对立与统一规律。老子《道德经》中说道:"万物负阴而抱阳",指明了一切现象和事物都存在正、反两个方面,阴阳的对立与消长是宇宙万物的基本规律。

产品作为一个技术系统,包含一个或多个功能,为提高产品的市场竞争力,需要对产品不断进行创新。为了提高产品某些方面的性能,需要对某个零件、部件进行改进设计,然而这些改进设计可能会影响到其他零部件的性能发挥,进而导致产品或系统的另一方面的性能受到影响,这就形成了设计矛盾。从这个过程可以看出,矛盾只能缓和或被新矛盾取代,旧矛盾消失的同时会有新矛盾形成。产品或系统的发展就是从一个矛盾到另一个矛盾的发展过程,即任何一个产品或系统都是通过克服不断产生的矛盾来发展的。

例如,希望任务做得细致,产品质量高,工作速度就需要慢,即以牺牲时间成本为代价换取产品质量的提高,所谓慢工出细活;但又希望生产效率高,工作速度快,这就会使任务完成得不细致,即以牺牲产品质量为代价换取生产效率的提高。由此可以看出,产品质量与完成任务的时间成本构成了矛盾。对于这种矛盾通常采用折中的解决办法,即速度不快不慢,质量不高不低,回避了主要矛盾,问题并没有真正解决。又如,希望行李箱存放更多的物品,行李箱容积就需要尽可能大;但又希望行李箱轻便,这又会使存放的物品减少。行李箱的容积和重量构成了矛盾。以上均是技术系统常见的矛盾,技术系统的进化过程就是不断解决产品所存在的矛盾的过程,矛盾是推动技术系统进化的动力。

6.1.2　矛盾的分类

矛盾在宏观上分为两个层次,第一个层次分为自然矛盾、社会矛盾和工程矛盾,第二个层次为第一个层次下面的若干分支,如图 6.1.1 所示。矛盾的解决难度从左至右逐渐加大,即技术矛盾最容易解决,自然定律矛盾最不容易解决(宇宙定律矛盾不属于本课程讨论的范畴)。

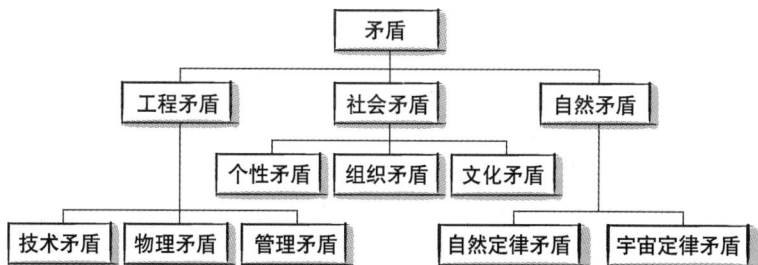

图 6.1.1　矛盾的分类

自然矛盾是指自然定律所限制的不可能的解,一般分为自然定律矛盾及宇宙定律矛盾。例如,就目前人类对自然的认知,温度不可能低于绝对零度,速度不可能超过光速,如果设计中要求温度低于绝对零度或者速度超过光速,则设计中出现了自然矛盾,不可能有解。

社会矛盾分为个性、组织、文化三类矛盾。个人的片面性就展现了个性矛盾,例如,一个人善于运动,但不善于绘画。企业部门与部门之间的不协调,则造成组织矛盾。由文化差异造成的行为或认识的不同就是文化矛盾,例如,受到赞扬时中国人谦虚,西方人感激。

工程矛盾分为技术矛盾、物理矛盾和管理矛盾。技术矛盾是指改善技术系统中某一特性或参数时,会引起系统中另一特性或参数的恶化。技术矛盾表现为系统中参数之间的矛盾。例如,为了提高水杯的强度,设计了较厚的杯壁,导致水杯重量增加。强度提高和重量增加就构成了技术矛盾。物理矛盾只涉及系统中的一种性能指标,其矛盾在于为了实现某种功能,对相应的性能指标提出了完全相反的要求。物理矛盾表现为系统中同一类参数互斥的矛盾。例如,既希望水杯强度高,要求杯身厚,又希望水杯质量轻,要求杯身薄,这就构成了物理矛盾。管理矛盾是指为了避免某些现象或希望取得某些结果需要做一些事情,但不知如何去做,在各子系统之间存在相互影响。例如,希望提高计算机性能、增加产品利润、提高投资效率,但是不知用何种具体方法来协调和解决各子系统间的矛盾。TRIZ 理论认为,管理矛盾是非标准的矛盾,不能被直接消除,通常通过转化为技术矛盾或物理矛盾来解决的。

6.2 技 术 矛 盾

6.2.1 技术矛盾的定义

技术矛盾是由系统中两个参数之间的冲突导致的,这两个参数是相互制约的。任何一个系统所包含的子系统(参数)之间都是相互联系、相互影响的,当改善系统的某个参数 A 时,导致另一个参数 B 恶化,则参数 A 和参数 B 构成了一个技术矛盾。例如,增加了行李箱强度,却导致其重量的恶化;增大了矿泉水瓶容积,却导致其便携性的恶化;改善了牙刷的柔软度,却导致其耐用性的恶化……

6.2.2 技术矛盾的具体表现

技术矛盾具体表现为以下三个方面:

(1)在一个子系统中引入一种有用功能,导致另一个子系统产生一种有害功能,或加强了一种有害功能。例如,智能手机能够为生活提供便利,但容易导致上网时间过长,损伤视力;笔记本电脑内置风扇降低了电脑运行温度,但增加了噪声。

(2)消除一种有害功能导致另一个子系统的有用功能降低。例如,汽车空调可以调节车内温度,提高舒适性,但是显著降低了动力、增加了油耗;

保温杯有保温功能,可减少热量流失,但是杯身的真空夹层致使瓶内容积减少。

（3）有用功能的加强或有害功能的减少使另一个子系统或系统变得太复杂。例如,四驱系统提高了汽车的行驶能力,但使汽车机械结构变得复杂;带加热功能的水杯提高了使用性,但是增加了电池、加热器等部件,系统复杂且成本提高。

技术矛盾中两个参数之间的关系如图 6.2.1 所示。从图中可以看出,技术矛盾中参数 A 和参数 B 之间存在一种类似于跷跷板的此消彼长的关系。这是因为参数 A 和参数 B 在同一系统中存在直接联系,改善了参数 A（符号 A^+）就恶化了参数 B（符号 B^-）,改善了参数 B（符号 B^+）就恶化了参数 A（符号 A^-）。

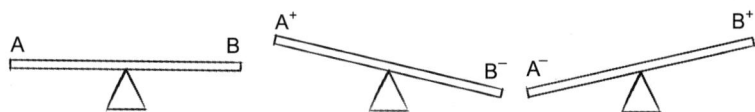

图 6.2.1　技术矛盾中两个相关参数关系示意图

6.2.3　技术矛盾的范式描述

在技术矛盾的求解过程中,需要对技术矛盾进行规定语言格式描述,一般按照"如果……那么……但是……"的格式描述。在"如果"后面填写技术系统改善了什么参数,在"那么"后面填写技术系统改善参数后得到的结果,在"但是"后面填写恶化的技术参数。"如果……那么……但是……"的范式描述是由阿奇舒勒创建的,用来修正他的学生在描述技术矛盾时经常犯的错误,该范式极大地方便了正确分辨要改善的参数和恶化的参数。例如,汽车速度提高会缩短行程时间,对出行有利,但速度提高汽车出现事故的概率加大。应用范式描述该技术矛盾:

如果,提高汽车速度;

那么,出行时间缩短;

但是,出现事故的概率加大。

6.3　通用工程参数

对不同的技术系统或工程问题,技术矛盾参数基本都是行业内既定的具体参数,其数量庞大,类型不一,并且仍在不断扩展。在解决技术矛盾过程中,若直接将具体参数作为技术矛盾参数,将导致技术数据量庞大,不利于统计分析。在实际工程问题中,很多具体参数具有相同特征,如果能够将具有相同特征的具体参数抽象为一类通用工程参数,这样不仅简化了技术矛盾参数,而且使技术矛盾求解更具备操作性,提高了解决问题的效率。设计人员还可以使用这些通用工程参数进行研究与交流,进而促进产品创新。

阿奇舒勒通过对大量发明专利进行研究,发现一般工程问题都可以使用有限的通用工程参数来描述,并总结出了工程领域内常用的 39 个通用工程参数(表 6.3.1)。解决技术矛盾过程中,首先将描述具体矛盾的一般参数转换为有规律可循的通用工程参数,再将实际工程涉及的矛盾转化为一般的或标准的技术矛盾进行求解。通用工程参数一般属于物理、几何和技术性能范畴。在 39 个通用工程参数中,任意两个不同的参数就可以表示一个技术矛盾;通过组合,可以表示 1 482 种最常见的、最典型的技术矛盾,足以描述工程领域中的绝大多数技术矛盾。借助这 39 个通用工程参数,可以将具体问题转化并表述成为标准的 TRIZ 问题。可以说,通用工程参数是连接具体问题与 TRIZ 的桥梁。

表 6.3.1 通用工程参数表

序号	名称	序号	名称	序号	名称
1	运动物体的重量	11	应力或压强	21	功率
2	静止物体的重量	12	形状	22	能量的损耗
3	运动物体的长度	13	稳定性	23	物质的损耗
4	静止物体的长度	14	强度	24	信息的损失
5	运动物体的面积	15	运动物体的作用时间	25	时间的损耗
6	静止物体的面积	16	静止物体的作用时间	26	物质的(数)量
7	运动物体的体积	17	温度	27	可靠性
8	静止物体的体积	18	照度	28	测量的精确性
9	速度	19	运动物体所需的能量	29	制造精度
10	力	20	静止物体所需的能量	30	作用于物体的外部有害因素

序号	名称	序号	名称	序号	名称
31	物体产生的有害因素	34	可维修性	37	检测的难度
32	可制造性	35	适应性	38	自动化程度
33	可操作性	36	物体的复杂性	39	生产率

6.3.1　通用工程参数的含义

通用工程参数代表了具有相同抽象意义的具体参数大类,具有高度的概括性,为了能理解每个通用工程参数的具体含义,有必要对 39 个通用工程参数进行逐一介绍。在学习中需要注意,每个通用工程参数的含义具有很大的灵活性,其中所说的物体既可以是技术系统、子系统,也可以是组件。只有理解了 39 个通用工程参数的含义,才能从实际问题中正确地抽取技术矛盾。

下面对 39 个通用工程参数的含义进行详细解释。

（1）运动物体的重量:指在重力场中运动物体所受到的重力,作用于运动物体的支撑物或悬置物,该力与运动物体的质量有关。

（2）静止物体的重量:指在重力场中静止物体所受到的重力,作用于静止物体的支撑物或悬置物,或施加于其静止之处的表面,该力与静止物体的质量有关。

（3）运动物体的长度:指运动物体在任何维度下的任意线性尺寸,不一定是运动物体最长的尺寸。例如,一个运动的长方体的长、宽、高都可以看作运动物体的长度。

（4）静止物体的长度:指静止物体在任何维度下的任何线性尺寸,不一定是静止物体最长的尺寸。

（5）运动物体的面积:指运动物体内部或外部所具有的表面或部分表面的面积。

（6）静止物体的面积:指静止物体内部或外部所具有的表面或部分表面的面积。

（7）运动物体的体积:指运动物体所占的空间大小。

（8）静止物体的体积:指静止物体所占的空间大小。

（9）速度:指物体运动的速度,或以时间为单位的处理速度或行动速度。

（10）力：指两个物体之间的相互作用，也指试图改变物体状态的任何作用。

（11）应力或压强：指单位面积上的力；应力是指物体某一单位面积上的内力，压强是指垂直作用在物体单位表面积上的力。

（12）形状：指物体的外部轮廓，或系统的外貌。

（13）稳定性：指物体保持其完整性及组成部分之间关系的能力，也指物体或系统受外在因素影响而维持不变的能力；或指物体的组成元素在时间上的稳定性。例如，磨损、化学分解、熵增加都会导致物体稳定性降低。

（14）强度：指物体抵抗由外力引起的变化的能力，或指物体在外力作用下抵抗永久变形和断裂的能力。

（15）运动物体的作用时间：指运动物体完成规定动作的时间、服务时间以及耐久力等；两次故障之间的平均时间也是运动物体作用时间的一种度量方法。

（16）静止物体的作用时间：指静止物体完成规定动作的时间、服务时间以及耐久力等；两次故障之间的平均时间也是静止物体作用时间的一种度量方法。

（17）温度：指物体所处的热状态，包括其他热参数，如影响温度变化速度的热容。

（18）照度（光强度）：指照射到物体表面的光通量与受光面积的比值，包括亮度、反光性和色彩等。

（19）运动物体所需的能量：指运动物体执行特定功能所需的能量，包括消耗超系统提供的能量。

（20）静止物体所需的能量：指静止物体执行特定功能所需的能量，包括消耗超系统提供的能量。

（21）功率：指单位时间内所做的功，即能量的使用速率。

（22）能量的损耗：指做无用功的能量，即对物体执行任务没有贡献的能量耗费。

（23）物质的损耗：指物体中原料、物质、零件等部分或全部的、永久或暂时的，对执行任务没有贡献的损耗。

（24）信息的损失：指物体执行任务中数据（或数据访问权限）的部分或全部、永久或暂时的损失。

（25）时间的损耗：指对物体执行任务没有贡献的时间耗费。改善时间的损耗意味着缩短实施某个行为所需的时间,通用表述为"缩短交期"。

（26）物质的（数）量：指物质的材料、部件的数量,可以部分或全部、暂时或永久地被改变。

（27）可靠性：指物体在规定的方法及状态下完成规定功能的能力,可理解为无故障操作概率或无故障运行时间。

（28）测量的精确性：指物体特征的测量值与实际数值之间的接近程度。通过减少测量过程中的误差可以增加测量的精确性。

（29）制造精度：指物体的实际性能与所需性能之间的一致程度。

（30）作用于物体的外部有害因素：指环境或超系统中其他部分施加于物体的有害影响,它使物体的功能参数退化。

（31）物体产生的有害因素：指降低物体机能的效率或质量的有害影响是由物体自身产生的,是物体运行过程的一部分。

（32）可制造性（易制造性）：指物体或系统制造装配过程的难易程度。

（33）可操作性（易用性、易操作性）：指物体在使用或操作上的难易程度。在保证质量不变的情况下,需要的操作者越少、操作步骤越少以及工具越少,代表可操作性越强。

（34）可维修性（易修性、易修理性）：指物体发生故障或损坏后恢复功能的难易程度。维修的时间越短、越方便,代表可维修性越高。

（35）适应性：物体响应外部变化的能力,或应用于不同条件的能力。即物体能够在多种环境中以多种方式被使用的能力。

（36）物体的复杂性：指物体中包含的要素的数量和多样性以及要素间相互作用关系的数量和多样性。掌控物体的难易程度是对其复杂性的一种度量。

（37）检测的难度：对物体的测量或监测是困难的、高成本的,需要较长的时间和劳动来建立,物体之间的关系模糊或存在彼此干涉,均表现为检测的难度高。为降低检测误差而增加测量成本也是增加测量的难度。

（38）自动化程度：指物体执行操作或完成功能时所需的人工参与程度。最低水平的自动化：利用手工操作的工具；中等水平的自动化：人对工具编程,并观测工具的运行,在需要的时候可以中断其运行或修改运行程序；高水平的自动化：机器感知操作需求,自我编制操作流程,并监控自己的操作。

（39）生产率：指在单位时间内,某物体所执行的功能或操作的数量,或执行一个单位的功能或操作所需要的时间；或者指单位时间内物体的输出,或产生一个单位的输出所需要的成本。

6.3.2　通用工程参数的分类

为了便于应用,将 39 个通用工程参数依据定义特点或参数变化方向进行分类,大致可分为以下三类:

(1)通用物理及几何参数。该类参数客观描述物体所处的状态。例如,运动物体和静止物体的重量、运动物体和静止物体的长度、运动物体和静止物体的面积、运动物体和静止物体的体积、速度、力、应力或压强、物质的(数)量、温度、照度、功率等参数。

(2)通用技术负向参数。该类参数的数值变大,会使物体的性能变差。例如,运动物体和静止物体所需要的能量、能量的损耗、物质的损耗、信息的损失、时间的损耗、作用于物体的外部有害因素、物体产生的有害因素、物体的复杂性等参数。

(3)通用技术正向参数。该类参数的数值变大,会使物体的性能变好。例如,物体的稳定性、强度、可靠性、测量的精确性、制造精度、可制造性、可操作性、可维修性、适应性、自动化程度、生产率等参数。

根据物体改进时工程参数的变化方向分类,可将 39 个通用工程参数分为改善的参数和恶化的参数两类:

(1)改善的参数。物体改进时,该参数朝所希望的方向发展,工程参数对应的特性得到提升和加强。

(2)恶化的参数。物体改进时,在某个工程参数获得提升的同时,会导致其他一个或多个工程参数朝所希望的相反方向发展,这些变差的工程参数称为恶化的参数。

一个系统内部的技术矛盾就是由改善的参数和恶化的参数构成的。下面对应 6.2.3 节中提出"汽车速度提高,会缩短行程时间,对出行有利,但速度提高汽车出现事故的概率加大"的问题,进行通用工程参数选择,并进行典型技术矛盾表述。

通用工程参数选择:

改善的参数:9 速度;

恶化的参数:27 可靠性。

典型技术矛盾的表述:

如果:汽车速度提高;

那么:汽车行程时间短,对出行十分有利;

但是:汽车安全可靠性降低。

6.4　矛盾矩阵

　　技术矛盾是实现创新进而需要解决的工程本质问题,然而提取技术矛盾只是第一步,找到解决技术矛盾的方法才是最终目的。通过研究大量专利,阿奇舒勒发现了一种现象,对于解决某个由两个通用工程参数所确定的技术矛盾来说,40 个发明原理中的某一个或某几个发明原理被使用的次数明显比其他的多,换句话说,一个发明原理对于不同技术矛盾的有效性是不同的。如果能够将发明原理与技术矛盾之间的这种对应关系描述出来,技术人员就可以直接使用那些最有效的发明原理,而不用将 40 个发明原理逐一试用了。阿奇舒勒通过分析总结,将 40 个发明原理与 39 个通用工程参数相结合,建立了阿奇舒勒矛盾矩阵(又称 39×39 矛盾矩阵,简称"矛盾矩阵"),见表 6.4.1(书后插页)。

表 6.4.1

　　39×39 矛盾矩阵共 1 521 个单元格,几乎涵盖了所有常见的工程技术矛盾。矛盾矩阵局部如图 6.4.1 所示,左边第一列所描述的工程参数是改善的参数,上面第一行所描述的工程参数是可能恶化的参数;单元格中的数字表示 TRIZ 理论推荐的解决对应技术矛盾的发明原理序号,数字顺序的先后表示发明原理应用频率的高低,也表征有效性的高低。位于矛盾矩阵中对角线上的"+"单元格(以灰色填充),其改善的参数和恶化的参数是同一个,可以理解为实现某种功能系统对同一参数提出了正、反两个方向的要求,即为物理矛盾。"−"单元格表示暂时没有找到合适的发明原理来解决这类技术矛盾。

恶化的参数　　　　　　改善的参数	运动物体的重量	静止物体的重量	运动物体的长度	静止物体的长度
运动物体的重量	+	−	15, 8, 29, 34	−
静止物体的重量	−	+	−	10, 1, 29, 35
运动物体的长度	8, 1, 29, 34	−	+	−
静止物体的长度		35, 28, 40, 29	−	+

图 6.4.1　矛盾矩阵局部图

应用矛盾矩阵解决技术矛盾的具体步骤:

(1)从问题中找出改善的参数 A。

（2）从问题中找出恶化的参数 B。

（3）在矛盾矩阵左边第一列中，找到改善的参数 A，在矛盾矩阵的上面第一行中，找到恶化的参数 B，找到位于这两个参数交点处的单元格，单元格中的数字就是矛盾矩阵推荐的解决该技术矛盾的发明原理序号。

在矛盾矩阵使用过程中需要注意：

（1）对于某一确定的技术矛盾，矛盾矩阵所推荐的发明原理只是指出了最有希望解决这种技术矛盾的思考方向。这些思考方向是基于对大量专利进行概率统计分析的结果，对于实际中遇到的具体技术矛盾，被推荐的发明原理不一定能解决该技术矛盾。

（2）对于复杂问题，如果使用了某个发明原理，而该发明原理又引起了新问题时（产生副作用），不要马上放弃这个发明原理，可以先解决现有问题，然后将副作用作为新问题想办法加以解决。

（3）矛盾矩阵是不对称的。当技术矛盾中改善的参数和恶化的参数反转时，所推荐的发明原理会不同。

6.5　利用矛盾矩阵求解技术矛盾

6.5.1　利用矛盾矩阵求解的过程

解决技术矛盾的核心思想：改善技术系统中某个参数的同时，使其他参数不受影响。利用矛盾矩阵解决技术矛盾的过程大致可以分为三个步骤，即分析技术系统、定义技术矛盾和解决技术矛盾。具体的求解流程如图 6.5.1 所示。

步骤 1　确定要解决的关键技术问题。

步骤 2　找出要解决的关键技术问题中存在的技术矛盾，使用范式语言描述技术矛盾。

步骤 3　确定构成技术矛盾的具体参数，列出改善的具体参数和恶化的具体参数。

步骤 4　对照通用工程参数表，将步骤 3 列出的两类具体参数转换为通用工程参数。

步骤 5　使用通用工程参数表述技术矛盾。

步骤 6　依据步骤 4 所列的改善的参数和恶化的参数查阅矛盾矩阵。

步骤 7　根据矛盾矩阵列出所推荐的发明原理。

步骤 8　分析推荐的发明原理，判断是否存在可行的解决方案。

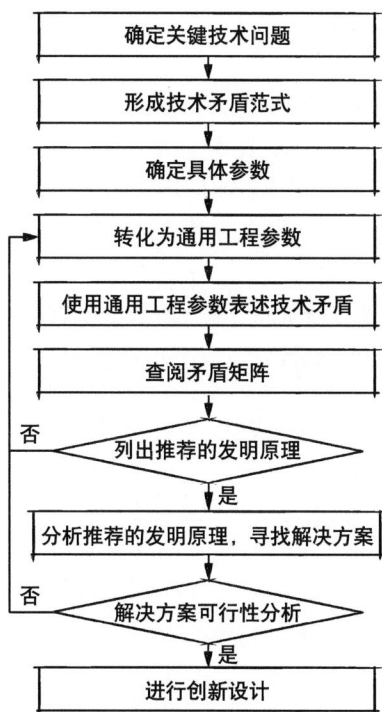

图 6.5.1 技术矛盾求解流程

步骤 9 如果存在可行的解决方案,则根据方案进行创新设计;若无可行的解决方案,则更换通用工程参数,转到步骤 4 重新进行分析,直到得到可行的解决方案。

在此说明,步骤 6 之后任何一步出现无解情况都可返回步骤 4。

6.5.2 技术矛盾求解案例分析

1. 水杯的创新分析

步骤 1 确定关键技术问题。

对于水杯,希望它更粗大,因为能装更多的水,但太粗会导致水不易抓取,如图 6.5.2 所示。如何解决这一问题?

步骤 2 技术矛盾范式描述。

如果:增加水杯的容积;

那么:可以装更多的水;

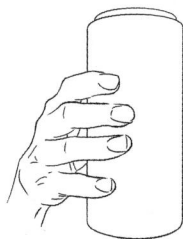

图 6.5.2 水杯太粗不易抓取

但是：水杯会变粗、不易抓取。

步骤 3 确定具体参数。

便携性、容积、重量。

步骤 4 转化为通用工程参数。

改善的参数：装水的多少→26 物质的（数）量；

恶化的参数：水杯的体积→8 静止物体的体积。

步骤 5 使用通用工程参数表述技术矛盾。

如果：增加水杯的容积；

那么：水杯的装水量（物质的（数）量）会得到改善；

但是：水杯（静止物体的体积）会变粗。

步骤 6 查阅矛盾矩阵。

结果如表 6.5.1 所示。

表 6.5.1 矛盾矩阵局部

恶化的参数　改善的参数		运动物体的重量	…	静止物体的体积	…	生产率
		1	…	8	…	39
运动物体的重量	1	+	…	−	…	25, 03 24, 37
…	…	…	+	…	…	…
物质的（数）量	26	35, 06 18, 31	…		…	13, 29 03, 27
…	…	…	…	…	+	…
生产率	39	35, 26 24, 37	…	35, 37 10, 02	…	+

步骤 7 列出推荐的发明原理。

由"物质的（数）量"与"静止物体的体积"构成的技术矛盾没有推荐的发明原理，说明所选的通用工程参数不合适。因此再次返回步骤 4 重新进行通用工程参数选择。

步骤 4 转化为通用工程参数。

改善的参数：装水的多少→26 物质的（数）量；

恶化的参数：水杯的重量→2 静止物体的重量。

步骤 5 使用通用工程参数表述技术矛盾。

如果：增加水杯的容积；

那么:水杯的装水量(物质的(数)量)会得到改善;

但是:水杯的重量(静止物体的重量)会增加。

步骤 6　查阅矛盾矩阵。

结果如表 6.5.2 所示。

表 6.5.2　矛盾矩阵局部

恶化的参数 改善的参数		运动物体的重量	静止物体的重量	…	生产率
		1	2	…	39
运动物体的重量	1	+	-	…	25,03 24,37
静止物体的重量	2	-	+	…	01,28 15,35
…	…	…	…	…	…
物质的(数)量	26	35,06 18,31	27,26 18,35	…	13,29 03,27
…	…	…	…	+	…
生产率	39	35,26 24,37	28,27 15,03	…	+

步骤 7　列出推荐的发明原理。

廉价替代原理(27),复制原理(26),振动原理(18),改变状态原理(35)。

步骤 8　分析推荐的发明原理,寻找解决方案。

使用廉价替代原理(27)、复制原理(26)、振动原理(18)、改变状态原理(35)来解决面临的技术矛盾问题并没有合适的解决方案,说明通用工程参数"物质的(数)量"与"静止物体的重量"不合适。再次返回步骤 4 进行通用工程参数选择。

步骤 4　转化为通用工程参数。

改善的参数:水杯工作效率→21 功率;

恶化的参数:水杯的重量→8 静止物体的体积。

步骤 5　使用通用工程参数表述技术矛盾。

如果:增加水杯的容积;

那么:水杯的装水效率(功率)会得到改善;

但是:水杯的体积(静止物体的体积)会变大。

步骤 6 查阅矛盾矩阵。

结果如表 6.5.3 所示。

表 6.5.3 矛盾矩阵局部

改善的参数 ＼ 恶化的参数		运动物体的重量	...	静止物体的体积	...	生产率
		1	...	8	...	39
运动物体的重量	1	+	...	−	...	25,03 24,37
...	...	...	+	...	...	...
功率	21	08,36 38,31	...	30,06,25	...	28,35,34
...	...	...	...	...	+	...
生产率	39	35,26 24,37	...	35,37 10,02	...	+

步骤 7 列出推荐的发明原理。

柔壳或薄膜原理(30),多功能原理(06),自服务原理(25)。

步骤 8 分析推荐的发明原理,寻找解决方案。

柔壳或薄膜原理(30):利用柔性壳体或薄膜隔离物体或系统,可将水杯使用柔性壳体。

步骤 9 解决方案可行性分析。

针对"希望水杯能装更多的水,但导致水杯太粗,不易抓取"的问题,应用柔壳或薄膜原理(30),可将水杯进行柔性化创新设计,得到折叠式水杯和弹性

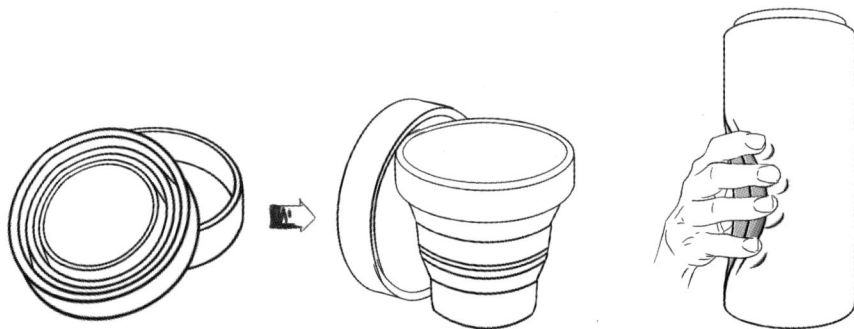

(a) 折叠式水杯　　　　　　　　　　　　　(b) 弹性水杯

图 6.5.3 动画

图 6.5.3 利用矛盾矩阵对水杯的创新设计

水杯两种方案,如图6.5.3所示。折叠式水杯通过拉伸能够使杯子装更多的水,又容易抓取;弹性水杯在抓取过程中水杯直径发生变化,即使水杯直径很粗也能容易抓取。

2. 矿泉水瓶的创新分析

步骤1　确定关键技术问题。

为了进一步降低瓶装矿泉水的成本,希望矿泉水瓶的瓶体做得薄一些,但水瓶的抗冲击性能降低,容易破损。如何解决这一问题?

步骤2　技术矛盾范式描述。

如果:减少矿泉水瓶的壁厚;

那么:会减少生产用料;

但是:矿泉水瓶易破损。

步骤3　确定具体参数。

壁厚、用料量、强度、可靠性。

步骤4　转化为通用工程参数。

改善的参数:水瓶用料的多少→26物质的(数)量;

恶化的参数:瓶体的强度→14强度。

步骤5　使用通用工程参数表述技术矛盾。

如果:减少矿泉水瓶的壁厚;

那么:制造矿泉水瓶的用料(物质的(数)量)会减少;

但是:矿泉水瓶的强度会降低。

步骤6　查阅矛盾矩阵。

结果如表6.5.4所示。

表 6.5.4　矛盾矩阵局部

恶化的参数 / 改善的参数		运动物体的重量	…	强度	…	生产率
		1	…	14	…	39
运动物体的重量	1	+	…	28,27 18,40	…	25,03 24,37
…	…	…	+	…	…	…
物质的(数)量	26	35,06 18,31	…	14,35 34,10	…	13,29 03,27
…	…	…	…	…	+	…
生产率	39	35,26 24,37	…	29,28 10,18	…	+

步骤7　列出推荐的发明原理。

曲面化原理（14），改变状态原理（35），抛弃与再生原理（34），预先作用原理（10）。

步骤8　分析推荐的发明原理，寻找解决方案。

曲面化原理（14）：将直线或平面转化成曲线或曲面，可将矿泉水瓶的瓶体做出多个小曲面。

步骤9　解决方案可行性分析。

针对"为了进一步降低瓶装矿泉水的成本，希望矿泉水瓶的瓶体做得薄一些，但水瓶的抗冲击性能降低，容易破损"的问题，应用曲面化原理（14），可将矿泉水瓶瓶体做出阵列排布的小曲面，这种结构设计能够增加矿泉水瓶的强度，如图6.5.4所示。

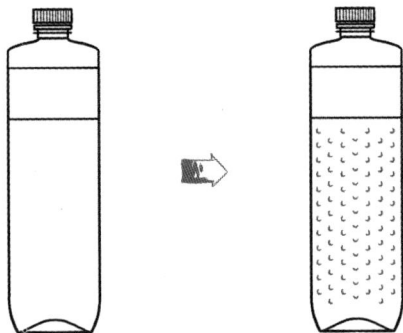

图6.5.4
动画

图 6.5.4　矿泉水瓶的创新设计

3. 行李箱的创新分析

步骤1　确定关键技术问题。

行李箱在托运过程中经常会出现破损，为了提高行李箱的强度，可增加行李箱箱体的厚度，或者使用金属制备箱体，但是这样会使行李箱的自重增加，不仅增加了托运成本，还不利于携带。如何在不增加行李箱自重的条件下，提高行李箱的强度呢？

步骤2　技术矛盾范式描述：

如果：增加行李箱箱体厚度；

那么：提高行李箱抗冲击强度；

但是：增加了自重。

步骤3　确定具体参数。

壁厚、抗冲击强度、自重

步骤 4　转化为通用工程参数。

改善的参数：抗冲击强度→ 14 强度，27 可靠性；

恶化的参数：行李箱的自重→ 2 静止物体的重量。

对以上两个改善的参数 14 强度、27 可靠性，分别与恶化的参数 2 静止物体的重量组成技术矛盾进行分析。对于改善的参数抗冲击强度（14 强度）和恶化的参数行李箱的自重（2 静止物体的重量）这一技术矛盾进一步进行矛盾矩阵求解步骤。

步骤 5　使用通用工程参数表述技术矛盾。

如果：增加行李箱箱体厚度；

那么：提高了行李箱的强度；

但是：增加了行李箱自重（静止物体的重量）。

步骤 6　查阅矛盾矩阵。

结果如表 6.5.5 所示。

表 6.5.5　矛盾矩阵局部

恶化的参数 改善的参数		运动物体的重量	静止物体的重量	…	生产率
		1	2	…	39
运动物体的重量	1	+	−	…	25, 03 24, 37
静止物体的重量	2	−	+	…	01, 28 15, 35
…	…	…	…	…	…
强度	14	01, 08 40, 15	40, 26 27, 01	…	29, 35 10, 14
…	…	…	…	+	…
生产率	39	35, 26 24, 37	28, 27 15, 03	…	+

步骤 7　列出推荐的发明原理。

复合材料原理（40），复制原理（26），廉价替代原理（27），分割原理（01）。

步骤 8　分析推荐的发明原理，寻找解决方案。

复合材料原理（40）：箱体采用 PC（聚碳酸酯）树脂材料，抗冲击强度高且成本低、质量轻；镁铝合金，质坚量轻，但成本较高。

步骤 9　解决方案可行性分析。

针对"提高行李箱强度,但行李箱自重会增加,增加了托运成本,不利于携带"的问题,应用复合材料原理(40),行李箱箱体可使用强度高、质量轻的聚碳酸酯或镁铝合金材料,这样行李箱强度提高,整体重量减轻,如图 6.5.5 所示。

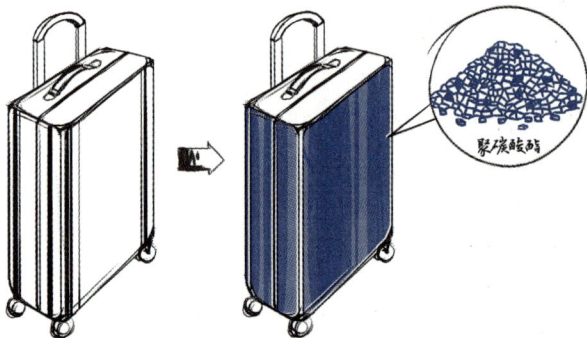

图 6.5.5
动画

图 6.5.5　复合材料行李箱的创新设计

对于改善的参数抗冲击强度(27 可靠性)和恶化的参数行李箱自重(2 静止物体的重量)这一技术矛盾,再进一步执行矛盾矩阵求解步骤。

步骤 5　使用通用工程参数表述技术矛盾。

如果:增加行李箱箱体厚度,

那么:提高了行李箱的可靠性,

但是:增加了行李箱自重(静止物体的重量)。

步骤 6　查阅矛盾矩阵。

结果如表 6.5.6 所示。

步骤 7　列出推荐的发明原理。

局部特性原理(03),预先作用原理(10),重量补偿原理(08),替代机械系统原理(28)。

步骤 8　分析推荐的发明原理,寻找解决方案。

局部特性原理(03):在箱体表面设计加强结构强度的立体条纹。

步骤 9　解决方案可行性分析。

针对"提高行李箱强度,但行李箱自重会增加,增加了托运成本,不利于携带"的问题,应用局部特性原理(03),可在行李箱箱体表面设计立体条纹结构,使行李箱箱体强度提高,但整体重量不会增加,如图 6.5.6 所示。

表 6.5.6　矛盾矩阵局部

恶化的参数 改善的参数		运动物体的 重量	静止物体的 重量	…	生产率
		1	2	…	39
运动物体 的重量	1	+	−	…	25, 03 24, 37
静止物体 的重量	2	−	+	…	01, 28 15, 35
…	…	…	…	…	…
可靠性	27	03, 08 10, 40	03, 10 08, 28	…	01, 35 29, 38
…	…	…	…	+	…
生产率	39	35, 26 24, 37	28, 27 15, 03	…	+

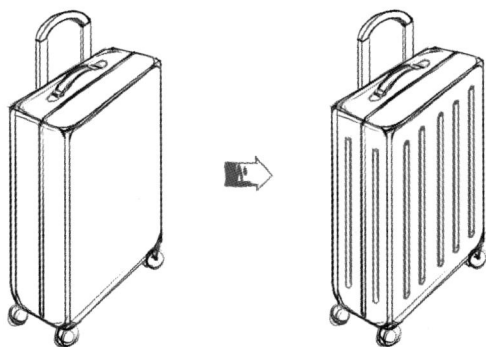

图 6.5.6　局部特性行李箱的创新设计

图 6.5.6
动画

本章小结

　　本章介绍了 TRIZ 理论中技术矛盾的定义,对 39 个通用工程参数进行了详细的说明,运用实例重点介绍了矛盾矩阵的具体使用方法。应用矛盾矩阵解决技术问题时,一方面,要学会准确抽取通用工程参数,进而形成标准技术矛盾;另一方面,要熟练掌握矛盾矩阵的应用方法,并在技术实践中不断熟练,以得到更多的创新方案。

思 考 题

1. 矛盾的分类有哪些？举例说明什么是技术矛盾。

2. 定义 39 个通用工程参数有什么意义？

3. 简述使用矛盾矩阵的基本步骤。

4. 结合自己的学习或生活，以一件物品为例，分析定义技术矛盾，并尝试按照技术矛盾的求解步骤设计一个创新方案。

第7章 物理矛盾及解决方法

上一章介绍了技术矛盾以及利用阿奇舒勒矛盾矩阵解决技术矛盾问题的步骤,本章介绍 TRIZ 理论中的另外一个矛盾问题模型:物理矛盾。

在 4.3 节矿泉水瓶的因果链分析案例中,最后得到了两个解决方案,一个是向瓶内充气,一个是在瓶内注满水,分别利用气压和水压来增加瓶内压力,最终达到提高瓶体强度的目的。表 4.3.1 给出了第二个解决方案中隐含的一个矛盾问题,就是既希望瓶内的水满一些,可以提高瓶内压力,同时又希望瓶内的水不要太满,避免喝水时洒出。这种"既要满又要不满"的问题,就是一个典型的物理矛盾问题。

为了解决这类问题,本章将讨论物理矛盾的定义,并采用统一的标准描述方法对物理矛盾问题加以表述,进而通过分离矛盾需求、满足矛盾需求或者绕过矛盾需求三种方法,产生解决问题的创新方案。

7.1 物 理 矛 盾

7.1.1 物理矛盾定义

类似"既要满又要不满"的矿泉水瓶,技术系统经常会遇到对某一个参数提出一些互斥或对立的需求,而这些需求又都是合情合理的。例如,对手机屏幕尺寸这个参数,既希望它大一些,又希望它小一些。尺寸大,观看更舒适,尺寸小,携带更方便。再例如,对桌子板材厚度这个参数,既希望它厚一些,又希望它薄一些。板材厚,桌子更结实耐用,板材薄,移动更容易。这种在一个技术系统中,针对同一个参数(或特性)提出了合理的、互斥的需求而产生的矛盾,叫作物理矛盾。

由此定义可以看出,物理矛盾的根源来自技术系统外部对内部同一参数或特性的互斥需求,现实的技术系统几乎不存在没有物理矛盾的情况。而由此定义出发,要判断一个问题能否归类为物理矛盾问题,可以基于以下两点:一是对同一参数(或特性)提出了互斥需求;二是互斥需求必须都符合情理,即都能给出合理的原因和解释。

　　以挂衣架为例加以说明:在挂衣服时,为便于穿入衣服,需要衣架小一点;但是在衣服穿入后,为了可靠地撑起衣服,又需要衣架大一点。这就对衣架提出了既要大又要小的互斥需求,而无论"大"或"小"都是合乎情理的,因此这就是一个物理矛盾问题。我们可以采用如图 7.1.1 所示的伸缩衣架解决此问题,左图是收缩状态,右图是展开状态。

图 7.1.1
动画

图 7.1.1　伸缩衣架

　　需要进一步说明的是,物理矛盾定义中的互斥需求并不仅仅局限于"满与不满""大与小""长与短"这种完全对立的情况。严格来说,互斥关系指的是 A 与 $\bar{A}$,而不仅仅是 A 与 $-A$,所有的 $\bar{A}$ 需求都会与 A 需求产生矛盾,两者的关系如图 7.1.2 所示。后续为了论述简洁,有时也会将 A 称为正向需求(需求),$\bar{A}$ 称为反向需求(反需求)。

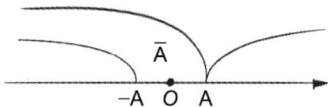

图 7.1.2　互斥需求的含义

　　在现实问题中,物理矛盾无处不在,具体表现在以下几个方面:

　　1. 技术系统必须存在,但又不能存在。

　　例如,道路上应该有红绿灯,避免交通事故,但又希望没有红绿灯,以便车辆行驶没有阻碍。

　　2. 技术系统具有性能 F,同时又具有相反的性能 $-F$。

　　例如,行李箱应该易于移动,便于拖行;但又希望它不易移动,以便放置稳定。

　　3. 技术系统处于状态 S,同时,又处于相反状态 $-S$。

　　例如,冬天希望汽车里热,要暖和;夏天又不希望热,要凉爽。

　　4. 其他方面。

　　几何参数、物理参数等,如物体的长度、高度等几何参数,物体的密度、黏度等物理参数。

7.1.2　物理矛盾分类

　　由于物理矛盾是技术系统外部对内部同一参数或特性的互斥需求,它反映的是辩证法中的对立统一,无论是宏观参数,如体积、长度、温度等,还是微观参数,如离子浓度、电子速度等,都有可能提出矛盾需求。因此对于现实中的技术系统而言,物理矛盾几乎无处不在,其类型也是多种多样的。根据承载物理矛盾的具体参数或特性,将其大致分为三个类别,包括几何类、材料及能量类和功能类,如表 7.1.1 所示。

表 7.1.1　物理矛盾分类

特性类别	特性							
几何类	长、短	对称、非对称	平行、交叉	厚、薄	圆、非圆	锋利、钝	水平、垂直	……
材料及能量类	多、少	密度大、密度小	热导率高、热导率低	温度高、温度低	时间长、时间短	黏度高、黏度低	摩擦系数大、摩擦系数小	……
功能类	喷射、堵塞	推、拉	冷、热	快、慢	运输、静止	强、弱	成本高、成本低	……

7.1.3　物理矛盾的表述形式

物理矛盾种类、数量众多,在实际运用中采用一种统一的描述方式,类似在描述技术矛盾时采用的"如果……那么……但是……"句式。

一个物理矛盾问题的完整表述至少应包括以下两部分:一是对特定参数或特性提出互斥需求(正向需求和反向需求);二是给出满足每个需求的理由,或因此所获得的效果、收益。一般采用如下格式:

技术系统的参数 A 需要需求 B,因为 C;

并且,

参数 A 又需要需求 $\overline{B}$,因为 D。

其中,A 表示单一参数或特性;B 表示正向需求;$\overline{B}$ 表示与 B 互斥的反向需求;C 表示满足需求 B 的理由,或可以达到的效果、收益;D 表示满足需求 $\overline{B}$ 的理由,或可以达到的效果、收益。

例如:

矿泉水瓶瓶壁厚度(A)需要厚(B),因为更结实耐用(C);

并且,

矿泉水瓶瓶壁厚度（A）又需要薄（$\overline{\text{B}}$），因为成本更低（D）。

又如：

行李箱拉杆长度（A）需要长（B），因为方便拖动（C）；

并且，

拉杆长度（A）又需要短（$\overline{\text{B}}$），因为方便放置（D）。

7.1.4 物理矛盾和技术矛盾的关系

技术矛盾和物理矛盾都是经典 TRIZ 理论中的矛盾问题模型。阿奇舒勒认为发明问题中至少包含一个以上的矛盾，而解决发明问题就是要设法消除矛盾，这是经典 TRIZ 理论中一个具有划时代意义的重要结论。

对于同一个技术问题，通常既可以用技术矛盾模型描述，也可以用物理矛盾模型描述，两者事实上是同一问题不同层面、不同角度的表达，两者之间也存在着诸多的区别与联系。

1. 技术矛盾与物理矛盾的区别

从外在形式上，两者涉及的参数个数不同。技术矛盾是两个不同参数之间的矛盾，而物理矛盾是对同一参数提出互斥需求的矛盾。

从解决路径上，两者使用的解决问题工具不同。技术矛盾可以通过查询矛盾矩阵找到对应的发明原理加以解决，而物理矛盾主要通过选择合适的分离原理，再利用其推荐的发明原理加以解决。

2. 技术矛盾与物理矛盾的联系

技术系统的任何参数或特性都不是孤立的，往往与其他参数存在诸多内在关联，当一个参数发生变化时，与之关联的其他参数也会发生相应变化（优化或恶化）。当外部出现对技术系统某一参数的互斥需求，即出现物理矛盾时，也必然会引起内部其他参数的优化或恶化，即产生了技术矛盾。可以说，正是因为物理矛盾中的互斥需求导致了技术矛盾的出现。按照因果关系，物理矛盾是因，技术矛盾是果，所以物理矛盾是技术矛盾更深层次的表现，更直接、更尖锐，也更接近问题本质。

这一点从技术矛盾的描述方式中也可以看出。第 6 章中技术矛盾的表述方式：如果（需求 A），那么（改善参数 B），但是（恶化参数 C）；如果（需求 -A），那么（改善参数 C），但是（恶化参数 B）。其中需求 A 和需求 -A 就是物理矛盾的互斥需求，直接导致了参数 B 和参数 C 的技术矛盾。技术矛盾与物理矛盾之间的关系如图 7.1.3 所示。

3. 技术矛盾与物理矛盾的转换

理论上说，技术矛盾和物理矛盾是可以相互转化的。如果要从更深的层面彻底解决问题,较为常见的方法是将技术矛盾转化为物理矛盾。转化时可以借助阿奇舒勒提出的矛盾转化表格模型,如表 7.1.2 所示。其中"IF"行就是关于参数 A 的物理矛盾,而"THEN"和"BUT"这两行就是参数 B 和参数 C 之间的技术矛盾。

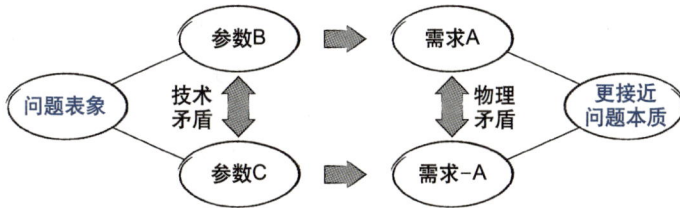

图 7.1.3　技术矛盾与物理矛盾的关系

表 7.1.2　矛盾转化表格模型

转化步骤	参数及需求		矛盾类型
IF(如果)	参数 A 满足正向需求	参数 A 满足负向需求	物理矛盾
THEN(那么)	参数 B 优化	参数 C 优化	技术矛盾
BUT(但是)	参数 C 恶化	参数 B 恶化	技术矛盾

下面以飞机机翼的矛盾为例加以说明,如表 7.1.3 所示。

表 7.1.3　"飞机机翼"矛盾转化表格

转化步骤	参数及需求		矛盾类型
IF(如果)	机翼面积大	机翼面积小	物理矛盾
THEN(那么)	升力大	飞行速度快	技术矛盾
BUT(但是)	飞行速度慢	升力小	技术矛盾

如果机翼面积增大,那么飞机升力就会增大(优化),但是飞行速度会变慢(恶化);而如果机翼面积减小,那么飞行速度会变快(优化),但是飞机升力会减小(恶化)。飞机的速度和升力两个参数构成了一组技术矛盾。将"IF"行的参数"机翼面积"提取出来,就很容易地得到问题的物理矛盾模型:

机翼面积需要大,因为可以增加升力;但是机翼面积又需要小,因为可以提高飞行速度。这样就将"速度"和"升力"的技术矛盾转化成了对"机翼面积"提出互斥需求的物理矛盾。

7.2 物理矛盾解决方法

在遇到类似需要矿泉水瓶"既要满又要不满"这样物理矛盾问题时,传统的工程思想认为不可能同时满足一个参数的两个互斥需求,往往采取折中的办法,在"满"与"不满"之间取一个适当的中间值。这样的做法看上去似乎顾及到了矛盾双方的需求,但实际上双方均未得到满足,初始的物理矛盾问题也并未得到解决。

"既要满又要不满"看起来好像是一个不可调和的矛盾,但不论是针对参数的正向需求还是反向需求,其实都是在一定条件下提出的。例如希望矿泉水瓶要满,是什么时候满呢? 希望水瓶不满,是什么时候不满呢? 这两个时间段如果不完全重叠,是不是有可能做到一个时间段是满的而另一个时间段不满呢? 在这个问题上,时间就是矛盾需求的条件之一。

围绕矛盾需求的条件,就可以找到解决物理矛盾的可能。在 TRIZ 理论中,共有三种解决物理矛盾的思路和方法,分别是分离矛盾需求、满足矛盾需求和绕过矛盾需求,如图 7.2.1 所示,本节将分别加以讨论。

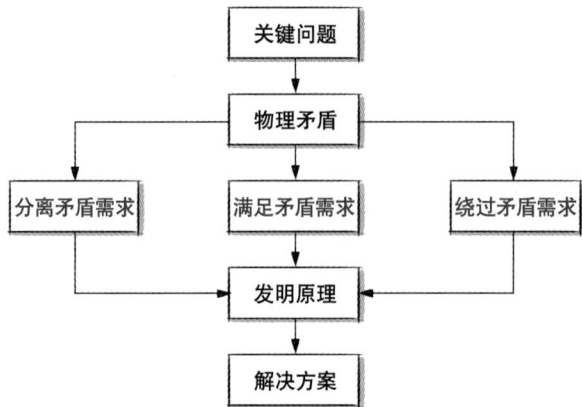

图 7.2.1 物理矛盾问题解决方法

7.2.1 分离物理矛盾需求

经典 TRIZ 理论研究的重点内容之一就是物理矛盾问题的解决方法。苏联 TRIZ 大师 Boris Zlotin 在 20 世纪 70 年代提出了物理矛盾的概念以及按照空间、时间分离原理解决物理矛盾的方法,阿奇舒勒在其基础上扩展出 11 种物理矛盾的分离方法。但是 11 种分离方法并不利于实际应用,后经多位学者在结合各种物理矛盾解决方法研究的基础上,逐步归纳为时间分离、空间分离、关系分离、方向分离和系统级别分离五个分离原理。

在 TRIZ 理论发展的各个阶段,解决物理矛盾问题的核心思想其实是一致的,就是分离矛盾需求。具体来说,如果在某一维度上正向需求和反向需求的条件并不重叠,则可以在这个维度上按照相应的条件对物理矛盾双方进行分离。例如,希望行李箱使用时能大一些,可以存放更多的衣物行李,同时又希望闲置时能小一些,可以节省存放空间。这个"既要大又要小"的矛盾在时间维度上显然是可以分离的,因为我们需要行李箱"大"的时间条件是"使用时",而需要它"小"的时间条件是"闲置时",两者并不重叠。

类似的可供分离矛盾需求的思考维度共有五个,分别是时间、空间、关系、方向、系统级别,也就形成了五个分离原理。在其中任何一个维度上,只要能够找到相应的分离条件,就可以将物理矛盾的正、反向需求分离,从而解决物理矛盾问题。事实上,绝大多数的物理矛盾问题(约 90%)都可以通过分离的方式加以解决。因此,分离原理也是 TRIZ 理论中解决物理矛盾问题最主要的工具。

1. 分离原理

(1)空间分离原理

空间分离原理是从空间维度思考问题,分析是否在技术系统所有空间区域都要满足矛盾双方。如果矛盾的一方(需求)在某个区域存在,在其他区域不存在,而另一方(反需求)与之相反,即技术系统空间某区域只出现矛盾双方中的一方时,则可以使用空间分离原理将矛盾双方分开,以满足不同的需求。

例如,对于行李箱的箱体,既希望硬一些,可以防止碰撞,又希望它软一些,可以保护内部物品。对于这个物理矛盾可以问,哪里需要硬一些? 哪里需要软一些? 显然,行李箱外部需要硬一些,而内部需要软一些,这是行李箱技术系统的两个不同空间区域,因此可以利用空间分离原理进行矛盾分离。

(2)时间分离原理

时间分离原理是从时间维度思考问题,分析是否技术系统的所有时间段都要满足矛盾双方。如果矛盾双方在时间上不重叠,即在某时间段需要矛盾的一方,而在其他时间段需要另一方,则可以使用时间分离原理将矛盾双方分开,以满足不同需求。

例如,同样对于行李箱箱体,既希望它大一些,可以盛装更多物品,又希望它小一些,占用存放空间更小。对于这个物理矛盾可以问,什么时间需要大一些? 什么时间需要小一些? 显然,行李箱在使用时需要大一些,而在闲置时需要小一些,这两个时间段不重叠,因此可以利用时间分离原理进行矛盾分离。

（3）关系分离原理

关系分离原理是从对象（超系统组件）思考问题,分析对于不同对象,技术系统是否都要满足矛盾双方。如果不同对象对技术系统有不同的需求,即一个对象需要矛盾的一方（需求）,而另一个对象需要另一方（反需求）,则可以使用关系分离原理将矛盾双方分开,以满足不同的需求。

例如,对于行李箱的内衬,希望它分隔多一些,放置小物品时可以充分利用空间,又希望它分隔少一些,方便放置大件物品。对于这个物理矛盾可以问,对谁（哪个对象）来说需要分隔得多一些? 对谁（哪个对象）需要分隔得少一些? 显然,大件物品和小件物品（超系统组件）的需求是完全不同的,因此可以利用关系分离原理进行矛盾分离。

（4）方向分离原理

方向分离原理是从方向维度思考问题,是否在任何方向上,技术系统都要满足矛盾双方。如果同一技术系统在不同方向上有不同的需求,即在一个方向需要矛盾的一方（需求）,而在另一个方向需要另一方（反需求）,则可以使用方向分离原理将矛盾双方分开,以满足不同的需求。

例如,对于行李箱的滚轮,上坡时在前进方向希望是可以滚动的,可以省力,又希望在后退方向是可以锁止的,防止下滑。对于这个物理矛盾可以问,在哪个方向上需要滚动? 在哪个方向上需要锁止? 显然,在前进（上坡）方向上需要滚动,在后退（下坡）方向上需要锁止,因此可以利用方向分离原理进行矛盾分离。

（5）系统级别分离原理

系统级别分离原理是从不同系统层级（组件、子系统、系统、超系统）维度思考问题,是否在所有的系统层级上,都需满足矛盾双方。如果矛盾的双方在不同系统层级有不同的需求,也就是说在某一系统层级需要矛盾一方,而在其他层级系统需要另一方,则可以使用系统级别分离原理将矛盾双方分开,以满足不同的需求。

例如,对于行李箱的拉链,希望它是柔性（软）的,可以吻合箱体拐角,又希望它是刚性（硬）的,可以保证箱体密封可靠。对于这个物理矛盾可以问,在哪个系统级别上需要具有柔性? 在哪个系统级别上需要具有刚性? 显然,在整体即技术系统级别上需要具有柔性,而在拉链的每一个牙即子系统级别上需要具有刚性,因此可以利用系统级别分离原理进行矛盾分离。

2. 分离原理与发明原理的对应关系

分离原理可以为解决物理矛盾问题提供思考的方向,但要产生更清晰的解决方案,则需要借助 40 个发明原理。每个分离原理对应的发明原理如表 7.2.1 所示。

表 7.2.1　分离原理与发明原理对应关系

分离原理	发明原理
空间分离	分割原理(01);抽取原理(02);非对称原理(04);嵌套原理(07);局部特性原理(03);多维化原理(17);中介物原理(24);柔壳或薄膜原理(30)
时间原理	预先反作用原理(09);预先作用原理(10);预置防范原理(11);动态化原理(15);抛弃与再生原理(34);振动原理(18);周期性作用原理(19);有效作用持续原理(20)
关系分离	局部特性原理(03);多维化原理(17);周期性作用原理(19);多孔原理(31);变色原理(32);复合材料原理(40)
系统分离	分割原理(01);合并原理(05);等势原理(12);同质原理(33);复合材料原理(40);多功能原理(06);变害为利原理(22);反馈原理(23)
方向分离	非对称原理(04);复合材料原理(40);多孔原理(31);曲面化原理(14);多维化原理(17);变色原理(32);嵌套原理(07)

需要说明,表中推荐的发明原理是经过科学统计,按照其在解决相应物理矛盾问题时的使用频率排列的。进行矛盾分离时,表中列出的发明原理优先使用,表中未列出的发明原理也可以使用。

3. 应用分离原理解决物理矛盾的流程

一个关键问题转化为物理矛盾问题后,可以采用分离矛盾需求的方法进行解决,流程如图 7.2.2 所示。

(1)描述物理矛盾　将物理矛盾问题用 7.1.3 节所述的标准表述方式进行描述。

(2)确定适用的分离原理　从物理矛盾的标准描述中找出正向需求 A 和反向需求 –A,对应五条分离原理可以形成五个导向问题,如表 7.2.2 所示。五个导向问题中哪一个回答合理,就说明该分离原理可以采用。

关键问题

	1. 描述物理矛盾
5. 尝试其他分离原理	3. 选择对应的发明原理
	2. 确定适用的分离原理
	4. 形成解决方案

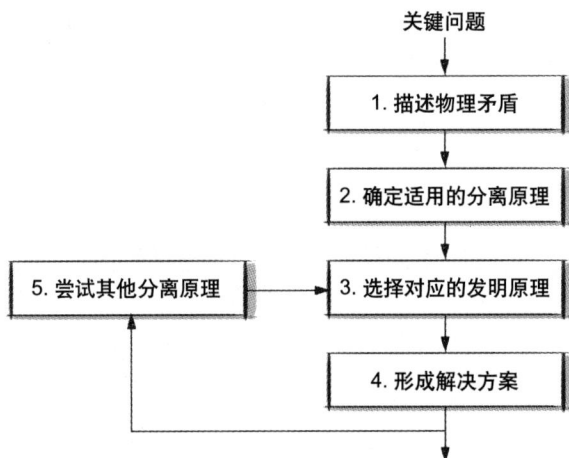

图 7.2.2 分离矛盾需求的解题流程

表 7.2.2 分离原理对应的导向问题

分离原理	导向问题
空间分离	在哪里需要 A,在哪里需要 −A
时间原理	什么时间需要 A,什么时间需要 −A
关系分离	谁需要 A,谁需要 −A
方向分离	哪个方向需要 A,哪个方向需要 −A
系统级别分离	哪个系统级别需要 A,哪个系统级别需要 −A

（3）选择对应的发明原理 确定分离原理后,从表 7.2.1 中选择对应的发明原理进行分析思考。

（4）形成解决方案 通过对发明原理的分析思考形成物理矛盾问题的解决方案,可以逐个发明原理尝试,也可以综合几个发明原理一起思考。

（5）尝试其他分离原理 不论上一步是否产生了解决方案,都可以按照步骤（2）的方法继续尝试其他的分离原理,进而选择不同的发明原理,形成新的解决方案。

下面以"行李箱既要大又要小"的问题为例,对上述流程加以说明。

（1）描述物理矛盾

该物理矛盾问题的标准描述:行李箱箱体体积需要大,可以盛放更多物品;并且,行李箱箱体体积需要小,节省空间。

（2）确定适用的分离原理

从标准描述中可以看出，该物理矛盾的正向需求是箱体体积需要大，而反向需求是箱体体积需要小。

列出导向问题：

① 箱体哪里需要体积大？哪里需要体积小？

② 什么时候需要箱体体积大？什么时候需要箱体体积小？

③ 对谁（超系统组件）箱体体积需要大？对谁箱体体积需要小？

④ 哪个方向上箱体体积需要大？哪个方向上箱体体积需要小？

⑤ 哪个系统级别上箱体体积需要大？哪个系统级别上箱体体积需要小？

问题①并不容易找到合理的回答，因为要盛放更多的物品，就需要箱体整体而不是某一个区域体积大；要节省空间，同样需要箱体整体而不是某一个区域体积小。因此空间分离原理不适用。

对于问题②容易想到，行李箱在使用的时候需要箱体体积大，闲置的时候需要箱体体积小。这显然是一个比较合理的回答，也就意味着接下来可以采用时间分离原理解决该物理矛盾问题。

（3）选择对应的发明原理

查询表 7.2.1，时间分离原理对应的发明原理包括：预先反作用原理（09）、预先作用原理（10）、预置防范原理（11）、动态化原理（15）、抛弃与再生原理（34）、振动原理（18）、周期性作用原理（19）、有效作用持续原理（20）。

（4）启发形成解决方案

在上述推荐的发明原理中，根据动态化原理，可以思考能否使行李箱箱体具备动态特性，使用时能够变大，而闲置时能够变小？由此可以想到采用可折叠箱体（图 7.2.3）或者柔性可拉伸箱体的方案。

根据抛弃与再生原理，可以思考行李箱箱体能否在不用时抛弃？由此联想到采用廉价可再生材料制作行李箱箱体，如图 7.2.4 所示。

（5）尝试其他分离原理

虽然在上一步得到了可行的解决

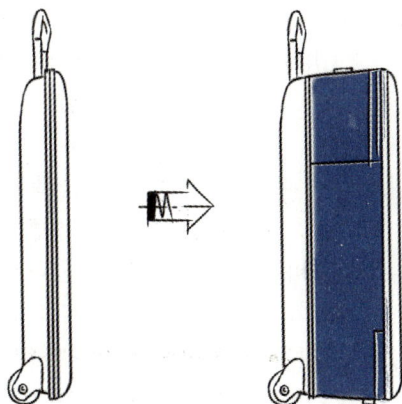

图 7.2.3　可折叠的行李箱

图 7.2.3
动画

方案,但是依然可以尝试采用其他适用的分离原理。例如在步骤(2)的五个导向问题中,对于问题③可以想到,对于装物品的行李箱而言,箱体体积需要大,而对于存放行李箱的橱柜而言,箱体体积需要小。这也是一个合理的回答,因此该物理矛盾也可以使用关系分离方法加以解决。读者可参照步骤(3)、(4),形成新的解决方案。

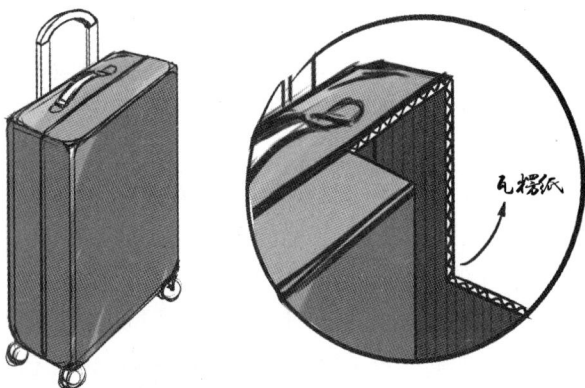

图 7.2.4　用瓦楞纸制作的行李箱箱体

7.2.2　满足物理矛盾需求

虽然经典 TRIZ 理论中的分离原理可以解决大部分的物理矛盾问题,但也有一些矛盾需求很难完全分离。在空间、时间、关系、方向以及系统级别五个分离维度上,如果所有的导向问题都难以找到合理的回答,也就意味着使用应用分离原理不能解决问题。此时,可以尝试采用满足矛盾需求的方法来解决物理矛盾。

采用满足矛盾需求的方法解决物理矛盾问题可以参照图 7.2.5 所示流程。

(1)描述物理矛盾:将物理矛盾问题用 7.1.3 节所述的标准表述方式进行描述。

(2)选择发明原理:选择满足物理矛盾需求的发明原理。

(3)产生解决方案:在上述发明原理的启发下形成物理矛盾问题的解决方案,可以逐个原理尝试,也可以综合几个发明原理一起思考。

(4)选择其他发明原理:不论上一步是否产生了解决方案,都可以继续尝试其他发明原理,形成新的解决方案。

与分离矛盾需求的方法相比,满足矛盾需求的方法只是减少了选择分离原理的步骤,其余过程完全一致,不再举例说明。

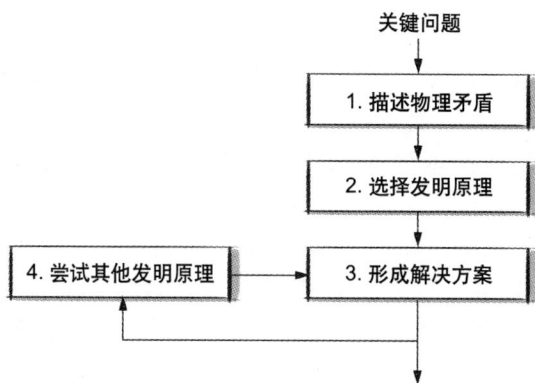

图 7.2.5　满足物理矛盾需求的解题流程

7.2.3　绕过物理矛盾需求

如果物理矛盾的正、反需求既难以分离,又无法同时满足,还可以尝试绕过矛盾需求。即不再关注物理矛盾本身,而是从技术系统的工作原理考虑,尝试新的工作原理,利用新的工作原理构造新的技术系统,以实现功能。由于找到了实现功能的新的技术系统,原有的物理矛盾不再存在,从而绕过了物理矛盾。

如图 7.2.6a 所示,用牙刷可以去除牙齿上的牙渍,清洁牙齿。希望牙刷刷毛是软的,减少牙齿磨损,保护牙齿,缺点是不易去除牙齿上的牙渍;但又希望牙刷刷毛是硬的,可以更好地去除牙渍,缺点是容易磨损牙齿。因此,牙刷刷毛要软,又要硬,都是合乎情理的需求,所以是一对物理矛盾。

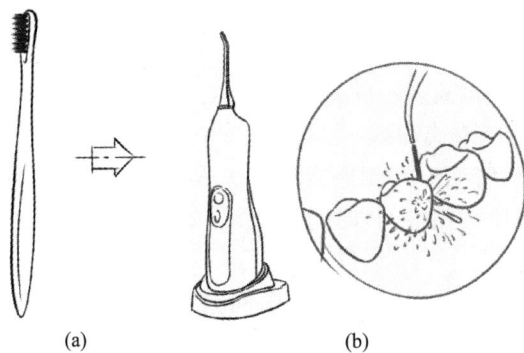

(a)　　　　　　(b)

图 7.2.6　绕过物理矛盾需求案例

图 7.2.6
动画

在这个例子中,可以考虑绕过物理矛盾需求来解决问题。方法是不再用机械摩擦原理去除牙渍,而是使用新的原理——高速冲击。如图 7.2.6b 所示的洗牙器,不使用牙刷但可以实现去除牙渍、清洁牙齿的需求。洗牙器头部有微孔,高速水柱在一定压力下从孔中喷出,冲洗牙齿表面,还能清洁各种缝隙孔洞和凹凸表面,达到"微观"的清洁。同时,水流还起到按摩作用,促进牙龈的血液循环,增强局部组织抗病能力。由于使用了新的工作原理,原有的刷毛不存在了,绕过了原有的物理矛盾需求。

需要注意的是,绕过物理矛盾需求的方法并没有真正地解决物理矛盾。同时,对于多数成熟的技术系统而言,要完全绕过其工作原理并非易事。

对于以上解决的物理矛盾问题的三种方法,应先尝试分离矛盾需求,再尝试满足矛盾需求,最后考虑绕过矛盾需求。在时间允许的情况下,建议尽可能多地尝试各种方法,以获得潜在的最佳方案。

7.3　物理矛盾解决方法案例

7.1 和 7.2 节详细介绍了物理矛盾的概念以及物理矛盾问题的解决方法,本节以具体案例进行学习。

应用前述方法解决矿泉水瓶因果链分析案例中隐含的物理矛盾问题。该问题情境是:期望将矿泉水瓶内注满水,利用水压来增加瓶体强度,但装满水的矿泉水瓶打开时容易洒出。问题:既希望瓶内的水满,又希望瓶内的水不满。

对于此问题首先尝试分离矛盾需求,具体步骤参照 7.2.1 节。

1. 描述物理矛盾

该问题的物理矛盾描述为:

矿泉水瓶中的水需要满,可以提高瓶体强度;

并且,

矿泉水瓶中的水需要不满,避免洒出。

2. 确定适用的分离原理

在此物理矛盾问题中,正向需求是水瓶中的水需要满,反向需求是水不要满。接下来可以按照空间、时间、关系、方向、系统级别的次序逐一尝试导向问题。

首先按照空间分离原理提出导向问题:矿泉水瓶哪里需要满? 哪里需要不满?

在此问题情境中,装满水是为了提高瓶体强度,因此瓶体部分需要装满水;而开盖时洒水的问题主要发生在瓶口,因此瓶口部分不要装满水。导向问题得到了合理的回答,因此空间分离原理适用于该问题。

3. 选择对应的发明原理

空间分离原理对应的发明原理包括:分割原理(01);抽取原理(02);非对称原理(04);嵌套原理(07);局部特性原理(03);多维化原理(17);中介物原理(24);柔壳或薄膜原理(30)。

4. 分析思考产生解决方案

建议对推荐的发明原理逐条仔细思考,也可以将多条发明原理联合起来思考。事实上,每条推荐的发明原理都是解决问题的机会,不要轻易地否定或者放弃任何一条发明原理。对于得到的初步解决方案,也不要因为可行性等原因轻易地否定,可以留到方案评估阶段再去评价。

对于当前的物理矛盾问题,在推荐的发明原理的启发下进行思考,如表 7.3.1 所示。

表 7.3.1　从发明原理获得的初步启发

分离原理	发明原理	思考
空间分离	分割原理(01)	是否可以将水瓶内部空间分割为两个甚至多个独立部分
	抽取原理(02)	是否可以将瓶口的水抽离
	非对称原理(04)	是否可以将水瓶做成非对称结构
	嵌套原理(07)	是否可以在瓶内嵌套一些东西或通过嵌套结构解决问题
	局部特性原理(03)	是否可以对水瓶局部做出一些改变
	空间维化原理(17)	是否可以改变瓶子的空间维度
	中介物原理(24)	是否能够加入中介物来解决问题
	柔壳或薄膜原理(30)	是否可以通过柔壳或薄膜来帮助解决问题

在这些启发的基础上进行更深入的思考,就有可能得到的解决方案:

方案 1:对于分割原理(01),可以进一步思考要将哪里分开? 用什么分? 结合问题情境容易想到将瓶体和瓶口分开,再结合推荐的柔壳或薄膜原理(30),可以设计在瓶内注满水后用一层塑封薄膜将瓶体与瓶口分隔开,如图 7.3.1a 所示。这样,瓶体部分水是满的,而开盖时水不会洒出。

方案 2:对于局部特性原理(03),可以进一步思考要对哪个局部做出改变？结合问题情境很容易想到瓶口或者瓶盖，再结合推荐的中介物原理（24），思考能否在瓶口位置加入中介物，提前占据住瓶口的空间，这样瓶体部分水是满的，而瓶口部分因为被中介物占据了，不会有水。中介物既可以采用弹性活塞，也可以采用成本更低的气囊结构，如图 7.3.1b 所示。

方案 3：对于抽取原理（02），可以进一步思考如何在开盖前将瓶口的水抽离？结合嵌套原理（07）可以联想到针管。在矿泉水瓶的瓶底设计一个微动的活塞结构，开盖前活塞顶起，瓶内的水是满的；开盖时将活塞拔出，瓶内的水位下降到瓶口以下，如图 7.3.1c 所示。

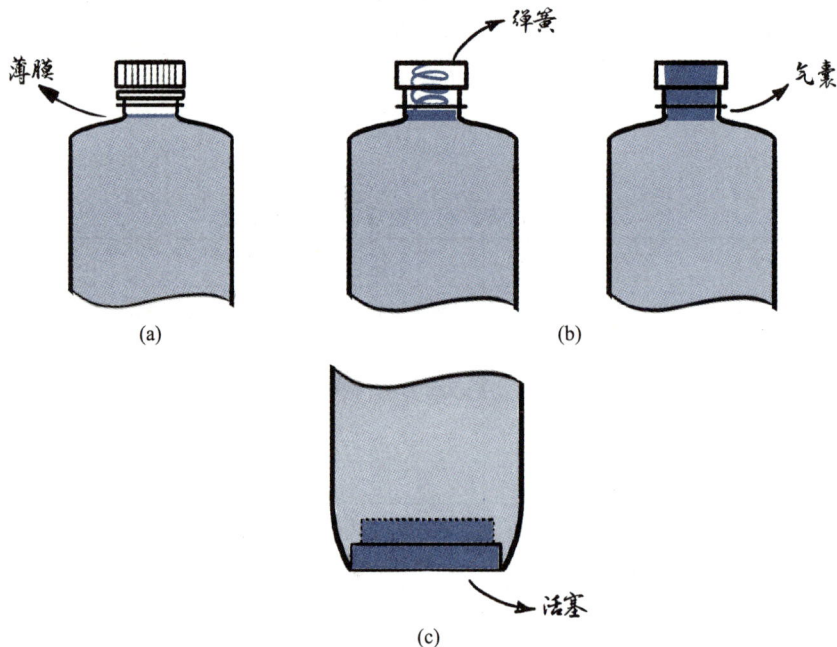

(a)   (b)

(c)

图 7.3.1 采用空间分离得到的解决方案

以上三个方案是作者在相应发明原理的启发下得到的，读者可以尝试通过不同的思考路径得到其他解决方案。

5. 尝试其他分离原理

采用空间分离原理得到了问题的解决方案后，可以尝试采用其他分离原理以获得更多的解决方案。采用时间分离原理的导向问题：瓶内的水什么时候需要满？什么时候需要不满？在此问题情境中，显然当存储或运输的时候需要水是满的，以提高瓶体强度；当打开饮用时需要水是不满的，防止洒出。这些回答是合乎情理的，因此时间分离原理也适用于本问题。

在表 7.2.1 中,时间分离原理所对应的发明原理包括:预先反作用原理(09);预先作用原理(10);预置防范原理(11);动态化原理(15);抛弃与再生原理(34);振动原理(18);周期性作用原理(19);有效作用持续原理(20)。接下来的思考过程与前面所述类似,不再赘述,请读者自行练习。

本 章 小 结

本章主要介绍了物理矛盾及其解决方法,首先介绍了物理矛盾的概念、表述形式和分类,阐释了物理矛盾和技术矛盾的联系与区别;之后介绍了物理矛盾的三种解决方法,分离矛盾需求、满足矛盾需求和绕过矛盾需求。重点介绍了空间、时间、关系、方向和系统级别五条分离原理及其解题流程。

思 考 题

1. 物理矛盾涉及的参数有哪些?

2. 从日常生活中找一个实例,用物理矛盾进行描述。

3. 物理矛盾与技术矛盾的区别和联系是什么?

4. 能否用技术矛盾和物理矛盾对同一个问题进行分析? 并举例说明。

5. 解决物理矛盾一般用什么方法? 分离方法有哪些?

6. 从日常生活中找一个实例,并使用分离原理解决其中存在的物理矛盾问题。

7. 从日常生活中找一个实例,尝试使用满足矛盾需求方法解决其中存在的物理矛盾问题。

8. 从日常生活中找一个实例,尝试使用绕过矛盾需求方法解决其中存在的物理矛盾问题。

注:第 6 ~ 8 题可以参考附件 5 提供的作业模板格式。

第三篇　扩展与实践

第8章 技术系统进化

20世纪中后期,阿奇舒勒对大量专利进行了分析,发现产品及其技术的发展总是遵循一定的客观规律,并且同一条规律往往在不同的产品技术领域被反复应用,这说明任何领域中的产品改进、技术变革均有规律可循。这些客观规律反映了进化过程中技术系统各子系统之间、技术系统同环境之间的稳定的、重复出现的相互作用,它不以人的意志为转移,但可被观察、掌握与应用。因此,阿奇舒勒及其团队不断地总结提炼,形成了技术系统进化法则,它是构成 TRIZ 理论的核心内容之一。掌握这些规律,就有可能预测产品的未来发展趋势。

为了掌握并运用技术进化法则来进行创新,人们展开了深入研究,对每种进化法则,又凝练了多种进化路线。进化路线体现了系统依据该法则进化常用的方法和经历的状态变化,能够具体地指导技术系统发展和完善。目前对技术进化法则的研究成果较多,而这些成果都是建立在阿奇舒勒技术系统进化法则之上。本章主要介绍阿奇舒勒经典 TRIZ 理论的技术系统进化法则。

8.1 技术系统进化概述

一个产品可视作为一个技术系统(简称为系统),由多个子系统组成,并通过子系统间的相互作用达到一定的功能,而子系统可以由零件或部件构成。系统是处于超系统之中的,超系统是系统所在的环境,环境中的其他相关的系统可以看作超系统的构成部分。技术系统的进化是指实现系统功能的技术从低级向高级变化的过程,进化是客观进行着的。认识和掌握了系统的进化规律,有利于设计者开发出更先进的产品,从而提升产品的竞争力。

8.1.1 技术进化 S 曲线

阿奇舒勒发现,技术系统是沿着一条 S 形的曲线有规律地进化。图 8.1.1

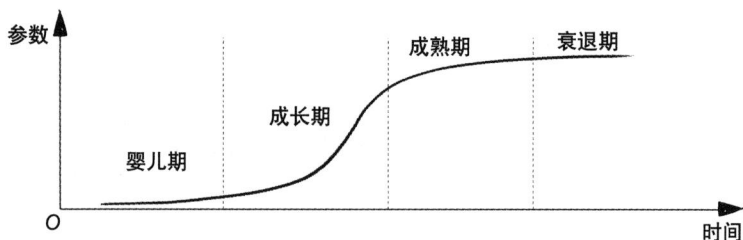

图 8.1.1　典型的 S 曲线

所示是一条典型的 S 曲线。S 曲线是用来描述技术系统参数随时间变化规律的曲线,描述了一个技术系统的完整生命周期。

1. S 曲线的构成

如图 8.1.1 所示,S 曲线中横轴表示技术系统发展的时间,纵轴表示描述技术系统主要有益功能的参数。参数随时间延续呈现的变化规律与生物系统的进化规律相似。按照 S 曲线的线形特点,可将技术系统的进化过程分为婴儿期、成长期、成熟期与衰退期四个阶段。在每一个发展阶段中,性能、专利数量、专利级别、经济收益等都会呈现不同的状态,如图 8.1.2 所示。

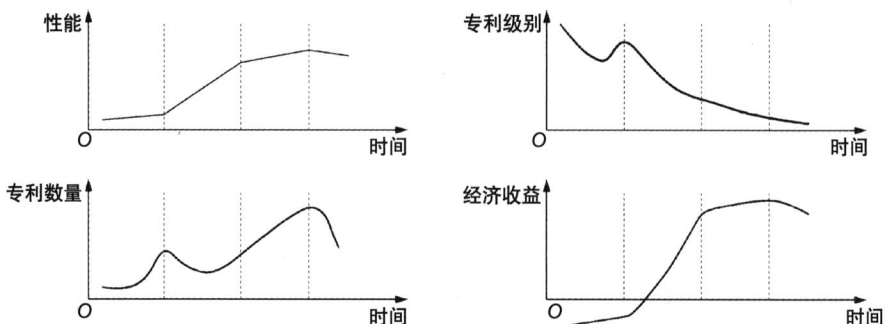

图 8.1.2　S 曲线各阶段不同参数的状态

任何一种产品、工艺或者技术在四个阶段都有不同的表现(特点),通过 S 曲线预测所研发产品的状态,对于产品创新具有指导作用。

2. S 曲线的特点

下面从技术系统进化的婴儿期、成长期、成熟期和衰退期四个阶段,来分析性能、专利数量、专利级别和经济收益的变化特点(如表 8.1.1 所示)。

(1)婴儿期技术系统性能增强缓慢

在技术系统或技术系统的改进处在婴儿期时,虽然能实现新功能或改

表 8.1.1 技术系统进化四个阶段的特点

序号	阶段	特点
1	婴儿期	① 性能较差,市场份额小,生存受到严格的限制;② 发明专利级别很高,但是数量少;③ 对技术系统研发的支出大于收入
2	成长期	① 增加了大量有用功能,产品的市场占有率不断增长;② 专利数量迅速上升,但是专利级别下降;③ 技术系统开始为企业带来利润
3	成熟期	① 性能日趋完善,但是附加的有用功能相对减少;② 专利数量稳定维持在较高的水平,但是专利级别非常低;③ 利润较高且相对稳定;④ 产量高,消耗大量资源
4	衰退期	① 性能降低,市场占有率降低;② 专利数量减少;③ 利润下降,产品存在滞销可能

善原有功能,但在性能上还存在效率低、可靠性差等特点。因此,该阶段技术系统发展的主要任务是完善系统的结构,明确系统的主要有用功能,对组件进行功能分工,并协调系统中各个组件、系统与环境之间的相互作用,以及规划和管理系统运行中的能量传递路径。

婴儿期,技术系统尝试进入市场,此时的技术系统往往不能满足需求,自身存在技术问题,不能在实际中应用,并且受到上一代技术系统的抵制,还没有被市场所接受。这一阶段应着重考虑如何快速提高技术系统的理想度,消除技术系统进入市场的弱点,快速占领市场。

(2)成长期技术系统性能增长迅速

该阶段技术系统的结构和组件逐步得到改善,原来存在的各种问题得到解决,系统主要性能指标得到快速提升,效率和可靠性也得到提高,产量增长,并逐渐开始获利。

在成长期,解决系统的适应性问题具有重要意义。

(3)成熟期技术系统性能增长减缓

成熟期,技术系统趋于完善,性能达到极限水平,收益达到最大,但性能增长速度变缓,后期开始出现下滑趋势。本阶段需要简化系统结构,降低生产费用,并考虑向超系统并入,提高服务功能。

(4)衰退期的技术系统性能不再提高

该阶段技术系统已比较完善,性能难以提高,并且有替代技术系统产生,因此面临被淘汰的可能。

由于自然规律、科研水平、社会环境等各方面的限制,技术系统及其子系统的发展会达到极限水平,难以进一步突破,进入衰退期。该阶段需考虑技术系统的替代系统,降低成本,避免出现产品滞销的情况。

3. S曲线族

当技术系统完成上述四个进化阶段,必然会出现新的替代技术系统,替代技术系统同样要经历这四个阶段,形成新的S曲线。如此往复,形成S曲线族,如图8.1.3所示。

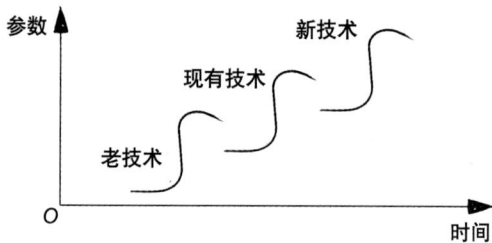

图 8.1.3　技术系统进化的 S 曲线族

8.1.2　技术系统进化各阶段企业的技术预测

技术系统进化过程中,性能、专利数量、专利级别、经济收益都呈现出一定的规律,这种规律可以支持企业进行技术预测(表8.1.2)。

表 8.1.2　技术系统进化四个阶段的技术预测

阶段	技术预测
婴儿期	企业需要投入大量资金,以支持技术系统的发展,虽没有开始获得经济收益,但技术突破也给企业利润带来了好转
成长期	在结构、参数上进行优化,提高产品成熟度,使企业获得高利润回报
成熟期	需要挖掘微观级别上的进化资源,实现向微观系统跃迁;由于同质化竞争,利润提升速度放缓
衰退期	专利数量和专利级别都呈下降趋势,利润下降,出现新技术;企业需关注新产生的核心技术,推出替代产品,实现可持续发展

1. 婴儿期

处于婴儿期的技术系统,主要任务是调整系统结构,保证技术系统各个部分以及技术系统与环境间的协调性,提高理想度。

2. 成长期

处于成长期的技术系统,有用功能的核心技术已经出现,为提高理想度,各个子系统将引入更多技术,使得相关专利数量迅速上升,但不会有更高等级的专利出现。由于引用了大量的技术,技术系统的子系统也会迅速发展,出现了各个系统发展不均衡的现象。因此,需要挖掘资源,消除矛盾。

对于婴儿期和成长期的产品,需在结构、参数上进行优化,提高产品成熟度,使企业获得高利润回报。与此同时,企业应尽快申请相关专利,实现知识产权保护,以保证企业在今后竞争中处于有利地位。

3. 成熟期

处于成熟期的技术系统,参数的增长变慢。因此,需要挖掘微观级别上的进化资源,实现向微观系统跃迁。

4. 衰退期

在技术系统的进化资源完全耗尽后,系统无法实现自身的进化,需要从超系统中引入资源,实现向超系统发展。

8.2 进化法则及应用

阿奇舒勒将产品及其技术的发展规律概括总结为八个进化法则,分别为完备性法则、能量传递法则、协调性法则、提高理想度法则、子系统不均衡进化法则、向超系统进化法则、向微观级进化法则和动态化进化法则。这些法则可以用于产生市场需求、技术预测、新技术专利布局和选择企业战略时机等。

据统计发现,完备性法则、能量传递法则、协调性法则在技术系统婴儿期应用较多;提高理想度法则、动态化进化法则、子系统不均衡进化法则在技术系统成长期应用较多;向微观级进化法则在技术系统成熟期应用较多;向超系统进化法则在技术系统衰退期应用较多。图 8.2.1 为进化法则在技术系统不同阶段的应用示意图。

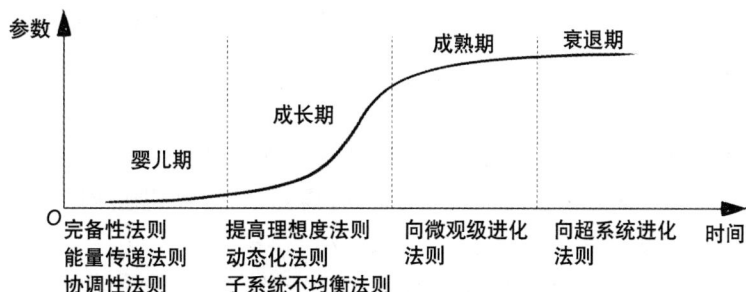

图 8.2.1　进化法则在技术系统不同阶段的应用

8.2.1 完备性法则

技术系统在最初设计时存在的必要条件是能完成最基本功能,在完成了基本功能后,技术系统总体发展是逐渐完备的。技术系统被发明之初,首先具备基本功能,此时技术系统要依靠超系统资源、组件来实现功能。随着技术系统不断发展和完善,依次增加各种功能,从而达到理想技术系统创新的目的。

为了实现所需功能,一个完整的技术系统应包含四个组成部分:执行装置、传输装置、动力装置、控制装置。完备性进化法则的作用有如下三个方面:

(1)保证系统功能。完备性进化法则要求系统必须具备实现其功能所需的最基本要素,这是系统能够正常运行的基础。

(2)促进系统进化。在系统进化的过程中,完备性法则可以作为一个指导性原则,帮助设计者识别系统中的缺失部分,并采取措施进行补充和完善。

(3)优化系统结构。通过分析系统的完备性,可以识别出系统中不必要的部分或冗余部分,并进行优化或简化,从而提高系统的整体性能和效率。

案例:漱口杯的创新设计过程如图 8.2.2 所示。

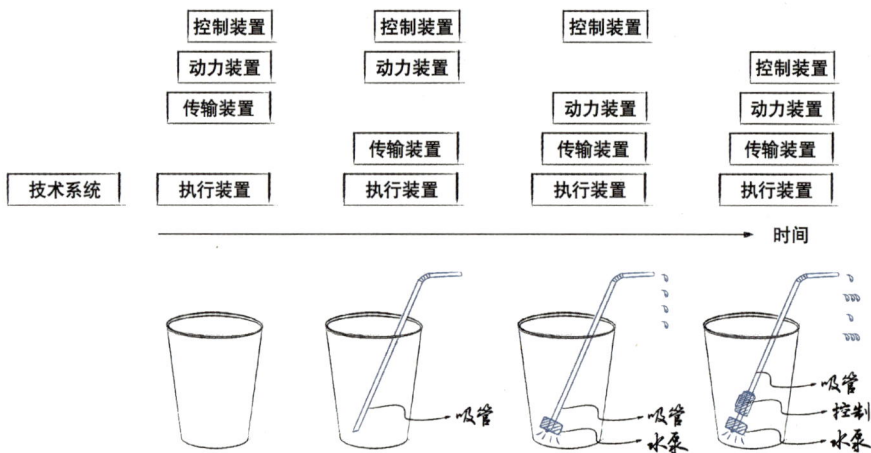

图 8.2.2
动画

图 8.2.2　完备性进化法则在漱口杯创新上的体现

漱口杯是一个技术系统。漱口杯具备了执行装置的作用,将漱口杯中的水倒入口中,需要超系统——人的辅助,需要手、胳膊等施加作用,才能完成漱口水的输送功能。

添加传输装置对漱口杯进行创新。引入吸管,借助超系统——人的嘴,将水吸入口中,实现漱口水的输送功能。

进一步,添加动力装置对漱口杯进行创新,引入微型水泵,通过吸管将水输送到口中,实现漱口水的动力输送功能。

再进一步,添加控制装置对漱口杯进行创新。引入微型水泵转速控制装置,水泵通过吸管将压力适中、流量适中的水输送到口中,在实现漱口水动力输送功能的同时,实现水流的可控输送。

产生进化结果具备漱口杯、吸管、水泵、控制装置的技术系统,实现了理想技术系统的创新设计。

8.2.2 能量传递法则

技术系统中的某个子系统能够被控制的条件是,提供能量的子系统与控制子系统之间存在能量传递。如果技术系统中的能量传输不通畅,就会导致技术系统无法正常工作。

能量传递法则遵循以下三点:

(1)保证能量从能量源流向技术系统的所有组件,以及提高能量的传输效率;

(2)技术系统的进化应该沿着使能量流动路径缩短的方向发展,以减少能量损失,提高效率;

(3)能量转化的形式尽可能少。

案例 1:自动跟随行李箱,如图 8.2.3 所示。

为了实现跟随信号的稳定和有效,行李箱的蓝牙设备设置在行李箱拉杆把手上,与蓝牙手环实现信号路径最短,减少能量损失的同时提高了整个技术系统的稳定性。

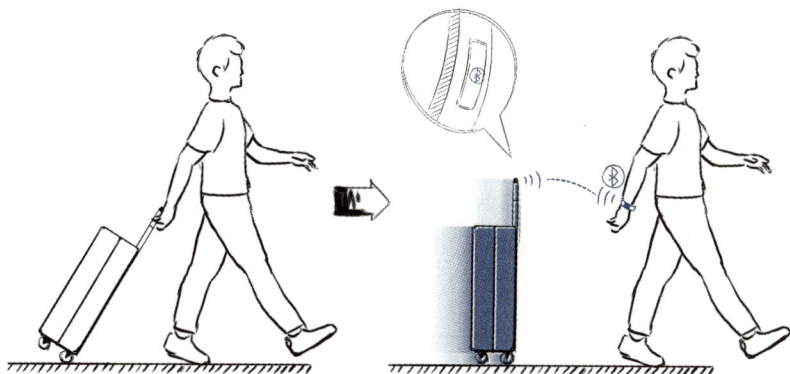

图 8.2.3 能量传递法则在自动跟随行李箱设计上的体现

图 8.2.3
动画

案例2：电动拖车（轮毂电机与电池位置）的设计，如图8.2.4所示。

电动拖车创新设计过程中，要综合考虑提高电池的效率。电路板要节能，滚轮组摩擦系数要小；为了减少电能输送过程中的损失，电池与电路板距离不宜太远，电池与滚轮也不宜太远。设计方案将电池盒设置在滚轮组中间，电路板设置在电池周边。

图 8.2.4 动画

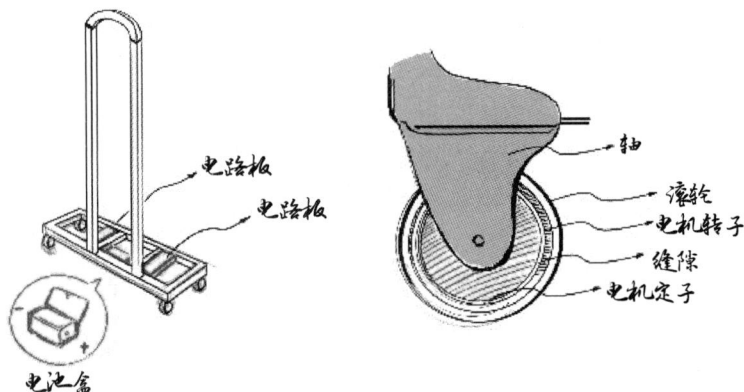

图 8.2.4　能量传递法则在电动拖车设计上的体现

8.2.3　协调性法则

技术系统的进化是沿着子系统之间、系统与超系统之间更协调的方向发展。在技术系统进化过程中，子系统之间、系统与超系统之间在结构、参数、频率和材料等方面的匹配与不匹配交替出现，技术系统的协调是整个技术系统发挥功能的必要条件。协调性法则遵循以下四点：

（1）结构协调是指子系统之间、系统与超系统之间的形状结构要协调（如几何尺寸、质量等）；

（2）参数协调是指子系统之间、系统与超系统之间的性能要协调（如电压、力、功等）。

（3）材料协调是指子系统之间、系统与超系统之间所用材料要协调，包括使用相同材料、相似材料、惰性材料、可变特性的材料、相反特性的材料。

（4）频率协调是指子系统之间、系统与超系统之间的工作节奏或频率上要相互协调（转动速度、振动频率等）。

案例1：矿泉水瓶瓶体结构设计，如图8.2.5所示。

为了提高货架摆放物品的利用率，使矿泉水瓶的瓶体与货架更加协调，

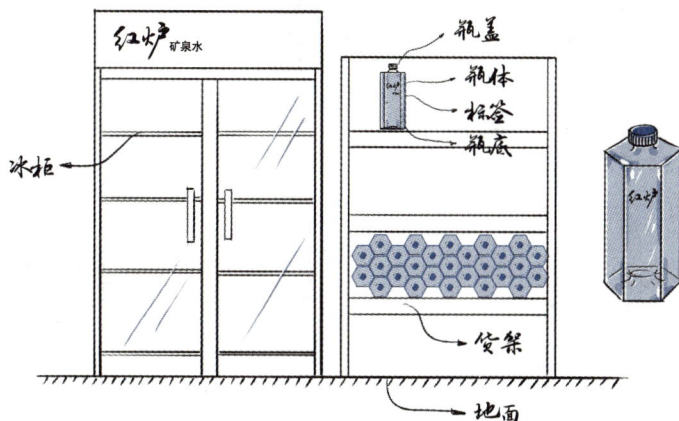

图 8.2.5　协调性法则在矿泉水瓶结构设计上的体现

图 8.2.5
动画

将圆柱形的矿泉水瓶瓶体设计成六棱柱形,矿泉水瓶可以紧密地排列在货架上,与货架实现了结构协调。

案例 2:适于儿童抓握的矿泉水瓶,如图 8.2.6 所示。

儿童是超系统,矿泉水瓶是技术系统,儿童手较小,无法握住矿泉水瓶。对瓶体进行创新设计,将瓶体上部设计为中空的把手,与儿童手型相协调,实现创新目的。

图 8.2.6　协调性法则在矿泉水瓶结构设计上的体现

图 8.2.6
动画

案例 3:牙刷的材料协调,如图 8.2.7 所示。

牙刷是技术系统,通常情况下,刷柄、刷毛采用不同的材料制造。对牙刷进行创新设计,刷柄、刷毛都采用硅胶制造,一体成型的牙刷实现了材料协调,且避免刷毛脱落。

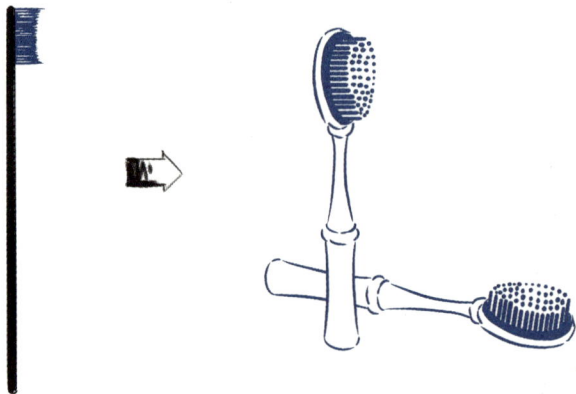

图 8.2.7
动画

图 8.2.7　协调性法则在牙刷设计上的体现

8.2.4　提高理想度法则

提高理想度法则是指技术系统在生命周期中,是沿着提高其理想度的方向进化的。一个技术系统必然存在有用功能和有害功能,理想度是指技术系统所有有用功能之和除以技术系统所有成本与有害功能之和。系统进化的一般方向是提高理想度值,建立和选择创新方案时要考虑提升理想度水平。

提高技术系统理想度可以从几方面入手:① 剪裁系统部件;② 简化流程;③ 增加有用功能;④ 降低有害功能。

案例 1:剪裁矿泉水的标签,如图 8.2.8 所示。

矿泉水瓶上的塑料标签既增加了成本,又带来了污染。基于降低有害功能、降低成本以提高理想度,可以对标签进行剪裁(去除标签),有效减少矿泉水瓶的材料成本和降低对环境的污染。可以将标签内容直接加工到瓶体上,使标签内容与瓶体融为一体。这样的创新思路体现了提高理想度法则。

案例 2:去除矿泉水瓶盖的设计,如图 8.2.9 所示。

矿泉水瓶瓶口与瓶盖是螺纹密封,螺纹的紧密咬合难以打开。可以设计将瓶盖去除,用塑料膜密封,减少了螺纹加工环节,减少了瓶盖材料的用量,使矿泉水瓶技术系统的理想度得以提高。

图 8.2.8　提高理想度法则在矿泉水瓶设计上的体现

图 8.2.8
动画

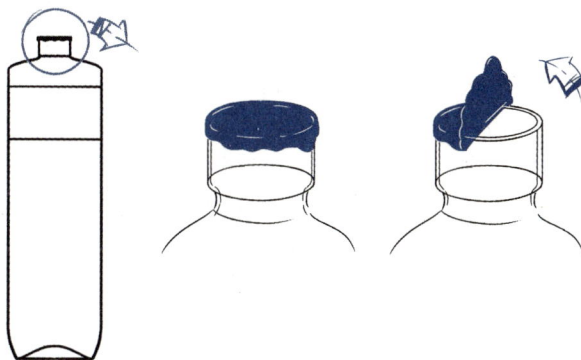

图 8.2.9　提高理想度法则在矿泉水瓶盖设计上的体现

图 8.2.9
动画

8.2.5　动态化法则

技术系统在婴儿期通常是不灵活的,相对静止且自动化程度低。在进化到成熟期后,其动态化和自动化程度会提高,可以适应环境的变化和满足更多的需求。动态化是技术系统进化的重要途径。技术系统的动态化法则是指技术系统应向着更适应内、外界条件变化的方向发展。提高技术系统的动态化可以从提高柔性、增强可移动性、改变可控性等方面着手,使系统更灵活、更多样化地发挥作用。

1. 提高柔性

提高柔性是指技术系统向更具适应性及灵活性的柔性结构进化。如从刚性结构逐步进化到单铰链、多铰链,可一直进化到场,如图 8.2.10 所示。

2. 增强可移动性

增强移动性可以是系统整体,也可以是子系统。

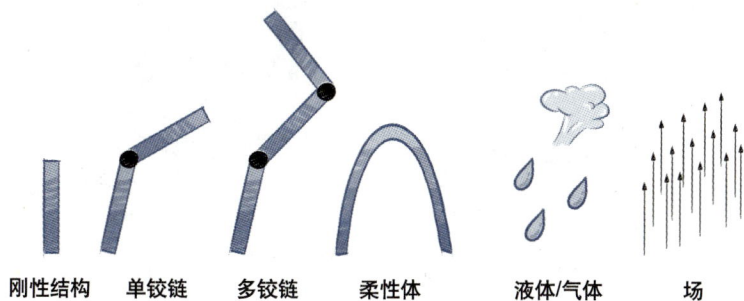

刚性结构　单铰链　多铰链　柔性体　液体/气体　场

图 8.2.10　提高柔性的进化方向示意图

图 8.2.10
动画

3. 改变可控性

改变可控性是指技术系统沿着系统内各组件可控性增加的方向进化。提高可控性分为以下阶段：直接控制—间接控制—反馈控制—自动控制。

案例 1：提高矿泉水瓶的柔性，如图 8.2.11 所示。

矿泉水瓶可以看作刚性结构，无论装水多少，瓶体的存储空间大小不变。基于动态进化法则，考虑提高柔性对矿泉水瓶进行创新设计。使用柔软的瓶体材料，实现类似铰链的效果。当水量减少时，通过轴向压缩或径向压缩瓶体，使瓶体缩小，从而水面始终靠近瓶口，饮用方便，节省存放空间。

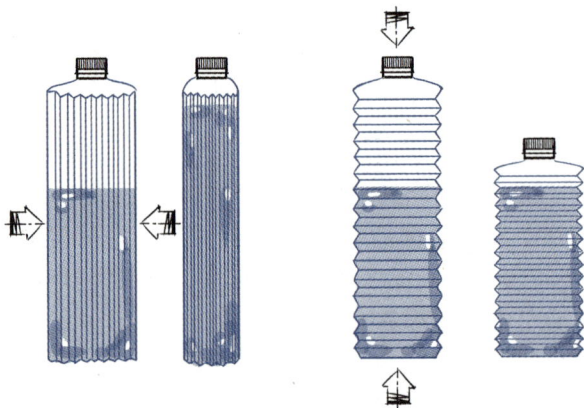

图 8.2.11
动画

图 8.2.11　动态化法则在矿泉水瓶设计上的体现

案例 2：加热杯垫创新设计，如图 8.2.12 所示。

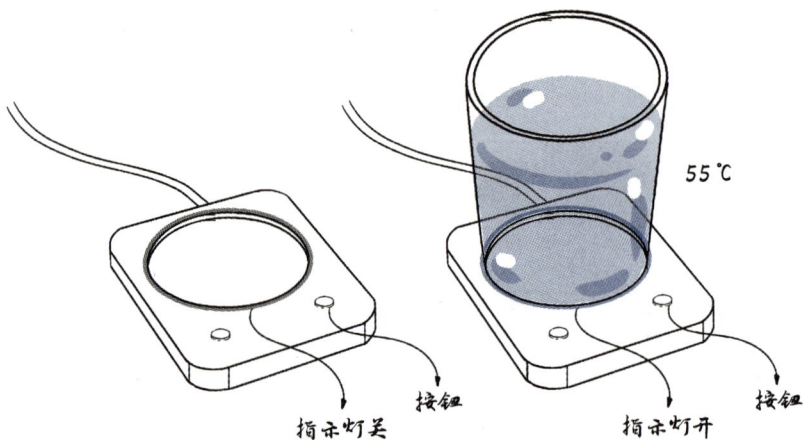

图 8.2.12
动画

图 8.2.12　动态化法则在加热杯垫设计上的体现

在加热杯垫创新设计中,增加重力感应传感器,使加热杯垫具有重力反馈功能,当水杯放到加热杯垫上时,能够自动感应通电加热,当水杯离开时,自动断电停止加热。

8.2.6　子系统不均衡法则

技术系统由实现各自功能的子系统或组件组成,子系统的进化存在不均衡性。每个子系统都有自己的 S 曲线,每个子系统都是沿着自己的 S 曲线向前发展的,系统越复杂,就越容易产生不均衡。

技术系统中的子系统达到自身极限的时间不同,率先达到自身极限的子系统将抑制整个技术系统的进化。这种不均衡的进化会导致子系统之间产生矛盾,只有解决这个矛盾,技术系统才能继续进化。

整个系统的进化速度取决于系统中发展最慢的子系统(不理想的子系统)。利用子系统不均衡进化法则可帮助发现技术系统中不理想的子系统。改进不理想的子系统,或者使用较先进的子系统替代它们,则可以最小成本来改进系统的性能。

例如,早期的飞机工程师将注意力放在如何提高飞机发动机的动力上,而不是如何改善空气动力学特性,导致飞机整体性能的提升比较缓慢。计算机发展的核心是 CPU,对其研究投入了巨大的人力、物力。但散热器作为计算机的一个子系统研究明显滞后,从而制约了计算机性能的进一步提升。

基于子系统不均衡法则,创新过程中要及时发现并改进最不理想的子系统。

8.2.7　向微观级进化法则

向微观级进化法则是指技术系统或其子系统、组件在进化过程中向着减小尺寸的方向发展,或者从宏观(体、面、线、点)级别向微观(粉末与颗粒、分子级、原子级、场等)级别进化。进化的终点是技术系统作为实体不存在,而是通过场来实现其必要的功能,即达到最终理想解。

案例 1:矿泉水瓶设计,如图 8.2.13 所示。

在矿泉水瓶的创新设计中,将组件之一的瓶盖尺寸微观化,直至瓶盖消失。可采用容易撕拉的结构设计替代瓶盖,不过这样的设计不利于开启后存放,只适合小容量的矿泉水瓶。

图 8.2.13　向微观级进化法则在矿泉水瓶设计上的体现

　　案例 2：行李箱创新设计，如图 8.2.14 所示。

　　行李箱通常采用拉链进行箱体的密封。考虑对复杂的拉链子系统进行向微观级进化的创新设计，采用磁条密封方式替代拉链的机械密封方式，可以实现手机控制行李箱的打开和关闭。这样的创新设计，实现了拉链向微观级（磁场）的进化。

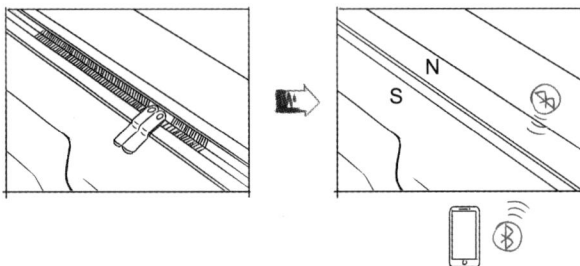

图 8.2.14　向微观级进化法则在行李箱设计上的体现

8.2.8　向超系统进化法则

　　向超系统进化法则是指技术系统沿着单系统→双系统→多系统的方向发展，或者子系统转移到超系统，成为超系统的一部分，简化了原有的技术系统。向超系统进化法则能够使技术系统摆脱自身进化过程中存在的限制，使其更好地实现原有的功能。本法则尤其适用于技术系统的衰退期。

　　案例 1：漱口杯创新设计，如图 8.2.15 所示。

　　玻璃漱口杯是能够装水的技术系统，在漱口杯底部镀膜并增加保护层，使杯底成为一面镜子。漱口杯既可以装水，也可以作为镜子，实现单系统到双系统的进化。

图 8.2.15　向超系统进化法则在漱口杯创新设计上的体现

案例 2：漱口杯与盥洗台创新设计，如图 8.2.16 所示。

漱口杯放置在盥洗台上，盥洗台是漱口杯的载体（超系统）。可在盥洗台底部开槽，使漱口杯能够放入凹槽，成为盥洗台的一部分，实现了向超系统进化的创新设计。

图 8.2.16　向超系统进化法则在漱口杯与盥洗台创新设计上的体现

本章小结

本章主要介绍了技术系统的进化曲线、技术进化各阶段的特点与应用，并着重介绍了 TRIZ 的八大进化法则以及应用八大进化法则在创新中的体现。

思　考　题

1. 选择一件物品，查阅与其相关的专利，分析该专利体现了哪些进化法则。
2. 选择一件物品，参考下表，运用进化法则进行创新设计。

序号	进化法则	超系统			技术系统	子系统1	子系统…	子系统 n	组件1	组件…	组件 n
		组件1	组件…	组件 n							
1	完备性法则										
2	能量传递法则										
3	协调性法则										
4	提高理想度法则										
5	动态化法则										
6	子系统不均衡法则										
7	向微观级进化法则										
8	向超系统进化法则										

▶▶ 第9章 物场模型及标准解

标准解是阿奇舒勒在20世纪70年代末提出的。在TRIZ理论中,问题解决工具存在一定的重叠。与发明原理所给出的模糊解决方案相比,标准解给出的解决方案更加明确而具体,因此使用频率更高。

9.1 物 场 模 型

任何一个技术系统都由许多功能不同的子系统组成,任何功能的实现都必须具备以下两个条件:

(1)必须具备两个"物质";

(2)两个"物质"之间应该有相互作用,在TRIZ理论中称这个作用为"场"。

这里的"物质"是指具有质量的物体,可以是整个系统,也可以是系统内的子系统或组件。这里的"场"有别于物理学中的场,是一种无静质量但是可以在物质之间传递相互作用的能量。场的类型有很多,如表9.1.1所示。

表 9.1.1　场的类型及定义

场的类型	场的代号	场的定义
重力场	G	重力
机械力场	F	摩擦力、离心力、振动、应力、牵引力、压力、浮力等
气动场	P	空气静力学或空气动力学所涉及的气动场
液压场	H	流体静力学或流体动力学所涉及的液压场
声场	A	声波、超声波、次声波等
热场	Th	热传导、热交换、热传递、绝热、热膨胀、双金属记忆效应等
化学场	Ch	燃烧、氧化反应、还原反应、溶解、键合、置换、电解、腐蚀、黏结等

续表

场的类型	场的代号	场的定义
电场	E	静电、感应电、电容电、高压电等
磁场	M	静磁、铁磁、电磁、永磁等
电磁场	Em	无线电波、光、微波、电磁感应等
光场	O	光（红外线、可见光、紫外线）、反射、折射、偏振等
放射场	R	X 射线、电磁波等
生物场	B	发酵、腐烂、降解等
粒子场	N	α^-、β^-、γ^-粒子束、中子、电子、同位素等

　　按技术系统中物质和场之间的相互作用（虚拟的、真实的或改进的）构建的符号模型，称为物场模型。在构建物场模型时，可利用三角形图示法来表达，如图 9.1.1 所示。图中 S_1 和 S_2 分别表示物质 1 和物质 2，F_1 表示场，即物质 1 对物质 2 的作用。如铣刀切割零件可用图 9.1.2 所示的物场模型表示，吸尘器吸尘可用图 9.1.3 所示的物场模型表示。

　　任何技术系统至少有两个物质和一个场才能有效完成一个有用功能，三个元素缺一不可，否则构建的物场模型会存在问题。在 TRIZ 理论中，存在问题的物场模型主要有三种类型，分别是不完整的物场模型、有害的物场模型、作用不足的物场模型，如表 9.1.2 所示。

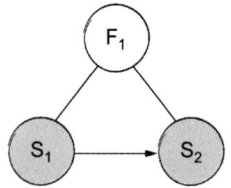

图 9.1.1　物场模型
（三角形图示法）

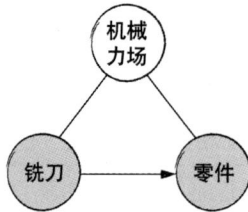

图 9.1.2　铣刀切割零件
物场模型

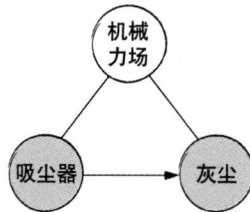

图 9.1.3　吸尘器吸尘
物场模型

表 9.1.2　有问题的物场模型分类

问题物场模型的类型	释义及表达方式	模型图示
不完整的物场模型	缺少物质	
	缺少场	
	存在场但未发生期望的作用	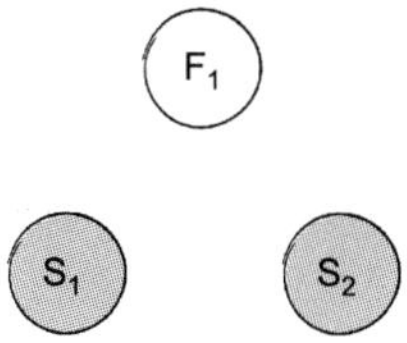
有害的物场模型	模型的三个元素齐全,但产生有害作用 (注:有害作用用波浪线 + 箭头表示)	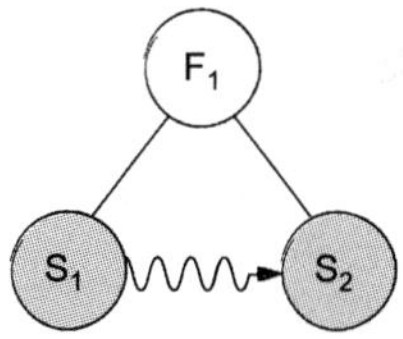
作用不足的物场模型	模型的三个元素齐全,具有作用,但作用不足,例如场太弱、作用太慢等 (注:作用不足用虚线 + 箭头表示)	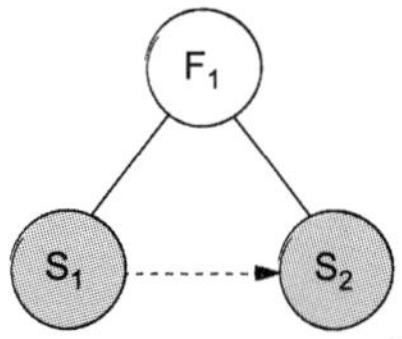

9.2　标　准　解

标准解是解决工程问题的 76 个通用解决方案模型的集合。应用标准解的显著特点是,问题模型和方案模型均采用物质、场相互作用的形式表达。标准解的强大之处在于,它是基于对数百万份专利的分析,几乎所有工程问题都可以用有限数量的通用物场模型表达;每个通用物场模型的问题都可以使用 76 个标准解之一进行解决,大大提高了解决问题的能力。

应用标准解的目的是解决关键问题,其基本步骤如图 9.2.1 所示。首先,将关键问题转化为标准问题的物场模型;之后,从标准解中选择适用的标准解,形成标准解解决方案的物场模型;最后,将标准解物场模型转化为具体的问题解决方案。

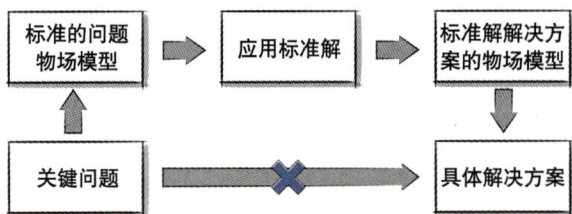

图 9.2.1 应用标准解解决关键问题的基本步骤

根据所要解决标准工程问题的类型,76 个标准解可分为五个大类别,各大类别又可细分为多个子类别,具体内容如表 9.2.1 所示。

表 9.2.1 标准解的五大类别及其子类别

五大类别		子类别	适用范围
第 1 类:建立或拆解物场模型	1.1 建立完整的物场模型	(1)补充完整物场模型	不完整的物场模型
		(2)引入内部或外部添加物	
		(3)改变外部环境	
		(4)利用最大、最小模式	
	1.2 拆解物场模型	(1)在两个物质之间引入第三个物质	有害的物场模型
		(2)引入一个场来抵消有害作用	
		(3)引入牺牲物来吸收有害作用	
第 2 类:增强物场模型		(1)引入第三个物质,构建链式物场模型	作用不足的物场模型
		(2)引入易控场,构建双物场模型	
		(3)增加物质的分割程度或多孔性	
		(4)提高物质的动态性	
		(5)利用频率协调	
		(6)引入磁性物质或电磁场	
第 3 类:转换到超系统或微观系统		(1)单系统转换为双系统或多系统	作用不足的物场模型
		(2)改进双、多系统之间的连接	
		(3)裁剪多余组件,简化双、多系统	
		(4)系统转换为微观系统	
第 4 类:检测和测量		(1)尝试改变系统,以免于检测和测量	检测和测量
		(2)利用被测对象的复制品	
		(3)引入易检物,构建测量物场模型	

续表

五大类别	子类别	适用范围
第 4 类：检测和测量	（4）增强测量物场模型	检测和测量
	（5）进化测量系统	
第 5 类：改善和简化策略	（1）引入"虚无物质"代替引入实物	标准解的改善和简化
	（2）引入场代替引入物质	
	（3）引入能够"自消失"的添加物	
	（4）利用相变	
	（5）利用科学效应	

应用标准解解决关键问题的具体流程如图 9.2.2 所示。需要明确的是，运用标准解解决的是关键问题，这些关键问题是运用 TRIZ 理论中的问题识别工具（如功能分析、流分析、因果链分析、剪裁、特性传递等）识别出来的。找到关键问题后，结合五类标准解进行判断分析：

（1）判断是否为检测和测量问题，如果是，可尝试在第 4 类标准解中寻找合适的标准解；

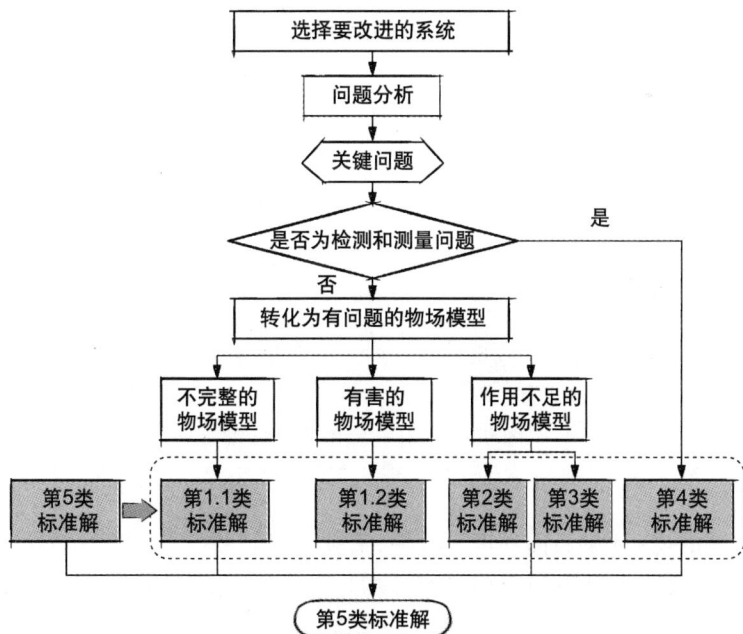

图 9.2.2　应用标准解解决问题的具体流程

（2）如果不是，可将上述关键问题转化为问题物场模型；

（3）如果是不完整的物场模型，可尝试在第 1.1 类标准解中寻找合适的标准解；

（4）如果是有害的物场模型，可尝试在第 1.2 类标准解中寻找合适的标准解；

（5）如果是作用不足的物场模型，可尝试在第 2、3 类标准解中寻找合适的标准解；

（6）在应用前四类标准解的基础上，为更有效地引入新物质、场或科学效应，可尝试在第 5 类标准解中寻找合适的标准解。

9.3　第 1 类：建立或拆解物场模型

如果问题物场模型是不完整的物场模型或有害的物场模型，可以通过第 1 类标准解（建立或拆解物场模型）来解决。第 1 类标准解分为两个子类：建立完整的物场模型和拆解物场模型，分别对应求解不完整的物场模型和有害的物场模型。

9.3.1　建立完整的物场模型

第 1.1 类标准解应用于不完整的物场模型，包含四个常用的标准解。

1. 补充完整物场模型

如果物场模型是不完整的，可尝试引入缺失的物质或场来建立完整的物场模型（图 9.3.1）。

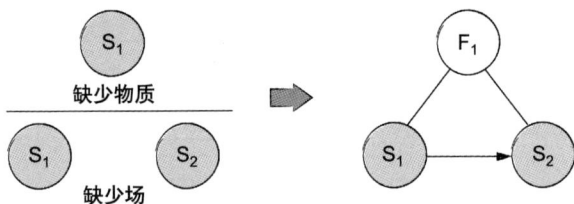

图 9.3.1　补充完整物场模型

案例 1

问题描述：牙齿表面易产生牙垢，需要清除。

物场分析：此问题场景中只有牙垢（S_2），缺少物质（S_1）及场（F_1），属于不完整的物场模型中缺少物质及场的情况。

标准解应用：尝试引入牙刷（S_1）及机械力场（F_1），实现完整物场模型的构建,如图 9.3.2 所示。

案例 2

问题描述:牙刷本身无法自行移除
牙垢。

物场分析:此问题场景中只有牙刷
(S_1)和牙垢(S_2),缺少场(F_1),属于不完
整的物场模型中缺少场的情况。

标准解应用:尝试引入机械力场、压
力场等,实现完整物场模型的构建,如图
9.3.3 所示。

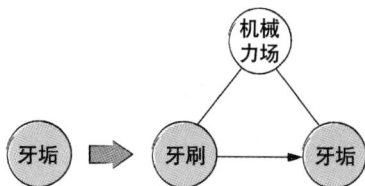

图 9.3.2　补充完整物场模型的
应用案例 1

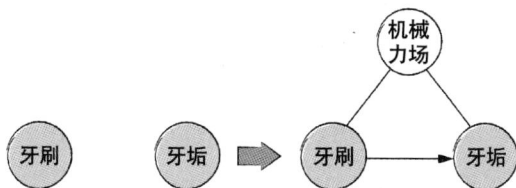

图 9.3.3　补充完整物场模型的应用案例 2

2. 引入内部或外部添加物

如果物场模型的三个元素都存在,但所期望的作用没有发生,则通过
引入添加物到物质的内部或外部,形成复合物场模型,使作用得以发生,如
图 9.3.4 所示。若物质的内部对添加物没有限制,且添加物对技术系统影响
较小时,则可在物质内部引入添加物;若系统不能改变,无法实施内部合成,
则可在物质或系统外部引入添加物。

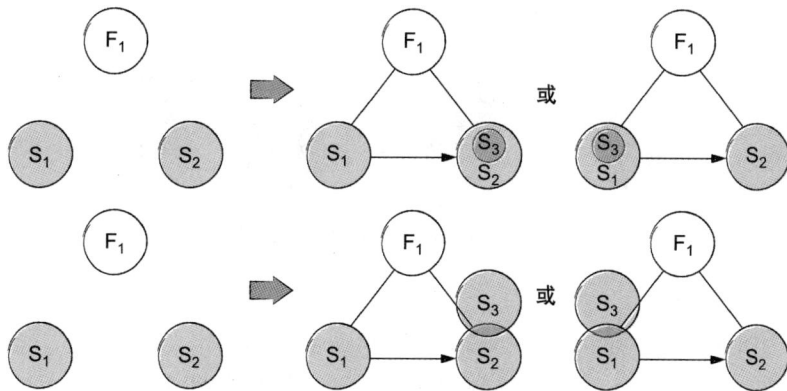

图 9.3.4　引入内部或外部添加物

案例 1

问题描述：塑料球无法被磁铁吸附。

物场分析：此问题场景中的物场模型为磁铁（S_1）通过磁场（F_1）接触塑料球（S_2），但未发生吸附作用。

标准解应用：尝试引入内部添加物，完善物场模型。例如向塑料球内部添加铁粉（S_3，内部添加），制成含铁的塑料球，如图 9.3.5 所示。

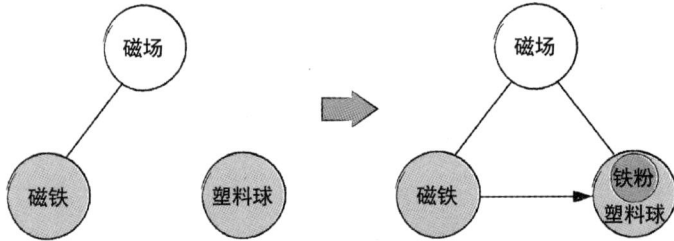

图 9.3.5 引入内部添加物的应用案例

案例 2

问题描述：冰箱贴无法固定在冰箱上。

物场分析：此问题场景涉及的物场模型为冰箱贴（S_1）通过机械力场（F_1）作用于冰箱（S_2），但未发生期望的固定作用。

标准解应用：尝试引入外部添加物，完善物场模型。例如在冰箱贴上添加软磁铁（S_3，外部添加），或者添加胶水（S_3，外部添加），如图 9.3.6 所示。

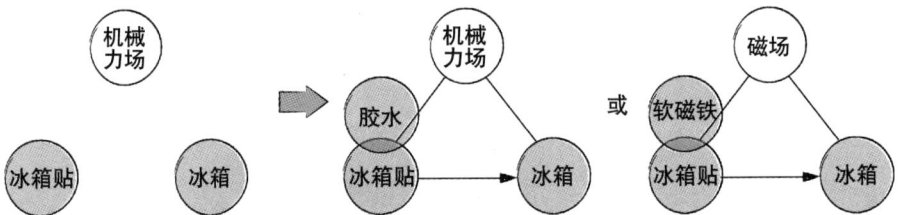

图 9.3.6 引入外部添加物的应用案例

3. 改变外部环境

如果物场模型的三个元素都存在，但所期望的作用没有发生，且系统无法改变，也不能引入内部或外部物质形成复合物场模型，这种情况下可以尝试改变环境，如图 9.3.7 所示。

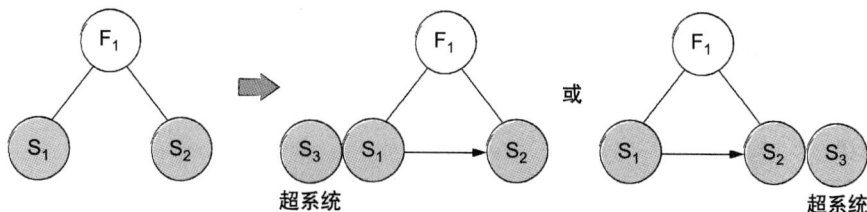

图 9.3.7　改变外部环境

案例

问题描述：瓶装矿泉水码放于货架上，不便查看。

物场分析：此问题场景中的物场模型为瓶装矿泉水（S_1）和人（S_2），瓶装矿泉水（S_1）未能有效展示，且 S_1 和 S_2 不易改变。

标准解应用：尝试改变外部环境货架（S_3），如使用阶梯式货架放置瓶装矿泉水，如图 9.3.8 所示。

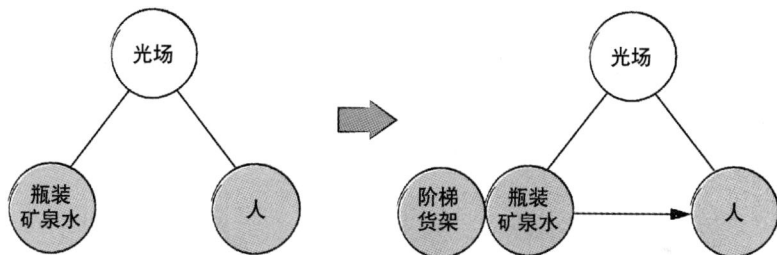

图 9.3.8　改变外部环境的应用案例

4. 利用最大、最小或最大 – 最小模式

这个标准解包含了三个经典 TRIZ 标准解，即最大模式、最小模式以及最大 – 最小模式。如果物场模型的三个元素都存在，但所期望的作用难以达到恰好的程度，那么最大模式是使物质 S_1 或 S_2 达到最大，然后再将多余的物质去掉；最小模式是使物质 S_1 或 S_2 达到最小，然后再逐步添加物质将其补足；最大 – 最小模式是指通过引入保护性物质，使应该大的处于最大状态，使应该小的处于最小状态。

案例

问题描述：用火焰封口安瓿瓶时，瓶里的药液容易受到高温影响变质。

物场分析：此问题场景中涉及的物场模型为火焰（S_1）通过热场（F_1）作用于安瓿瓶（S_2），热场（F_1）需要足够大使瓶口玻璃熔化封口，但过大的热场又会使药液变质。

标准解应用:可尝试利用最大 – 最小模式,将安瓿瓶盛放药液的部分浸入水(S_3)中,完善该物场模型,如图 9.3.9 所示。

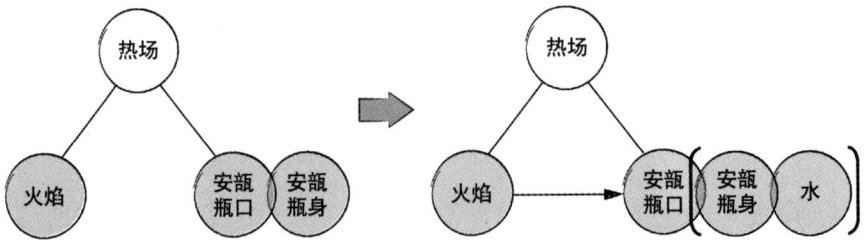

图 9.3.9 最大 – 最小模式的应用案例

9.3.2 拆解物场模型

第 1.2 类标准解应用于有害的物场模型,包含三个常用的标准解。

1. 在两个物质之间引入第三个物质

当物场模型中的两个物质间存在有害作用,且两个物质可以不紧密相邻,则可将第三个物质引入到两个物质之间,防止其直接接触,从而消除有害作用,如图 9.3.10 所示。第三个物质可以是临时的,也可以是永久的。若系统限制从外部引入新物质,可尝试引入变异物来消除有害作用。

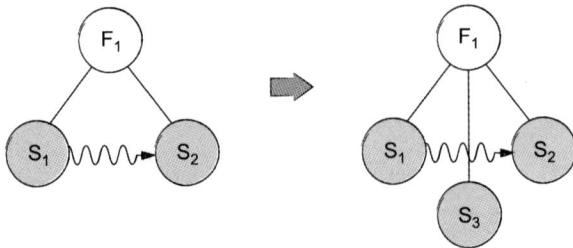

图 9.3.10 在两个物质之间引入第三个物质

案例 1

问题描述:刷牙时牙刷头与口腔碰撞导致口腔受伤。

物场分析:此问题场景中的物场模型为刷头(S_1)通过机械力场(F_1)作用于口腔(S_2),该场为有害作用场。

标准解应用:尝试引入第三个物质来消除有害作用,如在牙刷头外添加柔软材质的保护结构 S_3,如图 9.3.11 所示。

案例 2

问题描述:水杯内水温过高,拿水杯时可能会烫伤手。

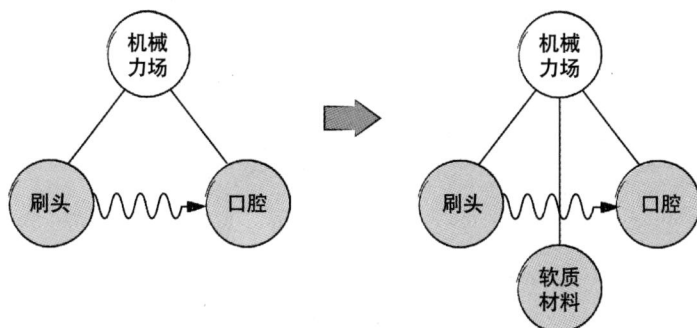

图 9.3.11　在两个物质之间引入第三个物质的应用案例 1

物场分析：此问题场景中的物场模型为杯壁（S_1）通过热场（F_1）作用于手（S_2），该场为有害作用场。

标准解应用：可尝试引入第三个物质来消除有害作用，如在杯壁外加隔热套（S_3），如图 9.3.12 所示。

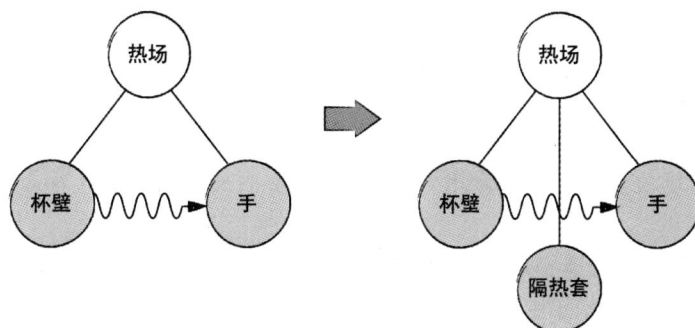

图 9.3.12　在两个物质之间引入第三个物质的应用案例 2

2. 引入一个场来抵消有害作用

当物场模型存在有害作用，但两个物质要求必须紧密相邻，则可引入第 2 个场，用来中和有害作用或将有害作用转化为有用作用，如图 9.3.13 所示。

案例

问题描述：刷牙时牙刷会沾上口腔内的细菌，很难彻底清除。

物场分析：此问题场景中的物场模型为细菌（S_1）通过化学场（F_1）黏附着于刷毛（S_2）上，细菌（S_1）很难被清除，构成一个有害的物场模型。

标准解应用：尝试引入一个场来消除有害作用，如通过光场（F_2，紫外线）去除刷毛（S_2）上的细菌（S_1），如图 9.3.14 所示。

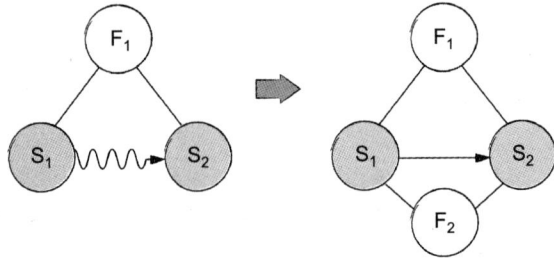

图 9.3.13 引入一个场来抵消有害作用

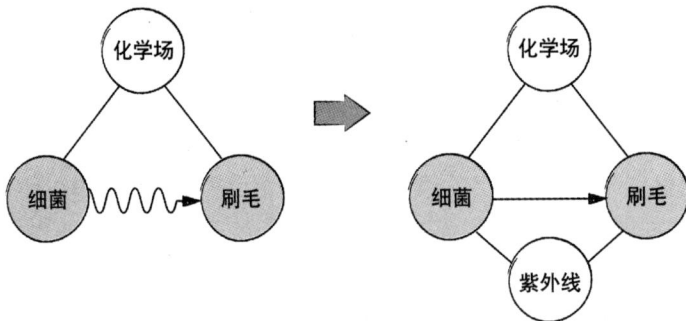

图 9.3.14 引入一个场来抵消有害作用的应用案例

3. 引入牺牲物来吸收有害作用

当物场模型存在有害作用,可以引入一个牺牲物用来吸收有害作用。

案例

问题描述:行李箱用久了容易产生异味。

物场分析:此问题场景中的物场模型为细菌(S_1)通过化学场(F_1)作用于行李(S_2),产生异味为有害作用。

标准解应用:尝试引入牺牲物来吸收有害作用,如用活性炭吸附异味,如图 9.3.15 所示。

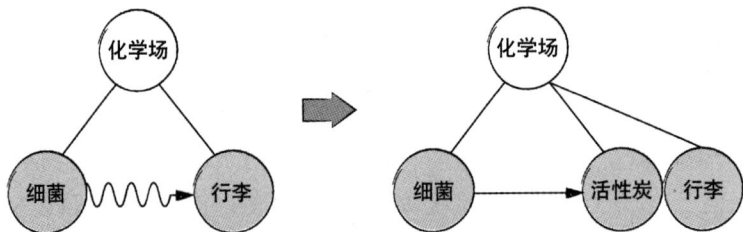

图 9.3.15 引入牺牲物来吸收有害作用的应用案例

9.4 第 2 类：增强物场模型

如果有问题的物场模型是作用不足的物场模型，可通过第 2 类标准解（增强物场模型）来解决问题。第 2 类标准解包含六个常用的标准解，旨在通过引入微小的改进来改善技术系统的效率。

1. 引入第三个物质，构建链式物场模型

如果技术系统的效率不足，即物质 S_1 对物质 S_2 的作用不足，则可以引入第三个物质 S_3。物质 S_1 作用于物质 S_3，然后由物质 S_3 作用于物质 S_2，如图 9.4.1 所示；或者物质 S_3 作用于物质 S_1，然后由物质 S_1 作用于物质 S_2。这种形式的物场模型称为链式物场模型。

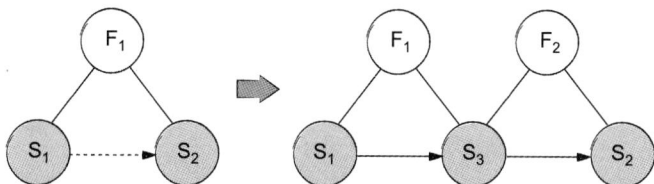

图 9.4.1 构建链式物场模型

案例

问题描述：牙刷不使用时竖立放置，既节省空间又容易干燥，但牙刷不能竖立放置于台面上。

物场分析：此问题场景中的物场模型为台面（S_1）通过机械力场（F_1）作用于刷柄（S_2），该场的作用不足。

标准解应用：尝试引入第三个物质构建链式物场模型，如添加吸盘底座（S_3），台面（S_1）作用于吸盘底座（S_3），吸盘底座（S_3）再作用于刷柄（S_2），如图 9.4.2 所示。

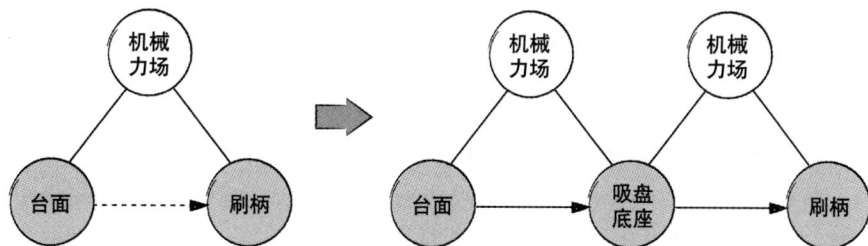

图 9.4.2 构建链式物场模型的应用案例

2. 引入易控场,构建双物场模型

如果技术系统的效率不足,且物场模型中的场 F_1 无法控制或者难以控制,则可引入容易控制的场 F_2 来建立一个新的物场模型,以增强作用效果。这种形式的模型称为双物场模型,如图 9.4.3 所示。选择易控场的进化路径:重力场→机械力场→电场或磁场→辐射场。

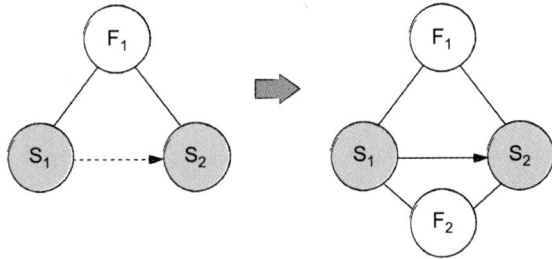

图 9.4.3 构建双物场模型

案例

问题描述:普通牙刷清洁牙垢效果不佳。

物场分析:此问题场景中的物场模型为牙刷(S_1)通过机械力场(F_1)作用于牙垢(S_2),机械力场难以控制且对牙垢的清洁效果不佳。

标准解应用:尝试引入易控场构建双物场模型,如超声振动牙刷,通过声场(F_2)作用于牙垢(S_2),增强清洁效果,如图 9.4.4 所示。

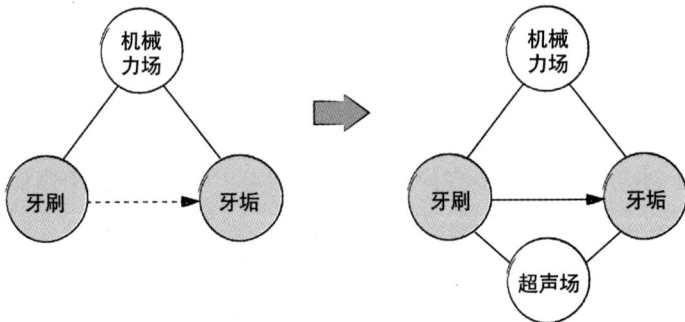

图 9.4.4 构建双物场模型的应用案例

3. 增加物质的分割程度或多孔性

如果技术系统的效率不足,可尝试加大物质的分割程度,以增强作用效果;还可尝试改变物质结构,使其具有多孔结构,以增强作用效果,如图 9.4.5 所示。物质结构分割的进化路径:固体→厚板、薄板、薄膜、薄片、纳米薄片→大直径棒、小直径棒、纤维状物→颗粒、球状物、丸状物、粉末、纳米粒子、凝块、液体、活性液体、原子级和亚原子级粒子。固体物转化为多孔物质的进化路径：固体→单孔固体→多孔固体→多孔物质。

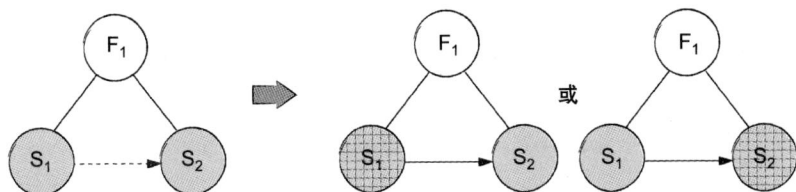

图 9.4.5　增加物质的分割程度或多孔性

案例 1

问题描述：牙刷刷毛较粗不易清洁牙齿死角。

物场分析：此问题场景中的物场模型为刷毛（S_1）通过机械力场（F_1）作用于牙垢（S_2），该机械力场的作用不足。

标准解应用：尝试增加物质的分割程度，继续分割刷毛，使用超细刷毛增强清洁效果，如图 9.4.6 所示。

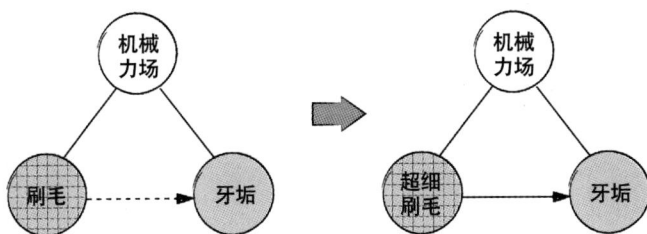

图 9.4.6　增加物质分割程度的应用案例

案例 2

问题描述：旅行水杯通过内置活性炭颗粒吸附杂质实现净水功能，但水质太脏时无法有效吸附杂质。

物场分析：此问题场景中的物场模型为活性炭（S_1）通过机械力场（F_1）作用于杂质（S_2），该机械力场的作用不足。

标准解应用：尝试增加物质的分割程度，使用粒径更小的活性炭，增强吸附作用效果，如图 9.4.7 所示。

4. 提高物质的动态性

如果技术系统的效率不足，且物质具有刚性或非弹性，可尝试提高物质

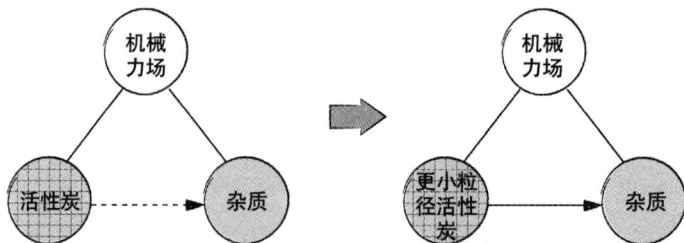

图 9.4.7　增加物质多孔性的应用案例

的动态化程度,使物质结构更加灵活和可变,进而改善系统作用效果。动态性进化的路径:刚体→单铰→双铰→多铰→柔性体→液体→气体→场。

案例 1

问题描述:漱口杯太大携带不方便。

物场分析:此问题场景中的物场模型为收纳空间(S_1)通过机械力场(F_1)作用于漱口杯(S_2),该机械力场的作用不足。

标准解应用:尝试提高物质的动态性,使用硅胶材料制成可折叠的漱口杯,方便收纳携带,如图 9.4.8 所示。

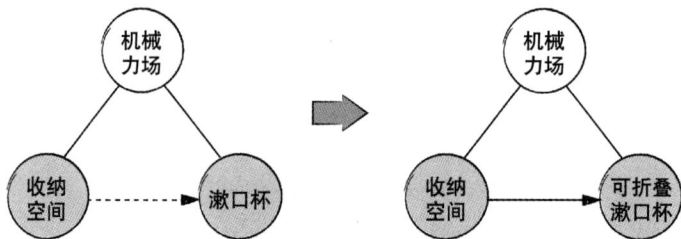

图 9.4.8　提高物质动态性的应用案例 1

案例 2

问题描述:残疾人和老年人手持牙刷比较吃力,且每个人情况各不相同。

物场分析:此问题场景中的物场模型为手(S_1)通过机械力场(F_1)作用于牙刷柄(S_2),因特殊情况导致机械力场的作用不足。

标准解应用:使用形状记忆聚合物制作柔性可变形刷柄,通过提高刷柄的动态化程度,使其适应特殊人群的需求,如图 9.4.9 所示。

5. 利用频率协调增强物场模型

如果技术系统的效率不足,可尝试利用物场模型中的物质 S_1(S_2)与

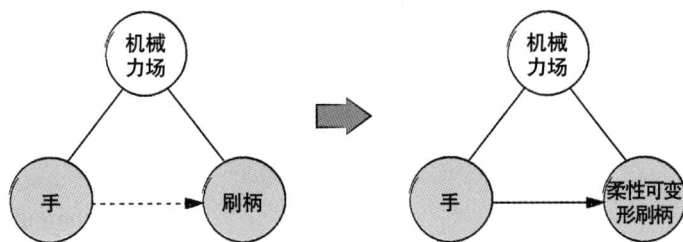

图 9.4.9 提高物质动态性的应用案例 2

场 F_1 的固有频率相协调,来增强物场模型。若场 F_1 的固有频率使物质 S_1 对物质 S_2 作用不足,可尝试改变场 F_1 的频率,实现作用的增强。另外,对于具有两个场的复合物场模型,可尝试利用场 F_1 与场 F_2 固有频率的协调来增强系统的功能或可控性。

案例

问题描述:电动牙刷难以有效清除顽固污垢。

物场分析:此问题场景中的物场模型为牙刷(S_1)通过机械力场(F_1)、声场(F_2)作用于顽固牙垢(S_2),该场作用不足。

标准解应用:尝试改变场 F_1 或场 F_2 的频率以增强作用,如增加机械力场的强度或声场的频率,如图 9.4.10 所示。

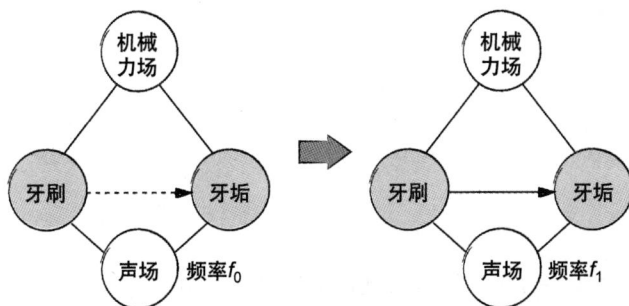

图 9.4.10 利用频率协调增强物场模型的应用案例

6. 引入磁性物质或电磁场增强物场模型

如果技术系统的效率不足,可尝试引入磁性物质或电磁场,运用磁场或电磁场来增强两个物质之间的有效作用和可控性,如图 9.4.11 所示。物质包含铁磁材料的进化路径:固体磁性物质→磁性颗粒→磁性粉末→磁性液体。技术系统的控制效率将随着铁磁材料的进化路径而增加。

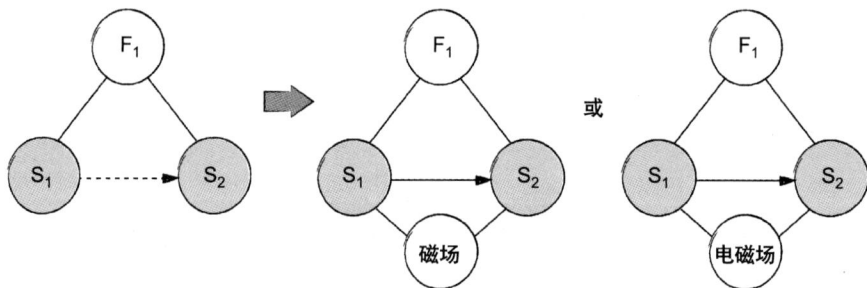

图 9.4.11 运用磁场或电磁场增强物场模型

案例

问题描述:牙刷竖立放置,有利于牙刷沥水和清洁,但牙刷不能竖立放置在盥洗台上。

物场分析:此问题场景中涉及的物场模型为牙刷(S_1)通过重力场(F_1)不能竖立在盥洗台(S_2)上,该物场模型作用不足。

标准解应用:尝试引入磁性物质,在盥洗台上安装磁铁,在牙刷柄底部安装铁片,使牙刷能够吸附到盥洗台上,实现牙刷竖立放置,如图 9.4.12 所示。

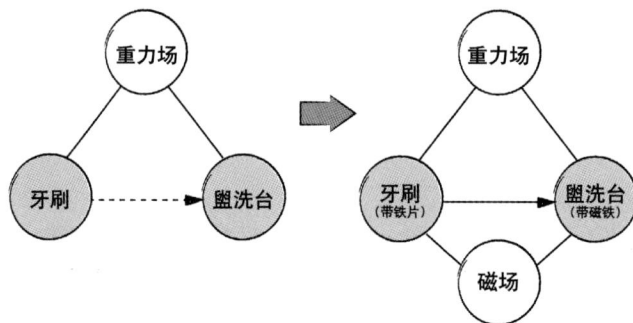

图 9.4.12 引入磁性物质增强物场模型的应用案例

9.5 第 3 类:转换到超系统或微观系统

如果有问题的物场模型是作用不足的物场模型,除了应用第 2 类标准解,还可以尝试应用第 3 类标准解来解决问题。第 3 类标准解包含四个常用的标准解。需要说明的是,第 2 类标准解通过改变物场模型中的基本元素,即物质和场来解决问题;而第 3 类标准解不再局限于物场模型中的基本元素,而是尝试从超系统或微观系统中寻求解决方案。

1. 单系统转换为双系统或多系统

如果技术系统的效率不足,可尝试将两个或多个系统组合起来,创建双系统或多系统,在保持各自系统功能的基础上,增强整体系统的功能,如图 9.5.1 所示。

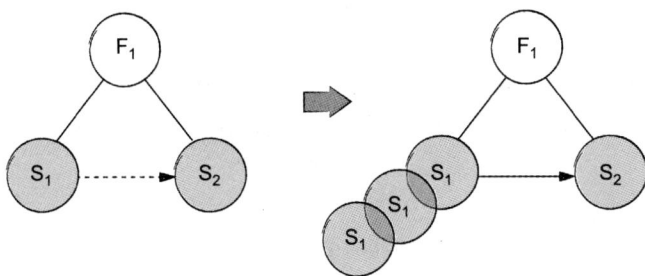

图 9.5.1 相同功能的单系统和多系统

进行组合的系统功能可以是相同的、相似的、不同的或相反的,可尝试加大系统功能特性差异,来增强整体系统的功能,如图 9.5.2 所示。加大系统功能特性差异的进化路径:相同或相似系统的组合→改变特性的不同系统的组合→相反系统的组合。其中,相反系统的组合是系统转换的终极状态,它意味着系统的变化由技术矛盾向物理矛盾转换,也预示着创新产品的诞生。

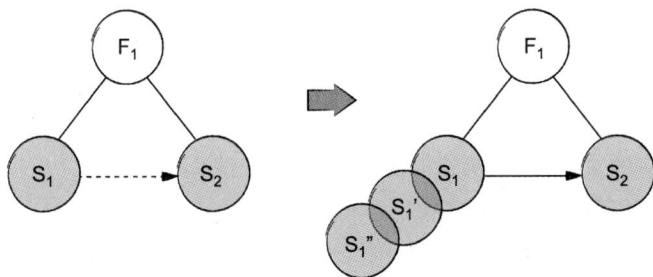

图 9.5.2 差异功能的单系统和多系统

案例

问题描述:普通牙刷使用时只能接触牙齿的一面,且清洁牙齿内侧不方便。

物场分析:此问题场景中的物场模型为刷头(S_1)通过机械力场(F_1)作用于牙垢(S_2),清洁面不足。

标准解应用:尝试将单系统转换为多系统,将牙刷头设计成立体的,可同时清洁牙齿的多个表面。如三刷头牙刷可同时清洁牙齿的三个面,如图 9.5.3 所示。

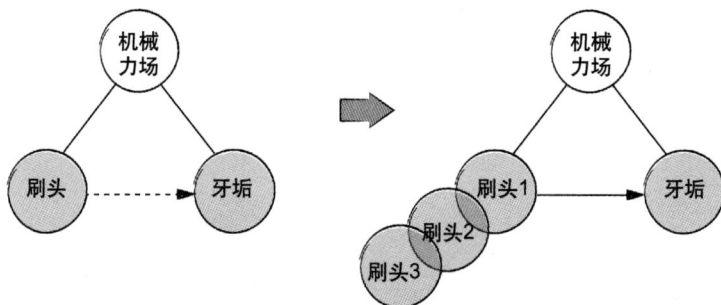

图 9.5.3 相同功能的单系统和多系统应用案例

2. 改进双、多系统之间的连接

如果双系统或多系统出现功能缺失或者不足(难以控制或无法控制),可尝试改进双、多系统之间的连接,如增加柔性、移动性和可控性。改进双、多系统之间连接的进化路径:无连接→刚性连接→柔性连接→场连接。

案例

问题描述:使用三刷头牙刷可实现同时多接触面刷牙,但无法调节大小以满足不同人的牙齿情况。

物场分析:此问题场景中的物场模型为三刷头牙刷刷头(S_1)通过机械力场(F_1)作用于牙垢(S_2),该场作用不足。

标准解应用:尝试改进双、多系统之间的连接,将三刷头之间的连接改成可自适应的柔性连接,有效提高牙刷的可控性(图 9.5.4)。

3. 裁剪多余组件,简化双、多系统

双系统或多系统组合,往往有些组件是重叠的,可尝试共享某些组件,

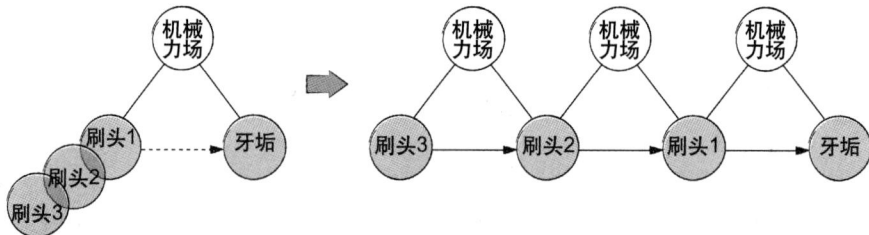

图 9.5.4 改进多系统之间连接的应用案例

并将多余的组件裁剪掉,从而简化双、多系统。通过对双、多系统的简化,将多个系统的功能合理且有效地组合,既简化了系统又使系统功能得到加强。

案例

问题描述:积木式矿泉水瓶(见 2.3.2 节案例)存在多个瓶盖,其功能重复。

物场分析:此问题场景中的物场模型为瓶盖(S_{1_1})通过机械力场(F_1)固定瓶体(S_{2_1}),瓶体(S_{2_1})通过机械力场(F_2)固定瓶盖(S_{1_2}),瓶盖(S_{1_2})又通过机械力场(F_3)固定瓶体(S_{2_2}),该系统中多个组件的功能重复。

标准解应用:尝试简化该多系统,如剪裁掉第一个以外的瓶盖,改用上层的瓶底密封下层的瓶口,代替原来下层瓶盖的功能,如图 9.5.5 所示。

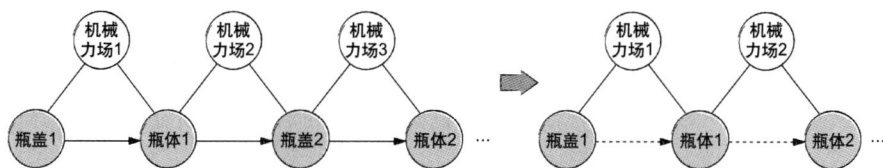

图 9.5.5　简化双系统或多系统应用案例

4. 系统转换为微观系统

如果技术系统的效率不足,在能够与场相互作用而实现功能的前提下,可尝试将系统中的物质替换为更小形态的物质,实现系统从宏观向微观系统的进化,从而提高系统效率。一种物质的微观形态主要有晶格、分子、离子、原子、场等。技术系统在其进化的任何阶段,向微观级别的跃迁均可以提高效率。

案例

问题描述:使用普通牙膏很难有效清除口腔细菌。

物场分析:此问题场景中的物场模型为牙膏(S_1)通过化学场(F_1)作用于牙垢中的细菌(S_2),该场作用不足。

标准解应用:尝试将系统中的物质替换为更小形态,即转换为微观系统,如在牙膏里添加抗菌剂,利用抗菌剂增强化学场,如图 9.5.6 所示。

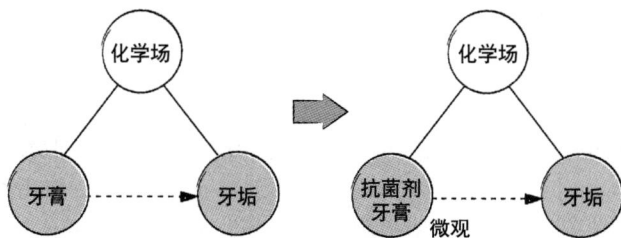

图 9.5.6　系统转换为微观系统应用案例

9.6　第 4 类：检测和测量

检测是用指定的方法检验测试某种物体（气体、液体、固体）指定的技术性能指标。测量是按照某种规律，用数据来描述观察到的现象，即对事物作出量化描述。针对技术系统的检测和测量问题，可通过第 4 类标准解（检测和测量）来解决。第四类标准解包含五个常用的标准解。

1. 尝试改变系统，以免于检测和测量

如果物质或场难以进行检测和测量，可尝试改变系统，使检测或测量不再需要。

案例

问题描述：刷牙时牙膏需适量，但牙膏的用量不好控制。

物场分析：此问题场景涉及的物场模型为人（S_1）通过机械力场（F_1）作用于牙膏（S_2），该场作用不足。

标准解应用：尝试改变系统，以免于检测和测量，如将牙膏预分装为单次用量的小包装，如图 9.6.1 所示。

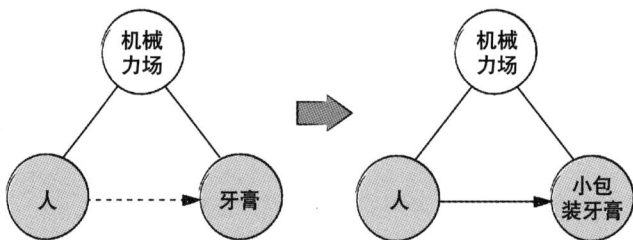

图 9.6.1　改变系统免于检测和测量的应用案例

2. 利用被测对象的复制品

如果物质或场难以直接检测和测量，可尝试测量被测对象的复制品或图像。如柔软物体或具有不规则表面的物体不易测量。

案例

问题描述：每个牙刷的刷毛数量有要求，直接检测刷毛数量较困难。

物场分析：此问题场景中的物场模型为人眼（S_1）通过光场（F_1）作用于刷毛（S_2）上，但人眼（S_1）很难实现对刷毛（S_2）的测量，作用不足。

标准解应用：可尝试利用被测对象的复制品，如通过图像处理系统对高清的刷毛图像进行处理，自动计算刷毛数量，如图 9.6.2 所示。

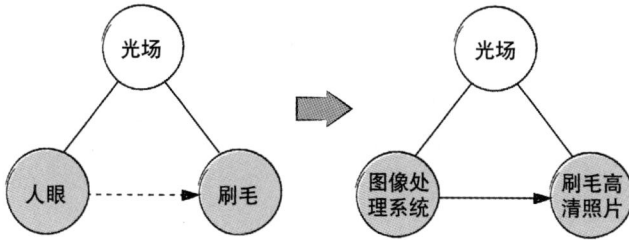

图 9.6.2　利用被测对象复制品的应用案例

3. 引入易检物,构建测量物场模型

如果物质或场难以检测和测量,可尝试引入易检测和测量的附加物(简称易检物),形成内部复合或外部复合的测量物场模型,检测或测量合成物的变化,如图 9.6.3 所示。若技术系统禁止引入附加物,可尝试将易检物引入环境中,通过测量环境状态的变化来获得被测对象状态变化的信息。若技术系统和环境都禁止引入附加物,可尝试引入技术系统或环境中已存在物质的变异物(也是易检物),并测量变异物对系统的影响,例如利用相变获得气体或水蒸气、泡沫等形式的变异物。

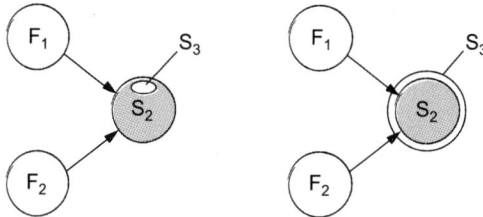

图 9.6.3　引入易检物构建测量物场模型

案例

问题描述:漱口水的温度保持在 35~37℃比较合适,但是人无法直接判断水温。

物场分析:此问题场景中的物场模型为热场(F_1)作用于漱口杯(S_1),人难以通过光场(F_2,视觉观察)判断水温。

标准解应用:尝试引入易检物,如在杯壁增加温敏涂层(温致变色),从而可以根据涂层显示的颜色来判断水温,如图 9.6.4 所示。

4. 增强测量物场模型

如果物质或场难以检测和测量,可尝试利用物理效应或自然现象来增强测量物场模型,从而使被测对象易于检测和测量。如可以利用系统整体

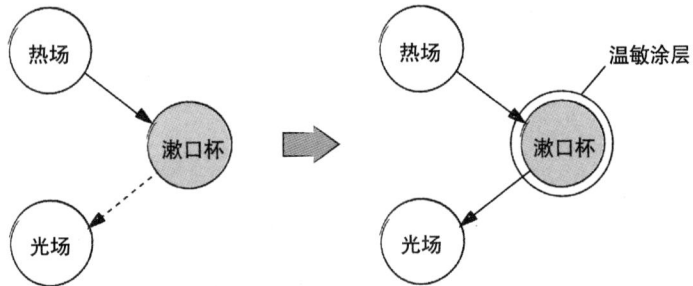

图 9.6.4 引入易检物构建测量物场模型的应用案例

或部分的频率谐振,还可以引入已知特性的附加物,利用系统与附加物的频率谐振。

5. 进化测量系统

如果单级测量系统不够精确,可尝试向双、多级测量系统转换。另外,测量系统为获取某参数信息,可由直接测量转向测量该参数对应的一级或二级派生参数。测量精度将会随着测量系统的进化而有所提高。

案例

问题描述:电动牙刷通过测量刷毛压力反馈刷牙力度,由于每束刷毛受力不一,若只测量某一束刷毛的受力,则测量结果不准确。

物场分析:此问题场景中的物场模型为机械力场(F_1)作用于压力传感器(S_1),压力传感器通过电场(F_2)反馈压力信息,若只有一个传感器,单点测量无法获得准确的压力值。

标准解应用:尝试由单级测量系统向双、多级测量系统转换,如增加传感器数量进行多点测量并通过相应算法获取准确压力值,如图 9.6.5 所示。

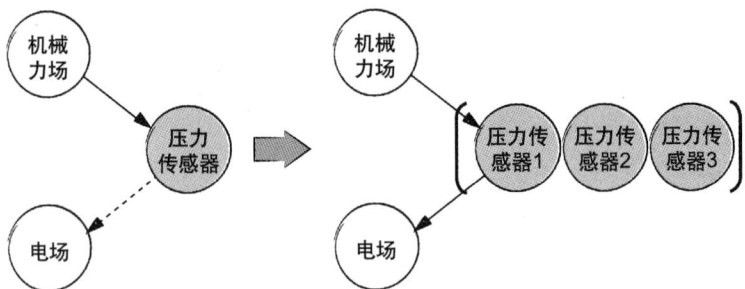

图 9.6.5 进化测量系统的应用案例

9.7　第 5 类：改善和简化策略

第 5 类标准解着眼于对系统的简化，特别在引入新物质或场的情况下，要防止系统复杂化。第 5 类标准解包含五个常用的标准解。

1. 引入"虚无物质"代替引入实物

如果需要向物质内部引入添加物，但所有实物都是禁止的或是有害的，可利用"虚无物质"代替实物作为附加物引入。这里所说的"虚无物质"主要包含空洞、空间、空气、真空、气泡等。

案例 1

问题描述：冲牙器通过压力产生高速水流清洁牙齿，想进一步提高洁齿效果。

物场分析：此问题场景中的物场模型为水流（S_1）通过机械力场（F_1）作用于牙垢（S_2），需进一步增强作用。

标准解应用：尝试引入"虚无物质"，如通过振动方式在水流中产生小气泡，通过小气泡实现清洁增强效果，如图 9.7.1 所示。

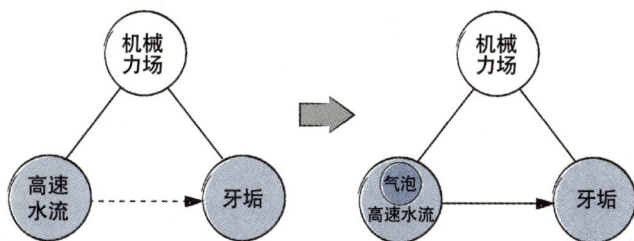

图 9.7.1　引入"虚无物质"代替引入实物的应用案例

案例 2

问题描述：拿水杯时，水杯里的水太热容易烫伤手。

物场分析：此问题场景中的物场模型为杯壁（S_1）通过热场（F_1）作用于手（S_2），该作用为有害作用，依据第 2 类标准解可引入添加物，但实物添加物会增加成本。

标准解应用：尝试利用"虚无物质"代替实物作为附加物引入，如引入空气隔热层，设计中间有空气夹层的双层水杯，如图 9.7.2 所示。

2. 引入场代替引入物质

如果需要向物质内部引入添加物，但所有实物都是禁止的或是有害的，可引入场代替引入物质。

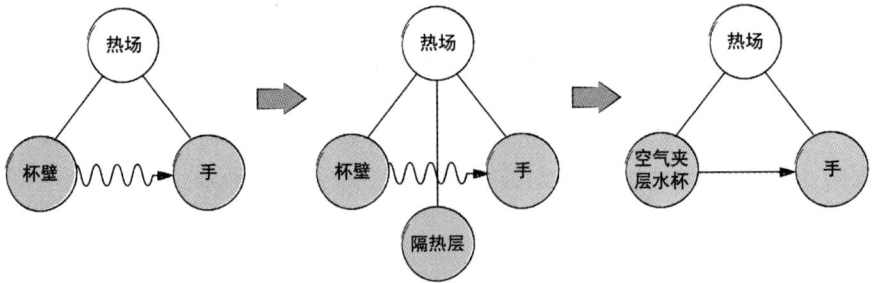

图 9.7.2 引入"虚无物质"代替引入实物应用案例

案例

问题描述：对牙膏敏感的人不能使用牙膏刷牙，牙膏对这类人是有害的。

物场分析：此问题场景中的物场模型为牙刷（S_1）通过机械力场（F_1）作用于牙垢（S_2），该作用效果不足，引入添加物牙膏（S_3）可以提升效果，但是会对牙龈表面产生有害作用。

标准解应用：尝试引入超声场代替牙膏，利用超声波破坏牙垢与牙齿表面的吸附层，去除牙垢并减小对牙龈表面的刺激，如图 9.7.3 所示。

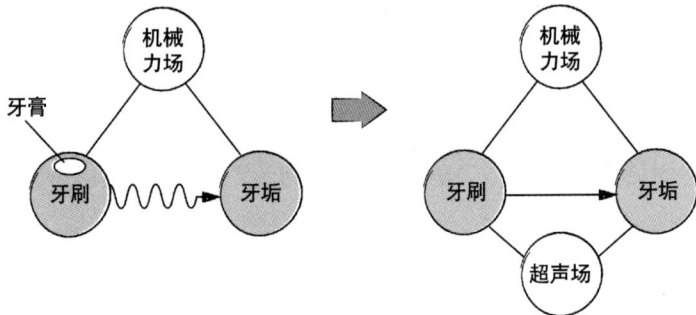

图 9.7.3 引入场代替引入物质应用案例

3. 引入能够"自消失"的添加物

如果需要向系统或环境中引入添加物，可引入能够"自消失"的添加物，在它完成所需功能后，能够从系统或环境中自行消失或变成系统中的物质存在。

案例

问题描述：水杯里的热水冷却较慢。

物场分析：此问题场景中的物场模型为热水（S_1）通过热场（F_1）作用

于空气或杯壁(S_2),冷却作用不足。

标准解应用:向系统或环境中引入能够"自消失"的添加物,例如添加可食用冰块,加速水降温,如图 9.7.4 所示。

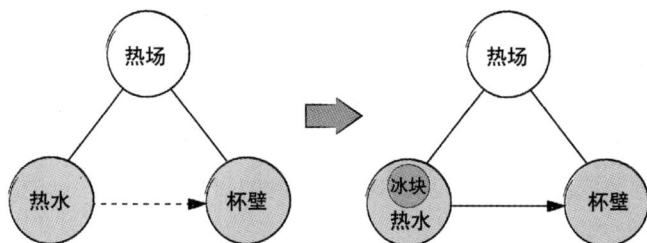

图 9.7.4　引入能够"自消失"添加物的应用案例

4. 利用相变

利用不同温度(或压力)条件下物质会在气、液、固三相之间发生转换的特性,通过改变系统或子系统的相态来提高系统的功能。如通过改变工作环境,实现物质双重相态的动态化转换;充分利用相变过程中的现象,如吸热、放热、体积变化等来加强系统的有效作用。

案例

问题描述:生产矿泉水时,需要向瓶内注入二氧化碳气体以增加瓶内压力,由于气体的流动性难以保证压力。

物场分析:此问题场景中的物场模型为二氧化碳(S_1)通过机械力场(F_1)作用于矿泉水瓶瓶口 S_2,因二氧化碳为气态导致该场作用不足。

标准解应用:通过改变系统或子系统的相态来获得提高系统的功能,如将注入二氧化碳气体改为向瓶内投放干冰(固态二氧化碳),以防止压力损失并降低生产难度,如图 9.7.5 所示。

5. 利用科学效应

充分利用目前已有的科学研究成果来解决系统问题。

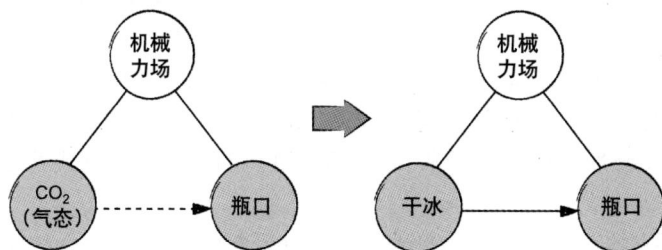

图 9.7.5　利用相变应用案例

9.8 物场模型及标准解应用案例

运用物场模型及76个标准解解决关键问题的流程见图9.2.2。下面通过三个具体案例展示物场模型及标准解的应用过程。

案例1：牙刷清洁牙齿效果不足的问题。

1. 问题情境

牙齿健康是身体健康的重要保证，本例的目标是提高牙刷的清洁效果。

2. 问题分析

选择问题分析工具。本例使用功能分析工具建立刷牙的功能模型，如图9.8.1所示。由分析可知，本例中的关键问题是"牙刷刷毛移除牙垢功能不足"，不能有效移除牙垢（牙菌斑、食物残渣等）。

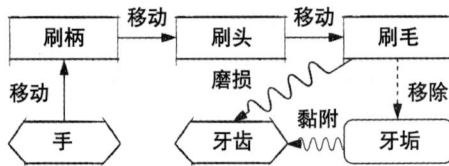

图 9.8.1　刷牙的功能模型

3. 判断是否为检测和测量问题

"牙刷刷毛移除牙垢功能不足"显然不属于检测和测量问题。

4. 问题转化及物场模型建立

"牙刷刷毛移除牙垢功能不足"是因为刷毛对牙垢的摩擦力不足，此问题涉及刷毛（S_1）、牙垢（S_2）和刷毛对牙垢的机械力场（F_1），该机械力场作用不足，由此建立图9.8.2所示的物场模型。

5. 寻找标准解

针对有用但作用不足的物场模型，可以先从第2类标准解中寻找适合的标准解。

（1）第2类标准解有六个常用标准解，下面逐一分析。

1）引入第三个物质，构建链式物场模型　刷毛对牙垢摩擦力不足，可考虑引入增加摩擦力的物质，例如牙膏（思路1），构建链式物场模型，如图9.8.3所示。

2）引入易控场，构建双物场模型　根据图9.8.1的功能模型可知，刷牙的摩擦力由手通过牙刷柄提供的机械力场产生。摩擦力不易控制，考虑

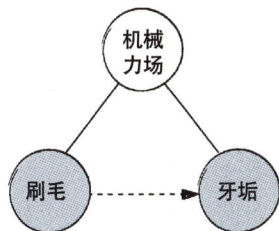

图 9.8.2　机械力场作用不足
的物场模型

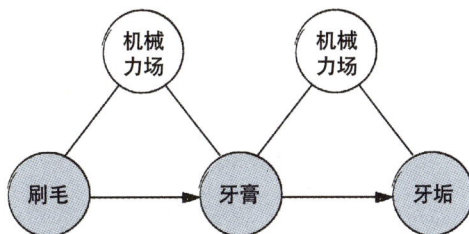

图 9.8.3　引入牙膏后的链式物场模型

引入电场（思路 2）这类易控场是合理的解决思路。如旋转式电动牙刷通过电能使牙刷头高速旋转，产生均匀的摩擦力，提升牙齿清洁效果，如图 9.8.4 所示。此外，通过电驱动刷头产生振动来增强摩擦力也是一种可行方式。

3）增加物质的分割程度或多孔性　增大物质的分割程度可以增强作用效果，可以考虑进一步分割牙刷刷毛，使用超细刷毛（思路 3）来增强清洁效果，如图 9.8.5 所示。

4）提高物质的动态性　可以尝试提高刷毛的动态性，如将牙刷的刷毛更换为高压水流（从固态变为液态），利用水流的动态特性更好地清除牙齿缝隙中的污渍。

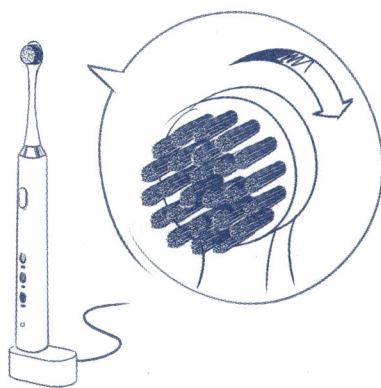

图 9.8.4　旋转式电动牙刷

图 9.8.4
动画

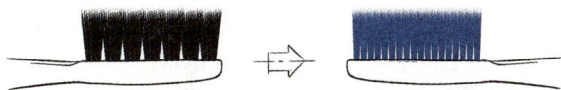

图 9.8.5　超细刷毛牙刷

图 9.8.5
动画

5）利用频率协调增强物场模型　可以尝试改变物场模型中机械力场的频率来增强作用效果，如"思路 2"所述的旋转式电动牙刷，增加了刷毛与牙垢间机械力场的频率。

6）引入磁性物质或电磁场增强物场模型　在"思路 2"案例中考虑使用磁悬浮电机，振动源悬浮于磁场中间形成高频振动，再通过传动系统使牙刷产生高频振动。

作用不足的物场模型在从第 2 类标准解寻找到解后，可通过第 3 类标准解进一步改进系统，使解更充分；也可直接从第 3 类标准解中寻找解决问题的方案。

（2）第 3 类标准解包括四个常用标准解，下面逐一分析。

1）单系统转换为双系统或多系统 当作用不足时，可考虑将多个相同功能的系统组合起来。牙齿有多个面，使用多组刷毛（思路 4）同时清洁牙齿的多个面是可行的。如三刷头牙刷（图 9.8.6），可同时清洁牙齿的三个面，六刷头牙刷（图 9.8.7），可同时清洁上、下牙齿的每个面。

2）改进双、多系统之间的连接 不适用于单系统，但可对"思路 4"产生的方案进一步改进，如将六刷头牙刷六个刷头之间的连接改成可自适应的连接，使六刷头牙刷与牙齿面充分接触。

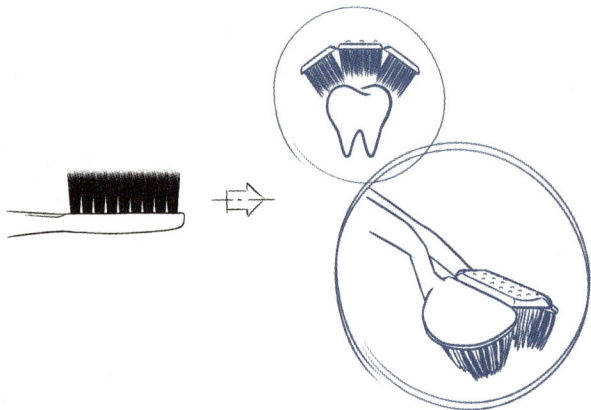

图 9.8.6
动画

图 9.8.6 三刷头牙刷

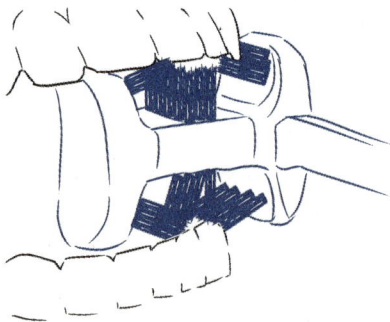

图 9.8.7
动画

图 9.8.7 六刷头牙刷

3）裁剪多余组件，简化双、多系统 可以对"思路 4"中产生的方案进一步改进，如将三刷头牙刷或六刷头牙刷的刷头合并。

4）系统转换为微观系统 可考虑牙垢（牙菌斑、食物残渣、牙结石的混合物）的化学成分，找出具有溶解作用、抑菌作用的化学物质（思路 5）替代牙刷刷毛的摩擦力作用。

（3）应用第 5 类标准解。

1）引入"虚无物质"代替引入实物　液体中的微小气泡破裂（空化效应）可释放强大的冲击力,可考虑应用（思路 7）。例如超声振动牙刷,利用超声波产生微小气泡的冲击力,更高效地清洁牙齿。

2）引入场代替引入物质　例如可以引入电场和声场,前文已提及,此处不再赘述。

3）引入能够"自消失"的添加物　可考虑对牙膏进行改进,在原有摩擦剂的基础上添加缓冲剂（如磷酸盐缓冲剂,维持口腔正常的 pH 值）、发泡剂（如月桂基硫酸钠,乳化分解油污残留）、抑菌物质（如中草药提取成分）等成分,进一步提升清洁效果。

本类中其他标准解的应用,请读者自行思考。

6. 整理解决方案

综合以上的分析结果,可考虑采用以下提高牙刷的清洁效果的方案：

（1）可自适应的三刷头或六刷头牙刷。

（2）旋转式电动牙刷、振动式电动牙刷或超声振动牙刷。

（3）分割刷毛,使用超细刷毛牙刷。

（4）使用添加功效成分的牙膏。

案例 2：牙刷损伤牙齿的问题。

1. 问题情境

刷牙时刷毛摩擦会损伤牙齿,本例的目标是减小或消除刷毛对牙齿的损伤。

2. 问题分析

从案例 1 建立的刷牙的功能模型（图 9.8.1）中可以发现,刷毛会损伤牙齿对应的关键问题是"刷毛磨损牙齿"的有害作用。

3. 判断是否是检测和测量问题

"刷毛磨损牙齿"显然不是检测和测量问题。

4. 问题转化及模型建立

"刷毛磨损牙齿"涉及刷毛（S_1）、牙齿（S_2）和刷毛对牙齿的机械力场（F_1）,该摩擦力场是有害作用,由此建立图 9.8.8 所示的物场模型。

5. 寻找标准解

针对有害作用的物场模型,可以先从第 1.2 类标准解寻找适合的标准解。

（1）第 1.2 类标准解有三个常用标准解,可以依次进行分析。

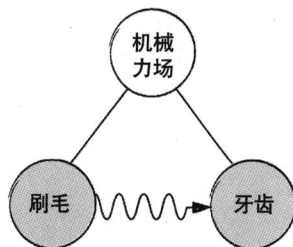

图 9.8.8　刷毛磨损牙齿的物场模型

在两个物质之间引入第三个物质　在分析清楚牙齿损伤机制的基础上引入补偿物质(思路1)。

本类中其他标准解的应用,请读者自行思考。

(2)应用第5类标准解。

1)引入"虚无物质"代替引入实物　空化效应可释放强大冲击力,且对牙齿损伤较小。可考虑通过超声波引入微小气泡(思路2),如本节案例1提及的超声振动牙刷;此外,超声波手持式清洗机高效且对牙齿磨损小。

2)引入场代替引入物质　引入声场前文已提及,在此不再赘述。

本类中其他标准解的应用,请读者自行思考。

6. 整理解决方案

综合以上的分析结果,可考虑采用以下减小或消除刷毛对牙齿损伤的方案。

使用超声振动牙刷或超声波手持式清洗机。

案例3:控制电动牙刷刷牙力度的问题。

1. 问题情境

使用电动牙刷刷牙,需要合适的力度才能有效洁齿,本例的目标是有效控制电动牙刷刷牙的力度。

2. 问题分析

分析可知,有效控制电动牙刷刷牙力度的关键问题是"如何准确测量刷毛的力度"。

3. 判断是否是检测和测量问题

"如何准确测量刷毛力度"是检测和测量问题。可跳过"问题转化及模型创建"步骤。

4. 寻找标准解

检测和测量问题从第4类标准解寻找合适解。

(1)第4类标准解包含五个常用的标准解,可依次进行分析:

1)增强测量物场模型　电动牙刷刷毛的力度不易准确检测,可采用压电传感器将压力信号转化为电信号,进而控制电动机的输出功率,保持刷毛力度恒定。

2)进化测量系统　用电动牙刷刷牙时,每束刷毛力度不一,若只测某一束刷毛的受力值测量结果不准确,可考虑多点测量方式。

本类中其他标准解的应用,请读者自行思考。

(2)应用第5类标准解。

利用科学效应　控制刷毛力度是为了保证洁牙效果,因此可以通过洁牙效果来进行检测和测量。口腔内有害细菌的数量可作为洁齿效果的检测对象,但不易实现检测。可利用有害菌表面抗原与特异抗体的免疫反应获得特异性好、灵敏度高的信号,例如在牙刷中内置基于免疫传感器的微型细菌检测仪,实时检测洁齿效果。

5. 整理解决方案

综合以上的分析结果,可考虑采用以下控制电动牙刷刷牙力度的方案。

(1)牙刷内置测刷毛力度多点传感器。

(2)牙刷内置基于免疫传感器的微型细菌检测仪。

本 章 小 结

本章主要讲解了物场模型和标准解相关的内容,并重点讲解了常用标准解。需要注意的是,本章所列出的标准解是对阿奇舒勒标准解的归纳和简化,去掉了阿奇舒勒标准解中不常用的内容。标准解的应用是本章的重点和难点,应用标准解首先要将关键问题转化为不同类型的问题物场模型,再确定标准解类别并在该类别中寻找适合的标准解,最后在找到的标准解的启发下形成问题解决方案。

思 考 题

1. 76 个标准解可分为哪些类别? 每种类别的适用范围如何?

2. 围绕创新过程中发现的关键问题,将问题转化成相应的物场模型,画出模型图,并用标准解尝试解决问题。

▶▶▶ 第 10 章   创新设计流程

目前,越来越多的人认识到 TRIZ 理论是一套有效解决技术系统问题的创新工具,但是当面对学习、生活、生产中的实际问题时,往往不能系统地应用 TRIZ 工具以形成高价值的创新解决方案。如何流程化、系统地应用 TRIZ 中分析问题、解决问题的工具已成为困扰广大 TRIZ 学习者的关键问题。

10.1   现代 TRIZ 理论解题流程

10.1.1   TRIZ 理论的其他工具

前九章详细阐述了 TRIZ 理论中的一些基本创新工具,但要全面系统地利用创新方法解决实际技术系统问题,还需要了解以下几个工具。

1. 创新标杆

标杆是指学习、参考、模仿的榜样。在技术系统创新过程中,无论是全新的系统设计还是技术系统的改进,都可以通过标杆技术系统获得启示。创新标杆可以是工艺流程、结构、技术路线、配方、程序等形式;创新标杆不应该局限于一个,分析多个创新标杆的创新方案,有利于寻找关键的创新标杆;围绕技术创新,寻找每一个创新需求的创新标杆,若干创新标杆的组合有可能创造出一个全新的技术系统。

2. 关键问题分析

关键问题分析指的是在技术系统的创新过程中,对产生的各种方案进行分析、梳理、归纳、总结,找到技术系统创新过程中的关键技术问题,以便采用创新工具进行解决。

3. 科学效应库

科学效应指的是实施基本科学原理所产生的效果。科学效应库就是多种科学效应的集合。科学原理是学习、科研的主要内容,每个科学原理都能够带来相应的效果、现象,利用这些效果、现象就可以解决技术系统中的问题,尤其是功能类技术系统的创新问题。科学效应包括物理类效应、化学类效应、几何类效应等成百上千个具体的效应。

在创新过程中,尤其是基于功能需要的创新过程,可以查阅相关科学原理的效应,采用一个或者多个科学效应的组合来解决创新中的疑难技术问题。

4. 克隆问题应用

克隆问题指的是采用类似的创新方案解决类似的矛盾问题。在创新过程中,不同领域、不同技术系统的技术矛盾、物理矛盾形式是类似的,可以克隆其他领域、其他技术系统的创新方案来解决本技术系统创新过程中遇到的问题。

5. ARIZ

ARIZ 又称为发明问题解决算法,是一个更加复杂的解决问题工具。TRIZ 的其他工具可以解决一些经常见的、相对简单的技术系统问题,而复杂的问题可以采用 ARIZ 来解决。

ARIZ 实际上是一种解决复杂技术系统问题的创新流程,流程中涉及TRIZ 的各种创新工具,通过创新工具对复杂问题进行梳理,帮助我们一步一步找到技术系统的解决方案。ARIZ 不常用,这里不再赘述。

6. 流分析

流指的是技术系统中存在的各种连续移动的物质或场,如能量流、物质流、信息流等。这些流中会存在正常流、不足流、过度流、有害流,通过对流进行分析找到技术系统中的流缺陷,使用创新工具对流缺陷进行改进,促进技术系统的优化创新。

7. 解决次级问题

次级问题是指利用创新工具获得创新方案后出现的额外技术问题。解决次级问题可实现创新技术方案的完善。

8. 方案验证

方案验证是指对创新方案进行专业论证,论证方案的可行性、可实施性、可制造性等。

9. 超效应分析

超效应分析是指利用技术系统创新过程中新增加的资源继续优化技术系统,使技术系统更加完善。

10. 概念评估

概念评估是指结合生产实际,从成本、实施周期、生产条件、用户需求等多个方面对创新方案进行评估,最终确定采用的技术系统创新方案。

10.1.2   现代 TRIZ 理论解决技术系统问题的流程

应用现代 TRIZ 理论解决技术系统问题时,大致可分为三个阶段,即问题识别、问题解决和概念验证。每个阶段都可以按照一定的步骤来进行,具体流程如图 10.1.1 所示。

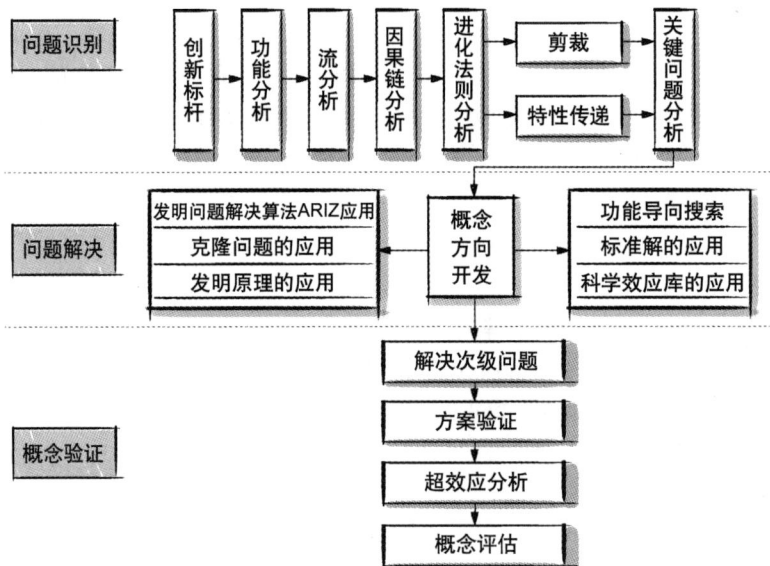

图 10.1.1   现代 TRIZ 理论解决技术系统问题流程

上述解题流程在很多 TRIZ 理论著作中都有详细说明,这里不再介绍。但该流程存在适用性不足的问题,当面对不同的创新需求时,按照这个固定的流程往往难以形成顺畅的解题逻辑。下面将介绍基于创新需求的解决技术系统问题的创新流程。

10.2   基于需求的创新流程

创新并非基于主观意愿,通常情况下是由以下三种客观需求激发的。一,基于原发性功能需求的创新;二,基于技术系统功能优化(升级)需求的创新;三,基于技术系统功能缺陷改进需求的创新。不同的创新需求,自然应该采用不同的创新方法流程。

10.2.1　实施技术系统创新前的分析与判断

技术系统的创新过程不应该是盲目的,在实施任何具体的技术系统创新前,需要进行调研、分析和判断,如图 10.2.1 所示。通过此过程,进一步明确创新的必要性和创新的价值,并依据已经存在的专利、论文等信息判断创新需求的类型。

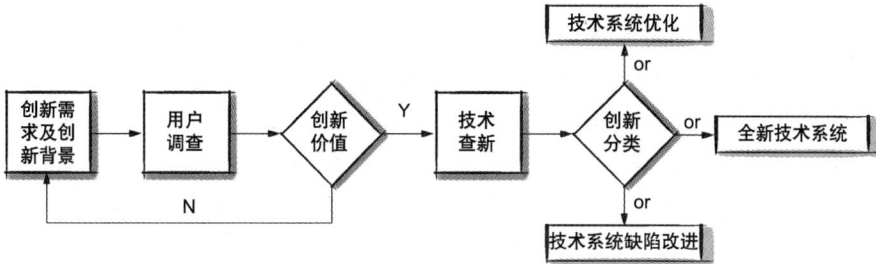

图 10.2.1　创新前的流程

创新前流程的主要(图 10.2.1)步骤如下:

(1)调研创新需求及创新背景。无论生产企业组织的技术创新,还是其他组织及个人进行的技术创新,目的是改善人的生活、提质增效、实现利润等多方面。实施技术创新前的需求分析及背景调研非常重要,是实施有效技术创新、实现高价值专利、提高创新效益的根本保障。创新需求可以从技术背景、环境背景、用户背景、竞争背景、生产背景、实验背景、用途背景、财务背景等方面进行分析,也要站在宏观、微观等不同的视角进行分析。

可以采用基于层级与时间的背景分析方法,罗列创新需求及背景,从而更有利于调研、分析和判断,如图 10.2.2 所示。

(2)开展用户调查。技术创新的目的是满足人或者生产过程对某项功能的需求。为了清晰认识用户对功能的需求,需要开展用户调查工作,对用户需求进行分析,明确所需功能,判断所需功能的可实施性。

(3)判断创新价值。技术创新具备了可实施性,则需要对创新工作的价值进行判断。技术创新不能盲目,要围绕

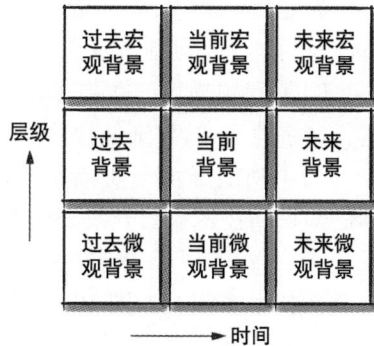

图 10.2.2　创新背景分析

市场、用户群体、潜在用户等多个方面进行价值评估,判断创新能够带来的经济效益、社会效益,并做出合理的价值预期。如果创新价值不符合预期,则返回最初的创新需求及创新背景分析,重新审视创新的必要性,甚至放弃。如果创新价值符合预期的经济效益、社会效益,则可以进入实质性的技术创新环节。

(4)进行技术查新。用户需求功能需要相应的技术手段来实现。而实现功能的技术手段是否已经存在,则需要从专利数据库、论文数据库等进行查阅。以专业知识为背景分析技术文献,判断技术创新实现的可能性。

(5)进行创新分类。以专业知识为基础,通过研判专利、论文等文献,对即将实施的技术创新进行分类,判断技术创新是全新技术系统、技术系统优化、技术系统缺陷改进中的哪一类,从而为技术系统的创新确立思考方向。

1)全新技术系统。没有发现与创新需求匹配的技术系统存在,对此开展的创新活动是设计全新的技术系统。

2)技术系统优化。与创新需求匹配的技术系统已经存在,只是还不能满足需求,对此开展的创新活动即为技术系统优化。

3)技术系统缺陷改进。与创新需求匹配的技术系统已经存在,但是有缺陷,对此开展的创新活动即为技术系统缺陷改进。

创新过程要符合基本的逻辑,还要符合研发过程的思考路径。下面,针对以上三类创新需求,对一些创新方法工具进行梳理,以设计相应的创新流程。

10.2.2 基于原发性功能需求的创新流程

在工业生产及生活中,如果现有各种技术系统的功能都难以匹配实际需求,那么就会激发创造和创新。这就是基于原发性功能需求的创新,流程如图10.2.3所示。

在整个流程中,大多数概念及创新方法工具都在前面提及,还有几个没有涉及的概念及创新方法工具,将在下面进行说明。

(1)问题描述 在技术系统创新前,对要创新的技术系统概况及起因进行文字性描述,详细地说明创新的动机、目的、希望达到的效果等。

(2)功能分解 创新者对全新技术系统实现的功能进行分解,依据所学的知识和技术系统开发的经验,将全新功能分解为容易制造、容易实现的子功能,并对实现子功能的技术系统进行有机组合,从而得到具有全新功能的全新技术系统。如图10.2.4所示,全新功能可以分解为子功能1、子功能2、…、子功能 n,对于复杂的功能,可以继续向下细分为若干更低级别的子功能;将实现子功能的技术系统合理组合、重新设计,从而得到全新的技术系统。

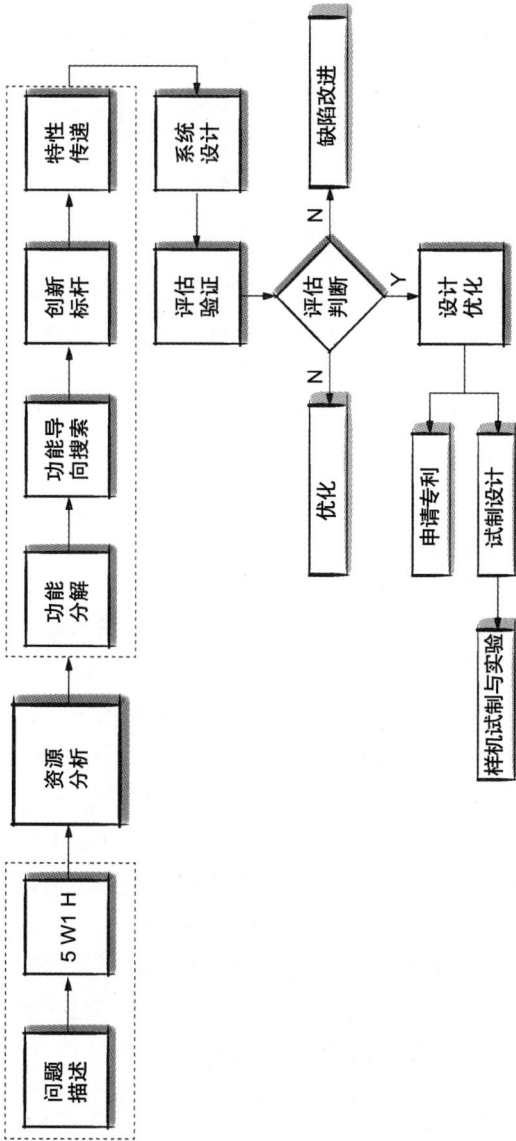

图 10.2.3 基于原发性功能需求的创新流程图

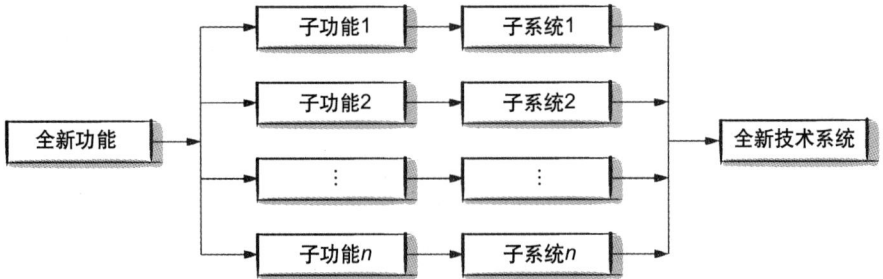

图 10.2.4　功能分解示意图

（3）系统设计　创新者利用所学的专业知识，结合运用创新工具获得的启发进行方案设计，获得技术系统的结构模型、仿真模型等。

（4）评估验证　对获得的技术系统设计方案从可实施性、制造成本、实施周期、技术制约因素等各个环节进行分析，确定可实施、可落地的技术方案。

（5）评估判断　对新技术系统进行评估认定，判断新技术系统是否满足设计要求，是否能够实现预定的功能。如果是，则进入设计优化环节。如果新技术系统不能满足新功能要求，则判断下面是要进入技术系统优化阶段，还是技术系统缺陷改进阶段。

（6）设计优化　通过评估，认为全新技术系统设计合理，能够实现设计目标，则进入设计优化阶段，使之更加符合工艺需求，更加符合本领域的设计标准。

（7）申请专利　设计优化后的技术系统可以进入申请发明专利阶段，对创新的技术系统、创新的技术方案等进行知识产权保护。

（8）试制设计　本环节要组织工程技术人员从生产角度入手，对技术系统的实施方案、控制流程、程序等细节部分进行分析，使技术系统涉及的要素具有可加工性、可实操性，从而实现可具体实施的设计要求。

（9）样机试制与实验　本环节要实现模型制作、零部件生产、流程试运行等，直至获得产品样机及完善可执行的工艺流程。

下面介绍基于全新功能需求的创新流程步骤。

（1）问题描述　功能需求方对功能需求的详细描述。技术系统设计人员要指导功能需求方尽可能详细地描述功能需求。

（2）5W1H 分析　在问题描述的基础上，指导需求方重新梳理功能需求，按 5W1H 提问的内容回答问题，从而更加明确创新技术系统的功能需求。

（3）资源分析　在技术系统设计前，重点对超系统、目标系统资源进行分析，了解已具备的物质资源、场资源、信息资源、空间资源、功能资源和时间资源等，明确可利用的资源。

（4）功能分解　如图 10.2.4 所示，在分析已有资源的基础上将全新功能分解为容易实施的若干子功能。此步需要依靠技术系统设计人员的设计经验、专业知识，以及查阅文献资料。

（5）功能导向搜索　在现代 TRIZ 解决技术系统问题流程中（图 10.1.1），"功能导向搜索"在"关键问题分析"之后。而基于全新功能需求创新时，最初就要从功能入手，查询是否存在已有技术系统能够实现各级子系统及组件的功能，为解决问题提供参考。对功能分解步骤获得的子功能进行功能导向搜索，寻找每个子功能的领先技术、成熟技术，为子功能的创新提供思路及借鉴。

（6）创新标杆　通过功能导向搜索获得相关领域的技术系统设计方案，在此基础上，可以将具有类似功能或者实现部分功能的已有技术系统作为标杆，为每一个子功能提供更加明确的创新思路。

（7）特性传递　对上一步骤获得的标杆系统进行分析，选择竞争系统、备选系统、基础系统、特性来源系统，通过特性传递将优异的系统特性进行整合，从而为新技术系统搭建框架。

（8）系统设计　对获得的若干子功能技术系统进行整合，依靠设计人员的专业知识以及团队合作，对全新功能的技术系统进行设计。

（9）评估验证　对完成的技术系统进行评估。除了对技术系统进行综合评估外，还要对子系统、组件进行评估。从功能实现、制造成本、节能环保、实施周期、技术稳定等各个方面进行评价分析，对新技术系统全面了解。

（10）评估判断。依据评估验证结果，如果新技术系统需要优化，则进入优化流程；如果新技术系统存在缺陷，则进入缺陷改进流程；如果新技术系统符合预期，则进入设计优化环节。

（11）设计优化　依据评估结果，对符合功能需求的全新技术系统进行优化。

（12）申请专利　对新技术系统要进行知识产权保护。申请专利时，要重新回顾整个创新流程中的研究思路，围绕核心创新点，从纵向、横向两个维度进行专利挖掘、专利布局，构建技术系统专利池。

（13）试制设计　（略）。

（14）样机试制与实验　（略）。

10.2.3　基于技术系统功能优化（升级）需求的创新流程

对于现有技术系统，如果希望其功能更加丰富、性能更加优越、适应性更强，以此为目的的创新就是基于技术系统功能优化（升级）需求的创新，流程如图 10.2.5 所示。

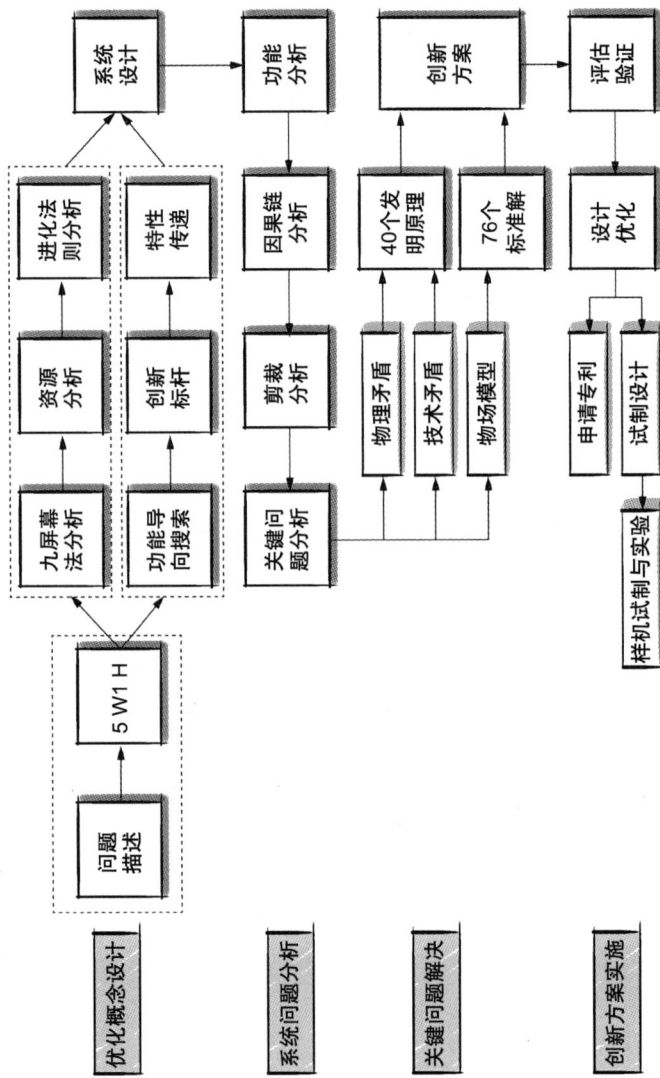

图 10.2.5 基于技术系统功能优化（升级）需求的创新流程图

1. 优化概念设计

本部分从技术系统优化角度出发,在技术系统正常运行或设计完成的基础上,利用相关创新工具对技术系统重新分析、思考,并完成技术系统创新后的概念设计。

（1）问题描述 对技术系统目前的运行情况及升级创新需求进行详细描述。

（2）5W1H 分析 按 5W1H 提问的内容,回答技术系统升级的问题,进一步明确功能优化需求,明确技术系统创新的方向。

技术系统优化（升级）可以分为两个方向。方向一,技术系统进行优化（升级）的目标不明确,需要工程技术人员提供优化（升级）的思路;方向二,具有明确的技术系统优化（升级）目标。每个方向采用的创新工具不同。

（3）技术系统优化（升级）方向一采用的创新工具及步骤。

1）九屏幕法分析。本步骤通过对技术系统的过去、未来,子系统的过去、未来,超系统的过去、未来进行梳理,为技术系统的优化提供思考方向。必须注意的是,技术系统就是要优化创新的系统,只有一个,而子系统可能有若干个,超系统也可能有若干个,在分析子系统、超系统时,要尽可能全面。

2）资源分析。对正常运行或设计完成的技术系统进行资源分析,分析其超系统资源、系统资源、子系统资源、组件资源等,挖掘可利用的资源,为系统升级优化提供拓展思路。

3）进化法则分析。围绕技术系统、子系统、超系统分别应用八条进化法则进行思考,从而为系统优化提供更多创新方向。

（4）技术系统优化（升级）方向二采用的创新工具及步骤。

1）功能导向搜索。依据明确的技术系统升级优化目标,分析具体的功能需求,寻找优化升级功能的领先领域、成熟领域的解决方案,为创新提供思路及借鉴。

2）创新标杆。通过功能导向搜索,获得领先技术、成熟技术的技术系统设计方案,明确要借鉴的技术系统,确立创新标杆。

3）特性传递。分析创新标杆技术系统,选择竞争系统、备选系统、基础系统、特性来源系统,通过特性传递,将优异的系统特性进行整合,为技术系统升级优化提供全新方案。

（5）系统设计 以设计人员的专业知识以及团队合作为基础,对技术系统进行升级优化的创新设计。

2. 系统问题分析

（1）功能分析 对概念设计完成的技术系统进行组件级别的分析,梳理超系统组件、系统组件,分析各个组件执行的功能,找到组件的正常功能、不足功能、过度功能、有害功能,分析组件与组件之间的关系,建立功能模型图。

(2)因果链分析 分析技术系统存在的缺陷,逐级、逐层详细梳理造成缺陷的原因,从罗列的逻辑关系中找到关键缺陷,从而更快地找到解决问题的思路。

(3)剪裁分析 通过剪裁分析,找到适合被剪裁的组件。

(4)关键问题 通过功能分析、因果链分析、剪裁分析,找到技术系统中主要存在的技术问题、技术矛盾,明确技术系统创新过程中的关键技术问题。

3. 关键问题解决

对创新过程中遇到的关键技术问题进行深入分析,运用 TRIZ 工具进行解决。

(1)物理矛盾 分析关键技术问题中的物理矛盾,直接采用分离原理或采用分离原理对应的发明原理进行解决。

(2)技术矛盾 分析关键技术问题中的技术矛盾,明确改善参数、恶化参数,查阅矛盾矩阵寻找对应的发明原理。

(3)40 个发明原理 利用获得的发明原理,思考技术系统问题的解决方案。

(4)物场(模型)分析 分析关键技术中存在的物场问题,明确物场模型的类型,选择相应的标准解。

(5)标准解 采用相应的标准解解决技术系统问题,获得创新方案。

(6)创新方案 对创新方案进行分析,选择具有可实施性或具备未来创新可能性的创新方案,列表汇总。

4. 创新方案实施

(1)评估验证 选择适合技术系统考核的相关参数,对创新方案进行评价分析,选择最优创新方案。

(2)设计优化 依据选择的创新方案,对技术系统进行重新设计,实现已有产品或设计完成的技术系统的创新目标。

(3)申请专利 围绕解决方案、设计优化后的技术系统,进行专利布局。

(4)试制设计。

(5)样机试制与实验。

10.2.4 基于技术系统功能缺陷改进需求的创新流程

现有技术系统如果存在一些功能缺陷,就会激发人们消除缺陷、改进创新的欲望,这就是基于功能缺陷改进需求的创新。此类创新问题的解决流程可以按照图 10.2.6 所示的步骤进行。

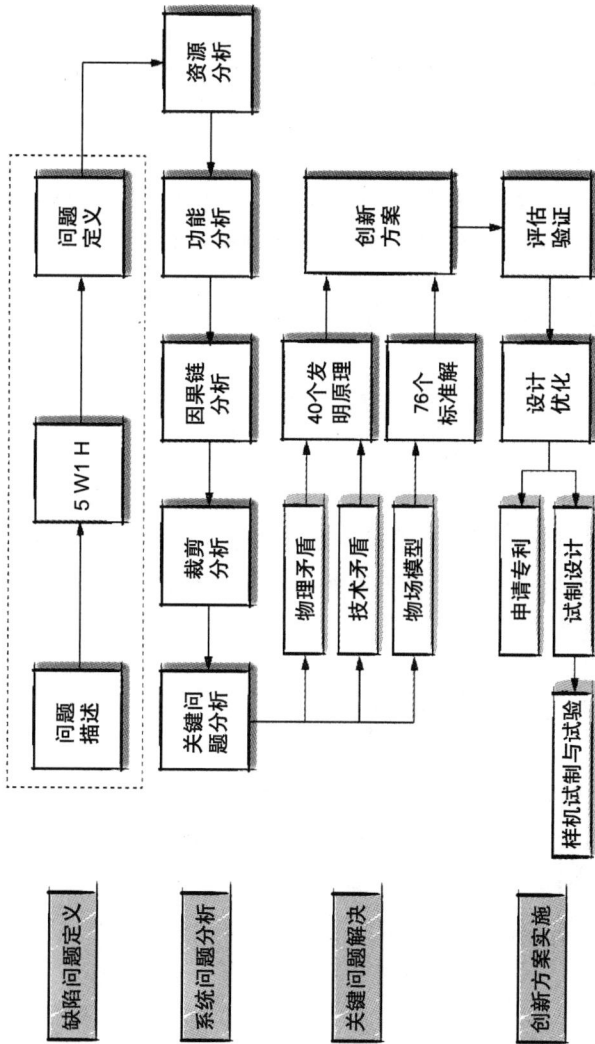

图 10.2.6　基于技术系统功能缺陷改进需求的创新流程图

1. 缺陷问题定义

（1）问题描述　对技术系统目前的运行情况及缺陷问题解决需求进行详细描述。

（2）5W1H分析法　按5W1H提问的内容，回答技术系统缺陷改进的各个问题，进一步明确技术系统存在的功能缺陷，明确技术系统要创新的方向。

（3）问题定义　对技术系统的缺陷问题进行明确，罗列技术系统缺陷，并进行解释性说明。

2. 系统问题分析

对技术系统、超系统、目标系统的资源进行分析，获得已经存在的物质资源、场资源、信息资源、空间资源、功能资源和时间资源等，选择可以对技术系统缺陷进行改进的可利用资源，助力改进设计。

之后的步骤与10.2.3节相同，这里不再赘述。

本 章 小 结

本章从创新需求、创新动力来源的角度出发，明确了基于原发性功能需求、现有技术系统优化（升级）需求和现有技术系统功能缺陷改进需求的创新流程，为学习者提供应用创新工具解决实际问题的指导，避免了只是学习知识而不能解决问题。

思 考 题

1. 分析三种创新需求之间的差别，并举例说明。

2. 围绕生活中某项功能需求或者已有物品的创新需求，选择创新流程进行分析，并形成创新方案。

附　录

附件 1　创新物品汇总表

附表 1.1　常 用 物 品

序号	物品	序号	物品	序号	物品	序号	物品
1	沙发	16	课桌	31	洗手盆	46	桌子
2	窗帘	17	椅子	32	镜子	47	餐具柜
3	茶几	18	黑板	33	卫生纸盒	48	地板
4	烟灰缸	19	黑板擦	34	皂盒	49	餐盘
5	水果盘	20	讲台	35	毛巾杆	50	碗
6	盆栽	21	书包	36	笔筒	51	凉席
7	垃圾桶	22	文具盒	37	垃圾篓	52	蚊帐
8	晾衣架	23	笔	38	梳子	53	枕头
9	窗户	24	扫把	39	插座	54	鞋刷
10	门	25	拖把	40	浴缸	55	剪刀
11	打蛋器	26	灯	41	床	56	眼镜盒
12	清洁球	27	叉子	42	地毯	57	书架
13	锅	28	铲子	43	床垫	58	食品夹
14	菜刀	29	菜板	44	推拉门	59	开瓶器
15	磨刀器	30	调料盒	45	台灯	60	核桃夹

附表 1.2　其他类物品

序号	物品	序号	物品	序号	物品	序号	物品
1	头盔	9	护腕	17	护肘	25	护膝
2	牙套	10	护肩	18	哑铃	26	杠铃
3	护腰	11	深蹲架	19	卧推架	27	拉力器
4	登山杖	12	头灯	20	睡袋	28	帐篷
5	跳绳	13	毽子	21	瑜伽垫	29	平衡板
6	单杠	14	飞盘	22	轮滑鞋	30	冲浪板
7	螺钉	15	齿轮	23	螺母	31	螺杆
8	螺丝刀	16	扳手	24	钳子	32	羊角锤

附件 2　物品功能分析模板

1. 物品 ×× 的主要功能是什么?
2. 填写附表 2.1,写出系统组件、超系统组件,并确定目标组件。

附表 2.1

技术系统	
系统组件	
超系统组件	
目标组件	

　3. 填写附表 2.2(可根据实际组件数量增加行或列),完成相互作用分析。

附表 2.2

	组件 1	组件 2	组件 3	组件 4	组件 5
组件 1					
组件 2					
组件 3					
组件 4					
组件 5					

　4. 分析技术系统各组件的功能,判定功能等级、性能水平等,完成技术系统的组件功能表(附表 2.3,可根据实际情况扩展表格)。

附表 2.3

功能	评级	性能水平	得分
功能载体 1			功能得分
动作 / 对象 X	B, Ax, Ad, H	I, E, N	
动作 / 对象 Y	B, Ax, Ad, H	I, E, N	
功能载体 2			功能得分
动作 / 对象 X	B, Ax, Ad, H	I, E, N	
动作 / 对象 Z	B, Ax, Ad, H	I, E, N	

5. 画出技术系统的完整功能模型图。

6. 填写技术系统的功能缺陷列表（附表 2.4，可根据实际情况扩展表格）

附表 2.4

序号	功能缺陷描述
1	
2	
3	

附件3 物品因果链分析模板

1. 填写物品 ×× 的问题列表（附表 3.1,可根据实际情况扩展表格）。其中你最希望解决的问题是：_____。

附表 3.1

序号	功能缺陷描述
1	
2	

2. 针对上述问题确定初始缺陷（缺点）,并逐层发现中间缺陷,建立关于此问题的因果链。

3. 找到其中的关键缺陷,填写关键问题表（附表 3.2,可根据实际情况扩展表格）。

附表 3.2

序号	关键缺陷	关键问题	可能的解决方案	矛盾描述
1				
2				

附件 4　物品裁剪分析模板

　　以系统的完整功能模型图为基础对组件进行剪裁,找出剪裁模型,填写
附表 4.1(可根据实际情况扩展表格)。

附表 4.1

组件	功能	功能等级	剪裁规则	新载体	剪裁问题

附件 5　物品物理矛盾分析模板

1. 选择物品 ×× 进行问题描述。
2. 围绕物品 ××，描述物理矛盾：

物品 ×× 的参数_____需要_____，因为_____；

但是，物品 ×× 的参数_____需要_____，因为_____。

3. 加入导向关键词，判断物理矛盾属于哪一个分离原理。

时间分离：在时间 X 内物品 ×× 的参数_____需要_____，因为_____；
　　　　　但是，在时间 Y 内物品 ×× 的参数_____需要_____，因为
　　　　　_____。

空间分离：在空间 X 内物品 ×× 的参数_____需要_____，因为_____；
　　　　　但是，在空间 Y 内物品 ×× 的参数_____需要_____，因为
　　　　　_____。

条件分离：在条件 X 内物品 ×× 的参数_____需要_____，因为_____；
　　　　　但是，在条件 Y 内物品 ×× 的参数_____需要_____，因为
　　　　　_____。

系统分离：在系统 X 内物品 ×× 的参数_____需要_____，因为_____；
　　　　　但是，在系统 Y 内物品 ×× 的参数_____需要_____，因为
　　　　　_____。

方向分离：在方向 X 内物品 ×× 的参数_____需要_____，因为_____；
　　　　　但是，在方向 Y 内物品 ×× 的参数_____需要_____，因为
　　　　　_____。

4. 找出对应分离原理采用的各项发明原理，逐项思考应用可能性，并填写附表 5.1（可根据实际情况扩展表格）。

附表 5.1

推荐原理	原理内容	能否应用	不能应用的理由

5. 可单独应用，也可综合应用推荐的发明原理，形成至少一套解决方案并详细说明，可配图。

参 考 文 献

［1］马立修. 创新思维与创新方法［M］. 北京:科学出版社,2021.

［2］冯林. 大学生创新基础［M］. 北京:高等教育出版社,2017.

［3］陈光. 创新思维与方法:TRIZ 的理论与应用［M］. 北京:科学出版社,
2011.

［4］吴兴华. 创新思维方法与训练［M］. 广州:中山大学出版社,2019.

［5］赵新军,孔祥伟. TRIZ 创新方法及应用案例分析［M］. 北京:化学工
业出版社,2020.

［6］赵敏,张武城,王冠殊. TRIZ 进阶及实战:大道至简的发明方法［M］.
北京:机械工业出版社,2015.

［7］周苏,戴海东. 创新思维与创新方法［M］. 天津:南开大学出版社,2018.

［8］王亮申,孙峰华,等. TRIZ 创新理论与应用原理［M］. 北京:科学出版
社,2010.

［9］曹俊强. TRIZ 理论基础教程与创新实例［M］. 哈尔滨:黑龙江科学技
术出版社,2013.

［10］李梅芳,赵永翔. TRIZ 创新思维与方法:理论及应用［M］. 北京:机
械工业出版社,2016.

［11］张换高. 创新设计:TRIZ 系统化创新教程［M］. 北京:机械工业出版
社,2017.

［12］阿奇舒勒. 创新 40 法:TRIZ 创造性解决技术问题的诀窍［M］. 黄玉
霖,范怡红,译. 成都:西南交通大学出版社,2015.

［13］林岳,谭培波,史晓凌,等. 技术创新实施方法论 DAOV［M］. 北京:
中国科学技术出版社,2009.

［14］孙永伟,伊克万科. TRIZ 打开创新之门的金钥匙:I［M］. 北京:科
学出版社,2015.

［15］檀润华. TRIZ 及应用:技术创新过程与方法［M］. 北京:高等教育出
版社,2010.

［16］布柯曼. TRIZ 推动创新的技术［M］. 李晟,李荒野,译. 北京:中国
科学技术出版社,2016.

[17] ALTSHULLER G S. Creativity as an exact science: the theory of the solution of inventive problems [M]. New York: Gordon and Breach Science Publishers, 1984.

[18] 创新方法研究会, 中国 21 世纪议程管理中心. 创新方法教程(初级) [M]. 北京: 高等教育出版社, 2012.

[19] 创新方法研究会, 中国 21 世纪议程管理中心. 创新方法教程(中级) [M]. 北京: 高等教育出版社, 2012.

[20] 创新方法研究会, 中国 21 世纪议程管理中心. 创新方法教程(高级) [M]. 北京: 高等教育出版社, 2012.

[21] 檀润华, 孙建广. 破坏性创新技术事前产生原理 [M]. 北京: 科学出版社, 2014.

[22] 阿奇舒勒. 创新算法: TRIZ、系统创新和技术创造力 [M]. 谭培波, 茹海燕, 等译. 武汉: 华中科技大学出版社, 2008.

[23] 阿奇舒勒. 寻找创意: TRIZ 入门 [M]. 陈素勤, 张娜, 李介玉, 等译. 北京: 科学出版社, 2013.

[24] 杨清亮. 发明是这样诞生的: TRIZ 理论全接触 [M]. 北京: 机械工业出版社, 2006.

[25] 加德. TRIZ: 众创思维与技法 [M]. 罗德明, 王灵运, 姜建庭, 等译. 北京: 国防工业出版社, 2015.

[26] 张明勤, 范存礼, 王日君, 等. TRIZ 入门 100 问: TRIZ 创新工具导引 [M]. 北京: 机械工业出版社, 2012.

[27] 高常青. TRIZ: 发明问题解决理论 [M]. 北京: 科学出版社, 2011.

[28] 冯立杰, 冯奕程. 创新方法研究 [M]. 北京: 科学出版社, 2016.

[29] 马志洪. TRIZ 发明原理教学参考 [M]. 北京: 北京理工大学出版社, 2016.

[30] 罗玲玲, 武青艳, 代岩岩. 创新思维与创新方法 [M]. 北京: 机械工业出版社, 2019.

[31] 成思源, 周金平, 郭钟宁. 技术创新方法: TRIZ 理论及应用 [M]. 北京: 清华大学出版社, 2014.

[32] 侯光明, 李存金, 王俊鹏. 十六种典型创新方法 [M]. 北京: 北京理工大学出版社, 2015.